魚類の社会行動 3

幸田正典・中嶋康裕 共編

海游舎

Social Behavior of Fishes Vol.3
   edited by Masanori Kohda & Yasuhiro Nakashima
Copyright © 2004
   by Masanori Kohda & Yasuhiro Nakashima

CONTENTS
1. Sexual selection and sex change in the tailspot wrasse, *Halichoeres melanurus* (Kenji Karino)
2. Why do males of the sand eel *Hypoptychus dybowskii* frequently desert their territories? (Yuji Narimatsu)
3. Female mate choice in a freshwater goby *Rhinogobius* sp. DA. (Daisuke Takahashi)
4. Sex change of territorial females in the polygynous sandperch, *Parapercis snyderi* (Nobuhiro Ohnishi)
5. Reproductive behavior and phenotypic characteristics of mature male parr in a salmon (Yusuke Koseki)
6. Mixed species broods found in the ancient lake: the key to the speciation of Baikal cottoids (Hiroyuki Munehara)

ISBN4-905930-79-0
First edition 2004
Printed in Japan

KAIYUSHA Publishers Co., Ltd.
1-23-6-110, Hatsudai, Shibuya-ku,
Tokyo, 151-0061 Japan

まえがき

　夫婦・親子・友人など，私たちは他の人とさまざまな社会的関係をもちながら暮らしています．実は他の動物もそれぞれの「社会」のなかで多様な関係をもって生きています．有性生殖をする動物なら，少なくとも繁殖の際には異性という他の個体と関係をもつことになります．魚類でも，異性間はもちろん，同性間，親子間，ときには異種間においても，繁殖や餌や隠れ家などをめぐって，さまざまな社会的関係が生じます．本シリーズ「魚類の社会行動」（第1–3巻）は，魚類の社会行動・社会関係のさまざまな最新のトピックスをとりあげ，進化生物学・行動生態学の視点から掘り下げ，詳しくかつできるだけわかりやすく解説することをねらっています．前2巻と同様，この3巻でもおもに若手研究者にお願いし，それぞれの研究のなかで最もホットな話題について解説していただきました．しかし，本シリーズのねらいは教科書的な解説だけではありません．

　動物行動学や行動生態学の専門学術誌に掲載されている論文は，ある理論に基づいて立てた仮説，あるいは自分の観察などから独自に立てた仮説を，このような方法で実証したなどとスマートに書かれることが多いのですが，実際の研究プロセスというのは，必ずしもスムースに進むわけではありません．思うような成果がすぐには出ず，工夫に工夫を重ねることも珍しくはありません．この第3巻でも，その研究を始めたきっかけや動機，どんな苦労があったのか，それをどう乗り越えたのか，どんな思わぬ展開が見られたか，どんな感動があったのかなど，その研究プロセスも臨場感を込めて書き込むよう，著者にお願いしています．このような「研究の裏話」を読める書物はそう多くはありません．1人でも多くの方が，サイエンスの「謎解き」のおもしろさ，そして研究のおもしろさを体験していただければ，と思います．

　この第3巻は6人の方に執筆していただきました．それぞれの原稿を4人の編集委員（狩野賢司，桑村哲生，幸田正典，中嶋康裕）が読み，よりわかりやすく，読みやすくなるようにさまざまな視点からコメントし，改訂を重

ねていただきました．最終的な編集作業は幸田と中嶋が担当しましたが，いずれの章も研究の内容だけでなく，「謎解き」のおもしろさも十分に伝えてくれる読み物に仕上がっています．動物の行動について研究をしたいと考えている高校生や大学生の皆さんにとっては，大いに参考になるはずです．

第3巻の著者は，いずれも魚類の野外行動研究のエキスパートです．野外研究の話題が中心となっていますが，そこから得られた仮説を検証するために，必要に応じて室内での飼育実験も行っています．6章のうち，3つの章が海産魚を，残り3つが淡水魚を扱っています．海産魚の調査場所はサンゴ礁（第1章），温帯の沿岸域（第4章），そして北の海（第2章）と広い範囲に及びます．淡水魚も南日本の小さな川（3章），北海道の河川（5章），そしてロシアのバイカル湖（6章）と，こちらも調査場所は多様です．このようにバラエティに富んだ各章の内容を簡単に紹介しておきます．

第1章（狩野賢司）では，ベラ科のカザリキュウセンの性淘汰と性転換の問題について，現場の臨場感たっぷりに話が次々と展開されます．特にハレム雄の消失後，雌どうしに見られる「産卵行動」は新発見といえる現象で，その謎とそれを解明する過程が熱く語られます．また野外調査での共同研究の大切さも教えてくれます．

第2章（成松庸二）では，北の海に暮らすシワイカナゴの繁殖について語られます．自分のなわばりとそこにある自分の卵を捨て去ってしまう雄．雄はどうしてそのようなことをするのか．その謎が飼育実験の結果も含め，配偶者選択・雄間競争・卵保護の実態，そして繁殖成功とさまざまな視点から，見事に解き明かされてゆきます．

第3章（高橋大輔）は，川で暮らすハゼ科の一種クロヨシノボリの雌による配偶者選択の話題です．雌は流れの速いところで求愛ダンスを踊る雄を受け入れますが，流れの緩やかなところで踊る雄は受け入れません．雌がなぜそのような基準で雄を選ぶのか，その適応的な意義は何なのか？　野外観察と巧みな水槽実験により，その謎が解き明かされます．

第4章（大西信弘）は，過去研究例の少なかった「なわばり型ハレム」をもつ魚類の性転換の話題です．沿岸性のコウライトラギスの雌は，繁殖期の終わる秋ころ，ハレム雄の消失に関係なくその多くが性転換しますが，性転換しない雌もいます．どんな雌が性転換するのか？　この謎解きのなかで，な

まえがき

わばり型ハレムをもつ魚の性転換のルールが見えてきます。

　第5章(小関祐二)は，サクラマスの雄間での種内多型についての話題です。雄には海に降りて大きく育つなわばり雄と川に留まる小さな残留雄の2タイプがあります。これらの雄がいかに進化してきたのか，そして維持されているのか？　2タイプの雄の形質の違いをもたらす淘汰圧についての詳細な検討が，その謎を解き明かしていきます。

　第6章(宗原弘幸)は，夏なお冷たいバイカル湖にすむバイカルカジカの仲間の生態と進化の話です。この湖で驚くほど多様に種分化したカジカ類が紹介されます。この特異な種分化の謎に，巣場所を巡る種間競争の激しさから迫ります。そして，この激しい種間競争がバイカルカジカの適応放散の原動力になったとの著者の仮説が展開されます。

　以上各章を簡単に紹介しましたが，いずれの章も研究の経緯がリアルに綴られています。各章は独立していますので，どの章から読んでいただいても構いません。急いだつもりではありましたが，本巻の刊行までに，第2巻の出版から1年以上すぎてしまいした。それは，すばらしい発見とそれを解き明かしていく中での感動を読者の皆さんにいかにうまく伝えるか，各著者が表現に工夫をこらす上で時間がかかったためです。しかし，その分読みやすくなり，十分に各著者の感動がお伝えできるものになったと考えています。

　最近は，若い人たちの理科離れが心配されています。本来研究とは面白いものですが，その面白さを体験できる機会があまりないのかもしれません。本書を通して，研究の醍醐味を少しでも味わっていただければと思います。

2004年6月

幸田正典
中嶋康弘

目 次

1 カザリキュウセンの性淘汰と性転換　　（狩野　賢司）

- 1-1　共同研究の始まり ………………………………………………… 1
- 1-2　カザリキュウセンの性淘汰 ……………………………………… 3
  - 1-2-1　性淘汰を調べる ……………………………………………… 3
  - 1-2-2　調査準備 ……………………………………………………… 5
  - 1-2-3　カザリの配偶行動 …………………………………………… 8
  - 1-2-4　配偶頻度 ……………………………………………………… 9
  - 1-2-5　高い消失率 …………………………………………………… 10
  - 1-2-6　どんな雄の配偶成功が高いのか …………………………… 13
  - 1-2-7　トライ＆エラー ……………………………………………… 17
  - 1-2-8　雌の動きを見る ……………………………………………… 19
  - 1-2-9　カザリの配偶システムはハレムか？ ……………………… 20
  - 1-2-10　サイトによる違い1：雌の配偶相手 ……………………… 22
  - 1-2-11　サイトによる違い2：捕食のリスク ……………………… 24
  - 1-2-12　行動の可塑性 ……………………………………………… 27
- 1-3　IP雄 ………………………………………………………………… 29
- 1-4　カザリキュウセンの性転換プロセス …………………………… 30
  - 1-4-1　大きな雌のあやしい行動 …………………………………… 30
  - 1-4-2　性転換時における同時的雌雄同体の可能性 ……………… 33
  - 1-4-3　卵は受精しているか？ ……………………………………… 34
  - 1-4-4　雄が戻ってきたら大雌は？ ………………………………… 36
  - 1-4-5　雌同士の産卵 ………………………………………………… 38
  - 1-4-6　雌雌産卵：その意味は？ …………………………………… 41
  - 1-4-7　性転換の2つの側面：行動と生殖腺の変化 ……………… 44
- 1-5　おわりに …………………………………………………………… 47

2 なぜシワイカナゴの雄はなわばりを放棄するのか　　（成松　庸二）

- 2-1　きっかけ …………………………………………………………… 49

2-2	シワイカナゴとは？		51
2-3	生活史		52
	2-3-1 繁殖成功を調べるには？		52
	2-3-2 成長と世代交代		53
2-4	繁殖行動		56
2-5	性淘汰		59
	2-5-1 性淘汰とは？		59
	2-5-2 雄間の闘争		60
2-6	雌の配偶者選択		62
	2-6-1 雄の形質や行動を好む雌		63
	2-6-2 卵のある場所を好む		69
2-7	雄のなわばり維持と放棄		71
2-8	おわりに		80

3 クロヨシノボリの配偶者選択　　　（高橋　大輔）

3-1	性淘汰		82
3-2	私が配偶者選択研究を始めたわけ		84
	3-2-1 ヨシノボリとよばれる魚		84
	3-2-2 ハイグウシャをセンタクする？		86
	3-2-3 海洋研究所と柏川		87
3-3	川で野外調査を始める人に		89
	3-3-1 調査範囲の設定と河床図の作成		89
	3-3-2 個体識別と行動の分類		90
	3-3-3 行動観察		92
	3-3-4 野外調査におけるその他の重要なこと		92
3-4	初めはうまくいかない		93
3-5	目論見外れて		94
3-6	雌の意外な選り好み		95
3-7	「流れ」で何がわかるのか？		97
	3-7-1 雌は子育て上手な雄が好き？		97
	3-7-2 嘘を見抜け！		100
	3-7-3 流れの中での求愛は大変なのか？		101
3-8	検証への道		103
3-9	実験のゆくえ		105
3-10	耐える雄ほど子育て上手？		108
3-11	巣場所での選り好み		111

	3-11-1 雌の好みは1つだけ？ ………………………………… 111
	3-11-2 またもや実験 …………………………………………… 113
	3-11-3 大きな家の利点 ……………………………………… 114
3-12	シビアな雌の選り好み ……………………………………………… 114
3-13	おわりに ……………………………………………………………… 115

4 なわばり型ハレムをもつコウライトラギスの性転換 　　（大西　信弘）

4-1	はじめに ……………………………………………………………… 117
4-2	研究テーマが決まるまで …………………………………………… 118
	4-2-1 コウライトラギスとの出会い ……………………………… 118
	4-2-2 はじめの半年 ………………………………………………… 120
	4-2-3 性転換の観察 ………………………………………………… 123
4-3	魚類の性転換 ………………………………………………………… 124
	4-3-1 ハレム型一夫多妻の魚類の性転換 ………………………… 124
	4-3-2 行動圏重複型ハレムにおける性転換 ……………………… 126
	4-3-3 なわばり型ハレムに見られる性転換 ……………………… 127
4-4	コウライトラギスの配偶システム ………………………………… 130
	4-4-1 なわばり型ハレムとなわばり行動 ………………………… 130
	4-4-2 産卵行動 ……………………………………………………… 132
	4-4-3 ハレムの構成 ………………………………………………… 134
4-5	コウライトラギスの性転換 ………………………………………… 139
	4-5-1 性転換個体の出現 …………………………………………… 139
	4-5-2 性転換のきっかけ …………………………………………… 142
	4-5-3 なわばり型ハレムでの相対的な体長に基づいた性転換 ‥ 143
	4-5-4 他のトラギス類の性転換の再検討 ………………………… 146
	4-5-5 なわばり型ハレムと行動圏重複型ハレムでの性転換の比較 147
4-6	おわりに ……………………………………………………………… 149

5 サケ科魚類における河川残留型雄の繁殖行動と繁殖形質 　　（小関　右介）

5-1	はじめに ……………………………………………………………… 151
5-2	サケ科魚類の性内二型 ……………………………………………… 156
	5-2-1 生活史変異と性内二型 ……………………………………… 156
	5-2-2 分断淘汰？　代替繁殖行動と性内二型 …………………… 160
5-3	残留型の形態と繁殖行動 …………………………………………… 162

		5-3-1	繁殖行動を観察するためのアプローチ …………	162
		5-3-2	繁殖行動：個体間関係とスニーキング成功の実態 ……	166
		5-3-3	スニーキングに有利な形態とその進化 …………	170
	5-4	残留型の隠れた形質 ………………………………………		175
		5-4-1	精子競争がもたらす「内なる」性内二型 …………	175
		5-4-2	残留型と回遊型の精巣投資量の比較 ………………	177
		5-4-3	精子競争と精巣投資量との関係 ……………………	180
	5-5	おわりに ……………………………………………………		182

6 シベリアの古代湖で見たカジカの卵
—バイカルカジカたちの種分化機構の謎に迫る　　（宗原　弘幸）

	6-1	国際共同調査隊 …………………………………………	184
	6-2	バイカル湖 ………………………………………………	185
	6-3	浅水域のバイカルカジカの生息場所と食性 ………………	188
	6-4	バイカルカジカ …………………………………………	193
		6-4-1 分布域 …………………………………………	193
		6-4-2 系統関係 ………………………………………	197
	6-5	バイカルカジカの卵 ……………………………………	201
		6-5-1 巣石探し ………………………………………	202
		6-5-2 ミックスブルーディング ……………………	206
		6-5-3 競　争 …………………………………………	209
		6-5-4 ミックスブルーディング，その後 …………	211
	6-6	繁殖資源をめぐる競争はバイカルカジカの種分化要因!? ……	212
		6-6-1 バイカルの湖底環境 …………………………	212
		6-6-2 中深水域への進出：産卵基質の変更 ………	213
		6-6-3 巣石競争からの解放：卵胎生の出現 ………	214
		6-6-4 競争の敗者が祖先 ……………………………	216
	6-7	おわりに …………………………………………………	217

引用文献 ……………………………………………………………… 219
索　引 ………………………………………………………………… 231

『魚類の社会行動』編集委員
　　狩野賢司（東京学芸大学教育学部）
　　桑村哲生（中京大学教養部）
　　幸田正典（大阪市立大学理学部）
　　中嶋康裕（日本大学経済学部）

『魚類の社会行動 1』目次
　1. サンゴ礁魚類における精子の節約（吉川朋子）
　2. テングカワハギの配偶システムをめぐる雌雄の駆け引き（小北智之）
　3. ミスジチョウチョウウオのパートナー認知とディスプレイ（藪田慎司）
　4. サザナミハゼのペア行動と子育て――一夫一妻の制約のなかで（竹垣　毅）
　5. 口内保育魚テンジクダイ類の雄による子育てと子殺し（奥田　昇）

『魚類の社会行動 2』目次
　1. 雄が小さいコリドラスとその奇妙な受精様式（幸田正典）
　2. カジカ類の繁殖行動と精子多型（早川洋一）
　3. フナの有性・無性集団の共存（箱山　洋）
　4. ホンソメワケベラの雌がハレムを離れるとき（坂井陽一）
　5. タカノハダイの重複なわばりと摂餌行動（松本一範）

カザリキュウセンの性淘汰と性転換

(狩野賢司)

　サンゴ礁には派手な色彩をした魚が多い。カザリキュウセンもそんなサンゴ礁魚類の1種である。しかし，派手なのは大きな雄だけで，雌は地味で体も小さい。なぜ，このような性差が生じるのだろうか？　また，カザリキュウセンの雌は大きくなると雄へと性を変える。いったいどのようなプロセスを経て性転換は進んでいくのだろう？　本章では，カザリキュウセンの繁殖生態を明らかにしつつ，これらの疑問を解明していく。また，この研究は複数の研究者による共同研究である。カザリキュウセンの共同研究がどのように進展していったか，その顛末とともに，複数の視点からのディスカッションという共同研究の魅力も紹介したい。

1-1　共同研究の始まり

　この研究は1993年に始まった。そのころ，私は卒業研究時分から大学院博士課程まで長らく調査・生活の拠点だった沖縄を離れ，学位論文を書くために九州大学のある福岡に住んでいた。しかし，根っからのフィールドワーカーであるからか，デスクワークが嫌いなためか，夏は論文書きをお休みして沖縄で調査しようと考えていた。それまで研究していたのはクロソラスズメダイ *Stegastes nigricans*（以下クロソラ）という魚で，学位論文もクロソラの繁殖行動，特に性淘汰を中心にまとめる予定であった（クロソラの研究については，狩野, 1996を参照）。クロソラでやり残したこともあったが，一番興味のあった「雌はどんな雄を配偶相手として好むのか」ということはほぼ明らかになったし，この研究をさらに詰めていくには技術的に難しい点が多かった。また，クロソラは雌雄どちらも黒こげの鯛焼きみたいな外見をして

おり，体の大きさや色に性差がなかった。性淘汰の華々しい研究の多くは，雌雄で大きな性差があり，雄のほうが派手な種類で行われてきた。だから次はそんな種類で調査をしたいとも思っていた。そこでカザリキュウセン *Halichoeres melanurus* を調査してみようということになったのである。

　カザリキュウセン（以下カザリ）には以前から目をつけていた。クロソラを観察しているときに何度も産卵行動を見ていたからである。しかも，夕方30分くらいの間に雌が次々とやってきては産卵していく。夜明けに産卵するクロソラと違い，夕方に繁殖しているなら朝寝坊の私にとってありがたい。「こりゃあ簡単に産卵が観察できて，サンプル数も楽に稼げそうだぞ」，そう思っていた。そして，カザリの雄は雌よりも大きくて派手なのだ（図1-1）。次の性淘汰研究の対象にぴったりだ。

　こんな漠然とした計画を沖縄に調査にきていた中京大学教養部の桑村哲生さんに話した。1992年のことである。桑村さんには昔からいろいろとお世話になっている。なによりも，私が卒業研究で魚の生態や行動を調べたいと考えていたときに，「沖縄で調査したら？」と勧めてくれたのが桑村さんだった。その後も何かと桑村さんに相談をもちかけた。そういうわけで次に手をつけようと思っているカザリのことを話したのだ。

　桑村さんはそのころミスジリュウキュウスズメダイ *Dascyllus aruanus* の調査をしていた。これも共同研究で，あとで出てくる中嶋康裕さん（現日本大学経済学部）や，京都大学の大学院生だった水島希さんとともに調査を進めていた。しかし，調査場所のミスジリュウキュウスズメダイが減ってしまったこともあり，この研究はそろそろ幕を下ろそうかということになっていたらしい。ということで，カザリの話をしたら，桑村さんから「その研究いっしょにやらへんか」と逆にもちかけられてしまった。もちろん，願ってもな

図1-1 カザリキュウセンの雌雄。上の大きな個体が雄，下が雌

いことである．桑村さんは以前カザリと同じベラの仲間，ホンソメワケベラ *Labroides dimidiatus* を研究していたが（中園・桑村, 1987），もう一度ベラ類の調査をしたいと思っていたそうだ．そこへ私というカモが，カザリというネギをしょって現れたというわけだ．

こうして，翌1993年からカザリの共同研究がスタートした．

1-2 カザリキュウセンの性淘汰

1-2-1 性淘汰を調べる

私はカザリの性淘汰に興味があった．桑村さんも性淘汰に関心をもっていたが，性転換も調査したいと思っていたようだ．私はずっと性淘汰を研究してきたが，桑村さんにとっては性転換が主要な研究テーマの1つだったから，これは当然だろう（中園・桑村, 1987; 中嶋, 1997）．でも，とりあえずは繁殖についての基礎的な調査を行い，そのうえで雄の体の大きさや体色などと繁殖成功の関連を明らかにしようということになった．それがわかれば，カザリの性淘汰はある程度のことが押さえられるだろう．

調査を始めるにあたり，モデルとした論文があった．カリブ海に生息しているベラの仲間，ブルーヘッドラス *Thalassoma bifasciatum* に関する巧みな研究である（Warner & Schultz, 1992）．ブルーヘッドラスについては，このシリーズ第1巻の吉川朋子さんの章に詳しい（吉川, 2001）が，Warner らは30年ほど前からさまざまな研究を行ってきた．ブルーヘッドラスもカザリと同じく，雄は大きく，頭部が青いうえに体側に白と黒の帯があって派手である（図1-2）．

図1-2 ブルーヘッドラスの雌雄．派手な黒白の帯があり，大きな個体が雄（写真提供：吉川朋子氏）

Warner & Schultz (1992) は，あるサンゴ礁になわばりを構えているすべての雄の配偶成功 (1日に産卵した雌の数) を調べた．次に雄を除去して，別のサンゴ礁から同じ数の雄を連れてきてそこに放した．そうして，(1) 以前すんでいた雄が高い配偶成功を得ていたよいなわばりを獲得したのはどんな雄か，(2) なわばりに侵入してくる小さな雄をどのくらい追い払えるか，(3) 前の雄と比べて産卵した雌の数が増えたか減ったか，という3項目を調べた．(1) と (2) は雄同士の競争にどれだけ強いかを，(3) は雌にどれだけもてるかを，それぞれ示している．その結果，雄同士の競争には体が大きく，鰭が長いことなどが重要であり，雌の選り好みには体側の白い帯の大きさが関連していることが明らかになった．そこでカザリでも，まずはどのような雄の配偶成功が高いか調べてみることにした．

　ところで，雄同士の競争と雌の選り好みという言葉が出てきたが，ラフにいえばこの2つが性淘汰の本質である．性淘汰 (性選択) は Darwin (1871) が提案した概念である．Darwin といえば自然淘汰 (自然選択) が有名だが，自然淘汰だけでは説明できない現象も多かった．例えば，キジの尾羽 (一万円札を参照) やクワガタムシの牙 (大顎) など，雄が派手という性差もその1つである．生存に有利な特徴 (形質) をもった個体が生き残り，増えていくという自然淘汰の理論では，余分なエネルギーがかかり，また目立ちやすくて動きが鈍くなり捕食のリスクが大きくなる，派手な尾羽や大きな牙・角の進化は説明できない．雌と同じように地味なほうが生存には有利だから，自然淘汰だけが働いていたら雄も雌も同じになってしまうに違いない．しかし，派手さに性差がある種類は数多い．しかも，ほとんどの場合，派手なのは雄である．そこで Darwin は，派手な雄は生存には不利かもしれないが，派手なことでそのコストを上回る何らかの利益を得ているのだろうと考えた．そしてその利益は繁殖にあると提案したのである．角や牙の大きな雄は雄同士の喧嘩に強く，他の雄を追い払って多くの雌を独占できるのかもしれない．派手な体色は捕食者だけでなく，配偶相手の雌も引き付けるのかもしれない．さらに，病気や栄養不足だと派手になれないので，形質の派手さは雄のコンディションのよさを示しており，雄の派手さは雌を引き付けるだけでなく，他の雄の競争心を抑制するかもしれない．そう，派手なことで雄はより多くの子を残すことができる，つまり高い適応度を得ることができるのだろう．

ところで，なぜ雄が争い，雌が選り好みを示すことが多いのだろう？　この性による役割分担の原因は，雄と雌という性そのものの違いにある (Andersson, 1994)。雄というのは精子を作る性であり，雌は卵を作る性である。そして，卵は精子よりもずっと大きく，作るのにコストがかかる。すべてはこの差に起因している。精子は小さいので，雄は精子をすばやく大量に作ることができる。そして多くの雌と配偶することが可能である。したがって，雄の繁殖成功は基本的に配偶した雌の数で決まる。そこで，雄はできるだけ多くの雌を獲得しようと他の雄と争うのである。

一方，卵はそんなに簡単に作れない。だから，多くの雄と配偶したからといってたくさんの子が残せるわけではない。雌が残せる子の数は基本的に自分が作る卵の数で決まってしまう。では，雌はどうすればいいのだろう？受精した卵，すなわち子は皆が生き残るわけではない。むしろ，成熟する前に多くの子が死んでしまうのが普通である。いくら多くの子を作っても成熟する前にすべて死んでしまったら，その遺伝子は後の世代には残らない。したがって，適応度には産まれた子の数だけでなく，どれだけ成熟まで生き延びて繁殖できたかということも重要なのだ。そこで雌は子の生存率や質を高めてくれる「よい父親」になる雄を慎重に選ぶようになる。雄が子育てに貢献する場合はもちろん，そうでない場合でも，遺伝的に優秀で生存力が高い雄，または雌への魅力が高い雄を選べば，その子は父親の高い生存力や魅力を受け継ぐことができるだろう。

このように雄が争い，雌が選り好みするのが一般的な図式である。そして，大きな体や角をもった雄は闘争に強く，鮮やかな体色や長い尾羽・鰭をもった雄は雌に好まれるため，雌雄の性差が進化し，雄は派手になったと考えられている。この性淘汰を実証しようとする研究は1980年代から活発になされており，行動生態学という分野で性淘汰は現在最も盛んに研究されているテーマの1つとなっている。その結果，派手な雄ほど雄同士の競争に強く，雌にもてるということが多くの生物で実証されている (Andersson, 1994; 狩野, 1996)。では，カザリではどうだろうか？

1-2-2　調査準備

まず調査地だが，桑村さんも私もそれまで沖縄県瀬底島にある琉球大学熱

図1-3 調査区全景。対岸は沖縄本島，その手前の白っぽい所はリーフエッジ沖側の砂地。さらに手前の濃い色の部分がカザリの生息するサンゴ礁

帯生物圏研究センター瀬底実験所を基地とし，実験所前のサンゴ礁で研究してきた。そこの地形はよく心得ていたし，カザリもたくさんいることがわかっていたので，瀬底実験所前のサンゴ礁を調査地とした。

　フィールドでの観察は，調査地の地図を作って，どこで，何が，いつ起こったかを記録していく。定住性の強い魚の場合，この地図が特に重要である。まず，この地図を作らなければならない。予備調査をしてみると，カザリはサンゴ礁がちょっと深い砂地に落ち込む際の所，リーフエッジとよばれる場所でよく産卵していた（図1-3）。しかし，リーフの内側では産卵しない。ついでにいうと，リーフエッジでも夕方でないと産卵しない。そこで，実験所から潜り始めるエントリーポイントに一番近いリーフエッジを調査場所と決めて，地図を作ることにした。水に入って5分弱で到着できる距離である。近いほうがすぐに泳いでいける，という単純な理由からだったが，後になってたくさんの機材を担いでいって実験する際にこの近さに大いに救われた。なにしろ水中ではちょっとした荷物でも水の大きな抵抗を受け，泳いでも泳いでも前に進まないのである。

　観察区は，サンプルサイズを稼ぐうえで十分な数の雄なわばりを含む広さが必要である。リーフエッジ沿いに100m，エッジからリーフ内側まで50mの範囲を観察区としたが，ここに多いときは15の雄なわばりがあった。しかし，100×50mの海底地図を作成するのは楽ではなかった。まず，長い巻き尺で観察区を2×2mのグリッドに分割していき，その交点1つ1つにナンバーを付けたビニールホース片を釘で打ち付けていく。永久方形枠は普通は

ロープを張りっぱなしにしておくのだが，サンゴ礁では台風であっという間に破壊されてしまうので，その代用である．しかし，釘打ちは通常の4～5倍スキューバタンクのエアを（体力も）消耗する重労働である．サンゴ礁で「潜って魚の調査をしています」と話すと，たいがい「羨ましい，それは竜宮城で遊んでるみたいなもんでしょう」といわれるが，実際はこんな海中土木のようなハードな肉体労働も少なくない．キツイ，危険（サンゴ礁には毒をもった生物がたくさん潜んでいる），キリがない（いつでもやることがいっぱい）と，実は3Kの労働条件なのである．釘打ちが終わると，次はそれをもとにグリッド内のサンゴや岩，裂け目など特徴的な地形を細かく書き込んでいく．カザリは雄でも全長12cm程度と小さな魚なので，シェルターとなるような大きさが15cm以上の物体はみな書き込んでいった．地図が完成するのに2人がかりで10日ほどかかった．

　次は観察区のカザリをすべて捕獲した．そしていったん実験室に持ち帰り，麻酔して生殖突起の形状で性を判別した．その際に腹部を軽く押すと，雄は精子を出し，雌は生殖突起の先端に卵がちょっと覗く．これで性の判定をさらに確実にできる．やはり，大きくて派手な体色（terminal phase; TPとよぶ）をしたのが雄で，小さく地味な体色 (initial phase; IP) は雌だった．それから体形質の測定である．性淘汰に関連がありそうな体長や，胸鰭，腹鰭，尾鰭の長さを測定した．腹鰭は雄のほうが長いようだったし，雌の腹鰭がほぼ透明なのに対し，雄の鰭はグリーンや赤のラインが入ってよく目立ち，雌への求愛に使われていたからである．さらに，雌は尾鰭も透明だが，雄の尾鰭は中央部から末端にかけて黒い模様があって印象的である（図1-1）．また，雄の体色の派手さも比較したいので，カラー写真を撮影した．そして，雄は野外で個体識別ができるようにマーキングした．マークは2種類，丸や四角形などの5色ほどのプラスチック片（タグ）を1つ，テグス糸で背の特定の位置に縫い付けたのに加え，生体染色色素を体側の特定の場所に皮下注射した（桑村，1996）．野外で識別に使うのはタグのほうだが，カザリは夜は海底の砂に潜って寝るので，しばしば砂に擦れてタグが落ちてしまう．そんなとき捕獲して顕微鏡で皮下注射の位置を調べれば個体の判定ができる．これらの作業を終えて，麻酔から回復した魚を元の場所に戻した．

　さあ，次は観察だ．

1-2-3　カザリの配偶行動

　カザリの雄はリーフエッジになわばりを構え，そこで1日をすごす。そこに他の雄が侵入してくると猛然と突進して追い払う。なわばりの中には雌も生活しているが，雄は日中はほとんど求愛しない。日が傾き，夕暮れが近づくと雄の行動は活発になり，なわばりをスピーディにパトロールし始める。そして日没の1時間前になると，雄は雌に近づいて，体側を見せる側面誇示や，頭を下げて腹鰭や背鰭を伸ばして雌に求愛する（図1-4a）。さらに時間がたつと雄は産卵場所となる，なわばりの沖側にあるサンゴやソフトコーラルなどの突出物の上に位置して，体を斜めにして体を震わせる（図1-5）。雌がこれに応じて突出物までやってくると，雄は雌の上に乗るような体勢になる。その際，雄は体をS字状に曲げ，細かく体を震わせる（図1-4b）。そして，雌が先に上方へダッシュし，雄もすぐに続いてダッシュする（図1-4c）。産卵場所から30cmほど上方で，雌は卵を，雄は精子を同時に放出する。光の角度がよければ，放出された配偶子が小さな雲のように見える。雌雄は配偶子放出直後にターンして水底に戻る（図1-6）。ダッシュしてからはアッという間である。

　ダッシュから水底に戻るまでがこんなに短く，ダッシュが30cmと低いのは，たぶん捕食のリスクを減らすためだろう。後で詳しく述べるが，カザリへの捕食圧は高く，特に配偶時には捕食される危険性が高まる。実際，観察していたカザリがエソやアオヤガラといった魚食性の魚に捕食されてしまっ

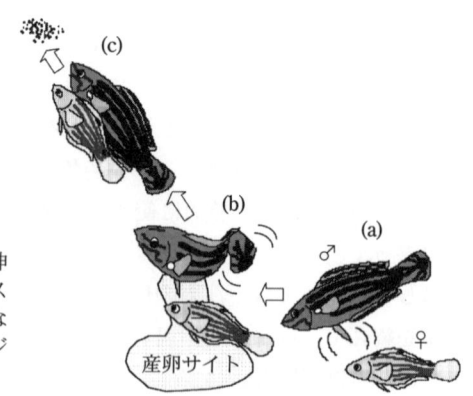

図1-4　カザリの配偶行動。雄は鰭を伸ばしたり，体側を誇示して雌にディスプレイする (a)。その後，雄はサンゴなどの上で体を震わせ (b)，雌とともにジャンプして放卵放精を行う (c)

1-2 カザリキュウセンの性淘汰

図1-5 産卵場所（ソフトコーラル）の上で，頭を下げ，鰭を広げてディスプレイする雄。産卵場所の周りには複数の雌が集まっている（写真提供：桑村哲生氏）

図1-6 産卵ダッシュの頂点で卵や精子を放出した雌雄が急いで海底へ戻るところ（写真提供：桑村哲生氏）

たこともある。そんなとき（ほんとはいけないのだけれど），思わず手が伸びて，記録用紙をはり付けてあるアクリル板で捕食魚を脅して，くわえたばかりのカザリを救出してしまったこともある。

ダッシュはよく目立つため，雌雄の行動をしっかり見ていれば産卵を見落とすことはない。各雄を観察し，どんな雄がたくさんの雌と配偶しているかを比較する，まずはこれが第一歩である。

ところがここで問題が起きた。

1-2-4 配偶頻度

それぞれの雄の配偶成功を比較したいのだが，同じ雄でも日によって大きく産卵雌数が変動したのである。雄の配偶成功を調べるには，繁殖行動が始まる日没1時間ほど前からその雄をずっと追跡していなければならない。そ

れぞれの雄の産卵場所は10m以上離れていて、2個体の雄を一度に観察することはできない。だから、1人の観察者が1日で得られるデータは雄1個体分だけである。このころには中嶋さんが研究に加わっていたが、3人で手分けしても、例えば10個体の雄を2回観察するには1週間かかる。また、皆で調査できる夏休みの8月は沖縄の台風シーズンで、調査が台風で中断されてさらに時間がかかってしまう。こうして時間をかけて得たデータを比較してみると、前に観察したときに10個体以上の雌と産卵していた雄でも、次のときには1～2個体の雌しか獲得していないことがよくあった。

　この観察日による違いについては、何らかの産卵周期があるのだろうとは思っていた。ある特定の日にだけ繁殖する魚は少なくない。例えばベラ類のように浮性卵を産む海産魚では、満月か新月のときに産卵する月周期や、満月と新月の両方に産卵が見られる半月周期で繁殖する種類が多い (Robertson, 1991)。このような周期で産卵するのは、満月や新月は大潮で潮の動きが大きく、産み出された卵が捕食者の少ない沖に速やかに運ばれるため、あるいは月や潮の周期に従って親魚が卵成熟や配偶行動のタイミングを同調させるためだろうと考えられている (Robertson, 1991)。

　カザリも半月の小潮あたりは産卵頻度が低かったが、まったく産卵しないわけでもなかった。つまり、あまりはっきりとした周期ではなかったのである。できるだけ偏りの少ない、産卵頻度の高い時期のデータだけで分析したい。皆でデータを囲んで検討したが、台風のためにデータが寸断されていて、なかなかその基準が作れない。結局、分析には満月・新月を中心とした10～11日間のデータを使い、半月近くの4日間のデータは解析から排除すればよさそうだとわかったのは1994年の秋、その年のデータが取り終わった時点であった。

　これで、どんな雄の配偶成功が高いかやっと分析できるはずであったが、実はまだ問題があった。

1-2-5　高い消失率

　それは予想以上に高い雄の消失率である。マークを付け、何日か観察した雄が突然いなくなってしまう。観察区の周辺を探し回っても見つからない。配偶成功が低かった雄が新天地を求めて遠くに移住することはあるかもしれ

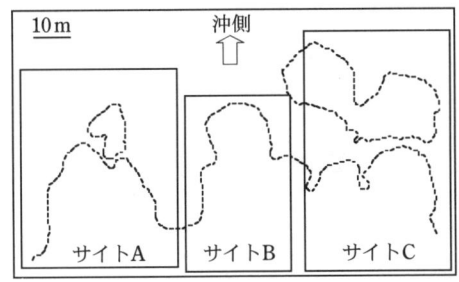

図 1-7 調査区の地図。主な産卵場所により，サイト A，B，C に分けた。点線はリーフエッジを示す（Kuwamura et al., 2000 より改変）

ないが，最も配偶成功の高い雄が消失してしまうこともよくあった。したがって，消失した雄の多くは捕食されてしまったのだろう。事実，雌に求愛している雄や産卵ダッシュをしている雌雄は，エソやハタなどの魚食魚にしばしばアタックされていた。むしろ雌にもてる雄ほど繁殖に時間や労力をかけるだろうから，捕食されてしまう割合も高いかもしれない。

　多くの雌と産卵していた雄が消失した場合，その空きなわばりはすぐ他の雄に占有される。隣になわばりを構えていた雄が移住する場合が多いが，時にはそれまで観察区にいなかった雄が侵入してくることもあった。通常，雌がたくさん集まってきて産卵するのは，リーフエッジが沖側に突き出した岬のような所である。観察区にはそんな場所が3カ所あり，それらをサイトA，B，Cと名づけた（図1-7）。それぞれで最も沖側の，一番多くの雌が産卵する場所は，そのサイトで最も大きな雄がなわばりとしていた。多くの動物で，体の大きな雄ほど競争に強いことが知られている。カザリの場合も大きく強い雄が，最も価値の高い資源，つまり雌がたくさん集まる沖側のなわばりを占有していたのだろう。沖側のなわばり雄が消失した場合，岸側のなわばりにいたもっと小さい雄が移住してきた（図1-8）。この移動とともに雄の配偶成功は急に高くなる。例えば，図1-8cの1994年4月，サイトAの岸側にいた雄a3は配偶成功が低かったが，沖側の大きな雄a1が消失したあと，その産卵場所を手に入れた（図1-8d）。すると配偶成功は6倍以上に跳ね上がったのだ。

　これでは雄が消失してなわばりの配置換えがあった場合，その前と後のデータを同列には分析できない。これは，よいなわばりの雄が消失したときに限らない。岸側のよくないなわばりにいた雄が消失し，その後に新しい雄が

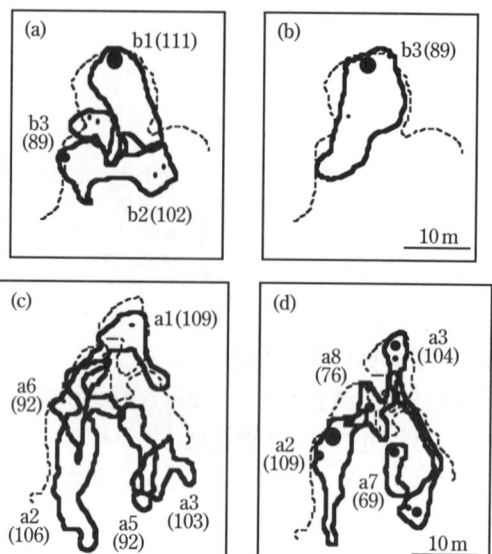

図1-8 なわばり場所の変化にともなう配偶成功の変化。上：1993年のサイトBでの変化〔(a) 7月15〜24日，(b) 8月13〜22日〕。下：1994年のサイトAでの変化〔(c) 4月22日〜5月4日，(d) 8月1〜11日〕。a1, b3などは各雄の個体ナンバー，( )内の数値は全長を示す。黒丸は1日あたりの配偶雌数を示し，最も小さい丸は1雌以下，中くらいは2〜5雌，大丸は6雌以上を表す（Kuwamura et al., 2000より改変）

入ってこなかったとしても，そこで産卵していた雌は他のなわばりで産卵すると考えられるから，たとえなわばりの配置換えがなくとも，雄の消失が起こる前と後とでは同じ条件のデータとして扱えないのだ。そして，この消失が頻繁に起きるのである。繁殖期における1ヵ月あたりのなわばり雄の消失率は40％にのぼった。つまり，6月に10個体の雄がいたとして，そのうち7月まで残っているのは6個体しかいない。一方，非繁殖期の消失率は18％でしかなかった。沖縄では，カザリの繁殖期は4月末から10月までの半年間である。4月の繁殖開始時にいた雄のうち，無事にシーズンを終えることができるはたった5％しかないことになる（Kuwamura et al., 2000）。

この高い消失率ゆえ，観察日による変動を少なくするためにすべての雄に対し2日以上の観察データがあって平均値を求めることができ，かつ雄の消失が起こらなかった期間のデータというとごくわずかしかない。1993年と

1994年で計860回の産卵を観察したが，ほとんどは分析に使えなかった。さらに，雄の変動がなくても，あまり期間が長いとその間に調査区の雌の数が変わってしまうことも考えられる。配偶時に危険なのは雄だけではないからだ。そこで，ある満月，または新月を中心とした1繁殖周期の間に上記の条件を満たしたデータだけを解析に使うことにした。

結局，解析に使えるデータは1993年の7月15～24日，および1994年8月1～11日のデータだけになってしまった。

1-2-6 どんな雄の配偶成功が高いのか

この2つの期間のデータは年も違えば調査区の雄の数も異なっていた（表1-1）が，比較してみると総配偶雌数はほぼ同じである。さらに，高い消失率ゆえ，それぞれの時期の雄に同じ個体はいない。したがって，これらは独立した値としてプールして解析に用いることにした。

さて，これでいよいよ雄の配偶成功と形質との関連を分析できる。配偶成功は雄1個体につき，2日以上（2～4日）観察したデータの平均値である。雄の形質は，体長，胸鰭，腹鰭，尾鰭の長さである。胸鰭と腹鰭は左右の平均

表1-1 1993年7月15～24日および1994年8月1～11日における各サイトの雄の全長（mm）と配偶成功（1日あたりの平均配偶雌数）(Kuwamura et al., 2000より改変)

サイト	1993年7月 全長	1993年7月 配偶成功	1994年8月 全長	1994年8月 配偶成功
サイトA	98	11.0	109	11.5
	94	4.7	104	9.5
			76	3.5
			69	2.0
サイトA計		15.7		26.5
サイトB	111	16.0	92	8.0
	102	4.3	88	5.0
	89	1.3	71	1.0
サイトB計		21.6		14.0
サイトC	103	14.5	85	10.5
	78	5.5	72	2.0
			71	4.7
サイトC計		20.0		17.2
総計		57.3		57.7

値を用いた。さらに，計測時に撮影しておいたカラー写真から派手な体色を数量化して分析したい。しかし，色の数値化というのはやっかいなのである。色分析できるハードウエアやソフトウエアは今では多く出回っているが，当時はまだ一般的ではなかったし，マンセル色測表をもとにして色相・彩度を数量化しようとしても，カザリは状況によってころころと色の濃淡を変えてしまう。麻酔の程度によっても変わるし，夜は全体的に薄い色になってしまう。産卵や求愛のときには逆に濃い色になる。これでは色彩そのものを比較するのは困難だ。そこで，色鮮やかな部分の面積を比較することにした。雄と雌を比べると，際だって異なる部分がいくつかある。雌になく雄だけにあるのは，胸鰭の基底の黄色い部分と，尾鰭の黒い部分である（図1-1）。しかし，尾鰭の黒さは麻酔によって変化してしまい，境界を厳密に見分けるのが難しい。顔のくまどり模様も雄は太く，鮮やかになるが，この模様は本数にも個体差があって単純に面積の比較はできない。そこで，麻酔しても大きさが変わらない胸の黄色い部分の面積を，雄の体色の派手さの指標として使うことにした。

　これらの雄の形質をそれぞれ独立に単回帰式で分析すると，すべて配偶成功と正の有意な相関があった（表1-2）。しかし，このように複数の形質を扱う場合には重回帰分析法を用いることが多く，特に配偶成功に重要な形質をあぶり出すためにステップワイズ法という手順で分析する。その結果，重回帰式に残り，有意な相関があったのは胸の黄色い部分の面積だけであった（表1-2）。つまり，胸の黄色い面積が大きいほど，雄の配偶成功は高くなっ

表1-2 雄の体形質と配偶成功の関連（$n=17$）（Kuwamura et al., 2000より改変）

雄の形質	実測値 範囲	単回帰分析（r）	重回帰分析（β）	変換値 重回帰分析（β）
体長 (mm)	57.9〜96.6	0.75 ***		0.75 ***
胸鰭長 (mm)	9.0〜17.4	0.72 **		
腹鰭長 (mm)	11.4〜24.8	0.72 **		
尾鰭長 (mm)	9.7〜15.9	0.68 **		
胸の黄色部面積 (mm^2)	5.8〜27.2	0.76 ***	0.76 ***	
決定係数（r^2）			0.55 ***	0.53 ***

rは単相関係数，βは重回帰式の標準偏回帰係数。重回帰分析はステップワイズ法で重回帰式に取り入れられた形質のみを示す。変換値は体長とそれぞれの形質との回帰直線からの残差の値，体長は実測値。** : $p<0.01$，*** : $p<0.001$。

ていたのだ。これは，派手な雄ほど繁殖成功が高いという性淘汰の理論と一致する。

また，それぞれの形質の間には有意な相関があった（例；体長と他の形質の相関係数はすべて＞0.7）。つまり，大きな雄ほど長い鰭をもつということで，これはアロメトリー（相対成長）を考えれば当然のことだ。このように形質の間に密接な関連がある場合，重回帰分析では多重共線性という問題が生じる場合がある（奥野ら，1981）。これを防ぐには，形質のうち何か1つを基準にして他の形質と単回帰分析を行い，その回帰直線からの各データの残差を用いて重回帰分析をするという手法がある（Reist, 1985）。そこで体長を基準にして，他の形質の値を残差に置き換えて重回帰分析をしてみると，先ほどと違って体長だけが雄の配偶成功に重要という結果になった（表1-2）。これは，他の形質を体の大きさでコントロールすると，雄の体の大きさだけが配偶成功に重要であり，体の大きさの割りに鰭が長いことや胸の黄色い部分が大きいことはあまり重要ではなくなるということを示している。つまり，胸の黄色い部分の大きさは絶対値では配偶成功に重要であるが，体サイズによる相対値になると体サイズよりも重要ではなくなるのだろう。体の大きな雄の配偶成功が高いという結果は，大きな雄ほど雄同士の競争に強い，あるいは雌に好まれるというこれまでの性淘汰研究の多くと同様である。

分析の結果，体が大きく，胸の黄色い部分の大きな派手な雄の配偶成功が高いことがわかった。前述のように，雌がたくさんくる沖側のよい場所は大きな雄がなわばりとしており，大きな雄が消失すると岸側にいた小さな雄が移住してくることから，体の大きさはよいなわばりをめぐる雄間競争に有利なのだろう。また，大きな雄は雌にとっても魅力的に映るのかもしれない。なぜなら，体の大きさはそれだけ長生きできた，あるいは餌をとる能力が優れているという生存力の高さを示している可能性があるからだ。これは性淘汰でいう「優良遺伝子モデル」という考え方である（Bradbury & Andersson, 1987）。また，雄の胸の黄色い部分が大きいこと，つまり派手さも雌にとっては魅力的なのだろう。体色を派手にするためにカロチノイドなど貴重な物質を多く消費してしまうし，また目立つことで捕食者も引き付けてしまう。このようなさまざまなコストにもかかわらず，つまりハンディを負いながらも生きていけるのは，それだけ生存力が高いことを示していると考えられる。

これは性淘汰の理論の1つ，「ハンディキャップ原理」に相当する (Zahavi & Zahavi, 1997)。

それでは，体色の派手さは雄同士の競争には関係ないのだろうか？　ブルーヘッドラスでは体サイズだけでなく，体色の派手さも雄間の競争に有効に働いていた (Warner & Schultz, 1992)。また，シクリッドなど他の魚類でも体色の派手さが雄同士の闘争に重要であることが知られている (Evans & Norris, 1996)。しかし，カザリでは体色の派手さはなわばりをめぐる雄間競争にそれほど重要ではないようである。というのも，定期的に計測・観察した結果から以下のような傾向が認められたからだ (Kuwamura et al., 2000)。

沖縄では，カザリは4月末〜5月上旬にかけて繁殖を始める。しかし，3月までの寒い日は砂底に潜って昼間も寝ている。冬眠しているわけである。そして，春になって水ぬるみ，活発に行動し始めた雄のカザリたちは，なわばりをめぐって熾烈な争いを始める。毎日，なわばりの位置や範囲，なわばりの持ち主がめまぐるしく変わっていたりする。この雄たちのほとんどは，前年に雌だったものが性転換した個体である。そして，シーズンを通して一番，雄の数の多いときでもある。この3月下旬から4月末までのなわばり争いの時期，雄の体色は完全なTP体色とはいえない。IP体色のときには，背鰭に2つ，尾鰭付け根の上方に1つ，あわせて3つの黒斑がある (図1-1)。完全なTP体色になると黒斑は3つとも消失するが，なわばり争いの時期の雄には尾鰭上方の黒斑が残っているものが多い。さらに，胸鰭基部の黄色い部分も小さく，尾鰭末端の黒の色も薄い。完全なTP体色になっていないこの雄の体色をsubTPとよぼう (図1-9)。

3月末から4月末までのなわばり争いの時期，subTPから完全なTP体色になるのはわずかな雄だけだ (10個体中2個体)。ところが，繁殖が盛んになる5月以降になると，ほとんどのsubTPは1ヵ月以内にTP体色になる (10個体中8個体)。時期的な違いは雄の体色変化の早さだけでなく，成長にも見られる。3月末から4月末までのなわばり争いの時期と，5月以降の繁殖盛期とで，subTP体色の雄の成長を比べてみると，なわばり争いの時期のほうがよく成長しているのだ (図1-10)。これらのことから，なわばり争い，すなわち雄同士の競争の時期には派手なTP体色になるよりも，どんどん成長して大きくなるほうが重要だと考えられる。つまり，カザリの雄間競争では派手な

図 1-9 SubTP雄。尾鰭上部の黒斑が残り，まだ胸鰭基部の黄色い部分が小さく，尾鰭末端部の黒色模様も薄い

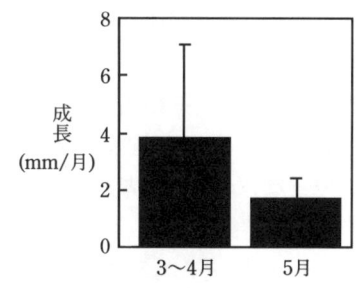

図 1-10 subTP雄の時期による成長の違い。雄同士でのなわばり争いが激しい3～4月のほうが成長がよい（t検定，$p<0.05$）（Kuwamura et al., 2000より作成）

体色よりも体サイズのほうが主要な決定因子だと推察できる。5月以降の，本格的な繁殖期になると，もう雄のなわばりは安定しており，雄の消失でも起きない限りなわばりの変化はほとんど生じない。この時期の雄にとって最も大切なことは，とにかく雌をたくさん引き付けて配偶成功を高めることである。したがって，完全なTP体色という派手な形質は，雄同士の競争よりも雌の選り好みに重要なのであろう。

1-2-7 トライ＆エラー

このカザリの調査はまずWarner & Schultz (1992) のブルーヘッドラスの研究に基づいて分析してみることから始まったが，ブルーヘッドラスのような雄全部の入れ替え実験はできなかった。1つには雄の消失率が高かったためだが，もっと大きな原因は他所からもってきた雄が調査区に定着しなかったことである。移住を何回か試みたことがある。500m以上離れた他所から雄を採集してきてマークを付け，ちょうど雄が消失したばかりのなわばりに放したのである。結果は無惨なもので1個体も定着しなかった。なかには，放流直後に目の前でエソに食われてしまった雄もいた。ブルーヘッドラスで移入がうまくいったのは，他へ移動できない孤島のようなパッチリーフで実験したこと，そしてブルーヘッドラスはカザリと違い，繁殖する時間帯だけなわばりを作るからだろう。カザリの雄は産卵の行われる夕方だけでなく，1日中自分のなわばりを守っている。だから，放流雄はいつでもなわばり雄

に攻撃され，隠れ場所も知らぬ所で一息つく間もなく追い出されてしまったのだろう。

　余談になるが，そのころ「カザリプロジェクト」とよぶようになったこの共同研究では，雄移入実験だけでなく，他にもさまざまな試みを行った．共同研究とはいえ個人の考え方は異なっているし，もっといいやり方はないだろうかと始終議論して，皆多様な（奇抜な？）アイデアを提案していたからである．1つだけそんな試みを紹介しておこう．中嶋さんが提案した「ラミネート写真実験」である．

　中嶋さんは，自然状態の行動を観察して解析するだけでは結論を詰めきれない，何らかの実験操作をして特定の要因の重要性をクリアにするべきだと主張していた．これは正しいのだが，その方法を編み出すのが難しい．特に環境条件を一定にできないフィールドでは，難しさもひとしおである．例えば，配偶成功がわかっている雄の近くに違う雄をおいて，雌がどれだけ新しい雄の所に産卵にいくか，新しい雄のどの形質がどれだけ違えば雌を引き付けることができるかという実験をやれば，雌は何を指標に雄を選んでいるかわかる，というアイデアはすぐに浮かんでくる．しかし，雄の移入には失敗したし，逃げられないように雄をカゴに入れておくのはできるが，それでは怪しすぎて雌が寄ってこない可能性が大きい（実際にそれに類した実験もして，失敗した）．そんなとき，中嶋さんが「カザリの原寸大の写真をラミネート加工しておいとったらええやん．動かへんし，雄に攻撃されても平気やから，産卵場所のすぐそばにおけるで」と提案した．桑村さんと私は「そんな動かんもんが魚として認めてもらえるやろか」と懐疑的ではあったが，ものは試しとやってみることにした．

　で，魅力的な（？）カザリ雄のラミネート写真を産卵場所の近くにおいたのだが，雌は目もくれずに通りすぎていく．やっぱりだめかいな，と思っていたら，1個体だけ反応した．それはなわばりの主である雄で，それまで気にもしていなかったのが，ある瞬間，その写真に向かって威嚇的な行動を示したのだ．どうやら，傾いてきた太陽から差す光が写真に当たる角度により，波によってゆらゆらと動くラミネート写真が本物のように映ったようである．しかし，それも一瞬で，それっきり誰も関心を見せてはくれなかった．こんな試行錯誤が何種類，何回繰り返されたことか…．

でも，そんな失敗を糧として，新たな視点・手法を用いた次の研究が始まるのである。

1-2-8 雌の動きを見る

そのころはまだ桑村さんと私が頑固にメールを導入していなかったため，共同研究の相談は主に皆が沖縄のフィールドに集まったときにしていた。電話や手紙も使ったが，電話だと1対1だし，手紙では時間がかかりすぎる。メインの話し合いは皆が雁首そろえた場で行った。沖縄で合流するとすぐに話し合いが始まって，夕食をとりながらも続き，夜が更けるとお酒も入って議論はさらに白熱し，時には東の空が白むまで続けられた。そして，翌日は潜って調査を開始しながら，さらに議論を続けて研究方針をまとめていく。

1994年までの調査で，どんな雄の配偶成功が高いかはわかった。しかし，雌がどんな雄を好んでいるかという配偶者選択を明らかにするには，これまでのように雄だけを追った調査ではなく，それぞれの雌がどんな雄と配偶しているかを明らかにしなければならない。今度は個々の雌の好みを調べようというのである。そんな趣旨の話し合いのもと，雌もタグを付けて観察することになった。

しかし，雌へのタグ付けは調査区全域ではしなかった。タグの種類に比べて雌が多すぎたのである。タグは赤や青，黄色などのプラスチック片を丸や四角，三角などに成形した。付ける場所はカザリの背鰭の前部・中部・後部の3種類である。タグの色が4種類，形が3種類として，計12種類，そして付ける箇所3種類で延べ36種類にしかならない。実際は色や形を工夫してもっとたくさんのタグを作ったが，それでも雌は調査区に80個体もいて間に合わない。そこで，特定のサイトにいる雌にだけタグを付けることにした。これは調査するうえでも実用的だった。雄だけを追いかけるそれまでの調査と違って，個々の雌の行動をトレースする必要があったので，とても調査区すべての個体を調査できないからである。

1995年にはサイトBを，1996年はサイトCを調査した。しかし，他のサイトの雄と雌もすべて定期的に捕獲して，計測や染料の皮下注射を行い，サイト間で移動があったらわかるようにした。1995年は琉球大学理学部の卒論生だった根間篤子さんが調査をサポートしてくれた。そして根間さんは調査の

一部を卒論にまとめて無事に卒業した。また，1996年からは大阪市立大学で学位を取ったばかりの坂井陽一さん（現広島大学生物生産学部）が共同研究に加わった。こうしてカザリプロジェクトはしだいに大きくなっていった。

1-2-9　カザリの配偶システムはハレムか？

　まず，昼間の雌がどこにいるのか調べてみた。日中，雌はしきりに海底をつついて小型の甲殻類などを採餌している。それぞれの雌はある程度決まった範囲にいつもいて，そこで採餌していた。しかし，その範囲は他の雌の行動範囲と大きく重複しており，お隣さんの雌がすぐわきで餌を食べていても，たいがいは知らん顔である。むしろ，場所を動くときには複数の雌が連れ立って移動することが多かった。したがって，雌の行動範囲のことは，なわばりではなく行動圏とよぶことにしよう。

　それぞれの雌の行動圏，そして雄のなわばりを地図に書き込んでみたところ，多くの雌の行動圏はある雄なわばりの中にあるのだが，2個体の雄のなわばりにまたがって行動圏をもっている雌もいた（図1-11）。さらに，雄なわばりがない場所に行動圏をもつ雌も見られた。

　これはどうもおかしい。というのは，Marshall諸島のEnewetak環礁での調査では，カザリの配偶システムはハレムであると報告されていたからだ

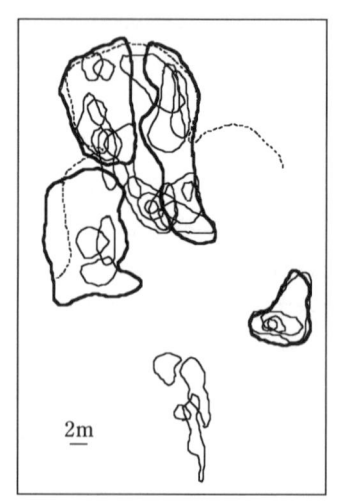

図1-11　1995年6月のサイトBでの雄のなわばりと雌の行動圏の配置。点線はリーフエッジ，太い実線は雄のなわばり，細い実線は雌の行動圏を示す（Karino et al., 2000より改変）

(Colin & Bell, 1991)。ハレムというのは，雄が雌を囲うようなかたちでなわばりを作り，雌雄が常時同居していて，原則として雌は自分を囲っている雄とのみ産卵する配偶システムを指す（桑村，1996）。ところが，沖縄のカザリでは，雄に囲われていない雌もいれば，複数の雄のなわばり境界上で暮らしている雌もいるのだ。

次に，どの雌がどの雄と産卵しているかを観察してみた。しかし，雌を1個体ずつ追跡していったのではない。雌は1日1回しか産卵しないのに対し，雄は複数の雌と産卵する。なかには1日で10個体以上の雌と産卵する雄もいる（表1-1）。特定の雄を中心に観察して，どの雌と産卵したかを調べたほうが効率がいい。しかしこの方法だと，ある雌が自分が観察していた雄と産卵しなかったとき，誰と産卵したのか，あるいはその日は産卵しなかったのかはわからないのが普通である。そこは共同研究のいいところ，あるサイトに雄が3個体いたとして，3人で観察すればそのサイトに産卵しにきた雌がどの雄と産んだかすべて把握できる。実際には観察者より雄のほうが多いこともあったが，それでも毎日違う雄を順ぐりに見ていけばおよその傾向はつかめるし，少なくともその日観察していた複数の雄との産卵は確実に押さえられる。

そんなふうに誰がどの雄と産卵したかをまとめてみると，カザリの配偶システムはますます厳密なハレムとは言い難いことがわかってきた。まず，サイトB，Cのいずれでも，観察できた産卵のうち半数以上で雌は自分の行動圏を囲うなわばりをもつ雄と産卵していた（表1-3のI）。厳密なハレムならすべてこれに相当するはずである。しかし，部分的にしかその行動圏となわばりが重複しない雄との産卵（表1-3のII）を含めても，サイトBでは70％以下の，サイトCでは80％程度の雌が，常に同居している雄と産卵している

表1-3 雌の行動圏と配偶相手の雄のなわばりの配置および産卵頻度の関係。I〜IVはそれぞれのタイプを，（ ）内は％を示す（Karino et al., 2000より改変）

サイト	B	C
総観察産卵回数	544	186
I. 雌の行動圏を囲うなわばりをもつ雄との産卵回数	301 (55)	137 (74)
II. 雌の行動圏の一部を囲うなわばりをもつ雄との産卵回数	70 (13)	19 (10)
III. 雌の行動圏を囲うなわばり雄とは違う雄との産卵回数	109 (20)	9 (5)
IV. 行動圏がどの雄なわばりにも囲われていない雌の産卵回数	64 (12)	21 (11)

にすぎなかった。それどころか，同居している，つまり行動圏を囲っているなわばりの雄ではなく，わざわざ他の雄のなわばりに出かけていって，そこで産卵する雌もかなりの頻度で見られた（表1-3のIII）。また，行動圏がどの雄なわばりとも重複していない雌は，産卵のときだけどこかの雄なわばりに出向いて産卵した（表1-3のIV）。自分からお気に入りの雄のなわばりへ出かけていくわけで，これはむしろブルーヘッドラスなどで知られている「なわばり訪問型複婚」という配偶システムのほうがあてはまるかもしれない（桑村, 1996）。

しかし，カザリをなわばり訪問型複婚とよぶには，自分を囲っている雄と産卵する雌の数が多すぎる。結局のところ，カザリの配偶システムは「ルーズなハレム」とでもいうしかないだろう。もっとも，厳密なハレムをもつ魚だったら雌の配偶者選択の研究には向いてない。自分を囲っている雄としか産卵しないとなると，雌が雄を選べるのはどのハレムに所属するかというハレム入りのとき，もしくは近くに魅力的な雄が新たに出現して，所属ハレムを替えるときだけだろう。そんなことはごくわずかな頻度でしか起こらないだろうし，起こったとしてもほんとうに雌が自分の意志で選んだのか，それとも雄間競争など他の要因の結果そうなっただけなのか区別するのが困難であろう。むしろ，こんないいかげんな配偶システムをもっているからこそ，カザリで配偶者選択が研究できたのである。

1-2-10 サイトによる違い1：雌の配偶相手

1995年にはサイトB，1996年はサイトCで雌の繁殖を丹念に調べていくうちに，2つのサイトで違いがあることがわかってきた。表1-3でわかるように，サイトBとCいずれでも，行動圏を囲っていないなわばり雄と産卵した雌は半数以下であった。しかし，その頻度には違いがあって，サイトBでは3割以上の雌が「ハレム雄」ではない雄と産卵していたのに対し，サイトCではその頻度は2割以下だった。

さらに，雌が配偶相手を替える頻度もサイトで異なっていた。配偶相手を替えるというのは，前回はこちらの雄と産卵した雌がその次は別の雄と産卵することである。サイトBでは90％近くの雌が配偶相手を替えたのに対し，サイトCでは半分以下の雌しか相手を替えていなかった（図1-12）。また，雌

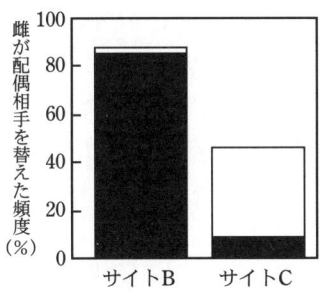

図1-12 サイトBとCで，雌が配偶相手を替えた頻度。黒色部は，社会的環境に変動がなく，雌が選り好みによって相手を替えた頻度を示す（Karino et al., 2000より作成）

が配偶相手を替える状況は大きく分けて2つのパターンがあった。1つは社会的環境に何らかの変化が生じた場合である。例えば，それまで配偶していた雄が消失してしまったら，雌は必然的に新たな雄と配偶しなければならない。雄のなわばり配置が変化して，雌がいつも繁殖していた産卵場所を別の雄が占拠した場合もこれにあたる。もう1つのパターンは社会的環境は何も変わっていないのに，雌が配偶相手を替えるというものである。前日は自分を囲っている雄と産卵したが，次の日は遠くの雄と産卵する場合などはこちらのパターンに相当する。このような場合，雌に配偶相手を替えることを強いる外的な要因は見当たらない。つまり，雌みずからが望んで配偶相手を替えたと考えられる。したがって，こちらのパターンの場合，雌の選り好みによって配偶相手が替わったとみなした。

この調査で知りたかったのは，個々の雌の配偶相手に対する選り好みである。そこで，社会的環境に変化がないにもかかわらず，雌が配偶相手を替えた場合に的を絞って見ていくことにしよう。自発的に雄を選んで配偶相手を替えた雌の割合はサイトBでは85％と高かったが，サイトCでは10％ほどでしかなかった（図1-12）。また，個々の雌が配偶相手を替えた頻度も調べたところ，サイトBでは中央値で23％（範囲：0～82％）の割合で配偶相手を替えていた。したがって，サイトBの雌は3～4回続けてある雄と産卵したら違う雄に乗り替えていたことになる。一方，サイトCの雌では中央値で0％（範囲：0～60％）しか配偶相手を替えておらず，雌はほとんど同じ雄と産卵していた（Karino et al., 2000）。

どうしてサイトによるこんな違いが生じたのだろうか？ 1つにはサイトBでは雄が多く，雌が選べるオプションが多かった可能性が考えられる。し

かし，繁殖シーズン中の雄の総数はサイトBで6個体，Cでは9個体と，むしろサイトCのほうが多かった。雄と雌の性比を見ても，サイトB(6：34)とC(9：28)で大きな差はなかった。サイトCでは雄の消失率が高いため，つまり社会的環境の変動が大きいため，雌の選り好みによって配偶相手を替えるチャンスが少なかった可能性も考えられるが，調べてみるとサイトBとCで雄の消失率に差はなかった。

もう1つ，サイトBでは狭い範囲に多くの雄なわばりがあって，雌は長距離移動する必要もなく気軽に配偶相手を替えられたのかもしれない。しかし，それぞれの雌の行動圏から産卵場所への距離，すなわち産卵のための移動距離を比較してみると，サイトBの雌の移動距離（中央値：7.3m，範囲：1.1〜25.8m）はサイトC（中央値：5.0m，範囲：0.5〜12.0m）よりも長かった（Karino et al., 2000）。したがって，サイトBの雌は長い距離を移動するコストを背負ってまで配偶相手を替えていたと考えられる。

では，雌が選り好みにより配偶相手を替える頻度がサイトによってこんなに違いがあるのはいったいなぜなのだろう？

1-2-11　サイトによる違い2：捕食のリスク

遠い雄と配偶することによる雌のコストとして，移動距離の増加のほかに，捕食のリスクが大きくなることも考えられる。カザリは配偶の際に高い捕食リスクがあるようだし，産卵のための移動距離が大きくなればそれだけリスクも高くなるからだ。さらに，これまでと違う場所で産卵するため，どこに隠れたらいいかという知識のような地の利もなくなってしまうだろう。

では，サイトBとCではそんなに捕食のリスクが違うのだろうか？ 観察中に捕食者にカザリが食べられてしまったのは，それぞれのサイトで1回ずつだった。また，捕食失敗も含めて，捕食者がカザリをアタックした回数はサイトBで100観察時間あたり3.9回，サイトCでは8.8回だった（表1-4）。これを見るとサイトCのほうが捕食者に襲われるリスクが高いように思える。しかし，サイトBとCでは場所が違うし，観察していた年も違う。そうなると，それぞれのサイトにいた捕食者の数が違うことも考えられる。サイトCにはBよりも捕食者が多く，そのために雌は選り好みによって配偶相手を替えられなかったのだろうか？

1-2 カザリキュウセンの性淘汰

表1-4 雄が捕食者にディスプレイを行った総数，および観察中の雄あるいは雄といっしょにいた雌に対する捕食者の攻撃回数。( )内は100観察時間あたりの回数 (Karino et al., 2000 より改変)

	サイトB	サイトC
捕食者に対する雄のディスプレイ回数	814 (351.6)	92 (116.0)
捕食者からの攻撃回数	9 (3.9)	7 (8.8)

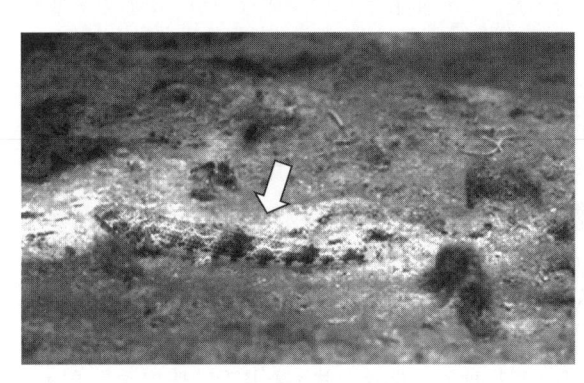

図1-13 マダラエソ。隠蔽(いんぺい)的な体色によって背景に溶け込んで見える。矢印の先に横たわっている（写真提供：桑村哲生氏）

　それを明らかにするには，それぞれのサイトにいた捕食者の総数を調べなければならない。しかし，これが難しい。調査地でのカザリの主な捕食者はミナミアカエソやマダラエソといったエソ類であった（図1-13）。エソは餌となる魚に気づかれないように，背景とそっくりの体色をしており，さらに砂に半ば体を埋めていたり，サンゴの陰に隠れていたりする。餌となる魚に見つけにくいということは，観察者にとっても見つけにくく，正確な捕食者の数を計測するのは困難である。

　そこでカザリの行動によって捕食者の数を推定した。カザリは捕食者に気づくとそこで停止し，頭を上下に振る行動（head-bobbing display）をする。この行動は捕食者に直面したときにのみ見られた。捕食者に対してこのような特殊な行動を見せるのは，「すでにおまえがそこにいるのを知っている。だから襲われてもすぐに逃げられるから，襲うだけ無駄だぞ」と捕食者にアピールして，捕食者の攻撃を思い止めているのだと考えられている（Smith, 1997）。実際，カザリにしつこくこの行動を見せられたエソが，まるであきらめたかのようにその場を離れてしまうことも多かった。

観察中に，カザリがこの頭を上下に振るディスプレイをするのを見て捕食者の存在に気がつくことも多かった。したがって，人間が泳ぎ回って見つけにくい捕食者を数えるよりも，このカザリのディスプレイ数のほうが正確な捕食者数の指標になるだろう。また，大きな雄のカザリは口に入りそうもないが，雌だったら食べることができそうな小さなエソに対しても，雄のカザリはこのディスプレイを行った。単に捕食魚への反応なのか，それとも雌が警戒して他所へいってしまうのを防ぐためか，なんにせよ捕食者の数を正確に推定したいこちらにとっては都合がよかった。さらに，エソだけでなくハタ類やヘラヤガラ，アオヤガラといった他の捕食魚に対しても頭振りディスプレイが見られた。しかし，ここでは捕食者として圧倒的にエソが優先していたらしく，いずれのサイトでも95％以上の頭振りディスプレイはエソに対して行われた。

この雄の頭振りディスプレイの回数をサイトBとCで比較してみると，単位時間（100観察時間）あたりのディスプレイ回数は，なんとサイトBのほうが3倍も多かったのである（表1-4）。つまり，サイトBでは捕食者が多いのにもかかわらず，ほとんど襲われていないという結果となった。なぜ，サイトBではカザリは襲われにくく，サイトCでは襲われやすいのだろう？

サイトBとCはほとんど隣接するくらい近い距離にあるのだが（図1-7），実はサンゴや岩など，カザリがシェルター（隠れ場所）として使うことのできる構造物の量がまったく違っていた。サイトBには生きたサンゴや死んだサンゴの骨格，砕石などシェルターとなるものがたくさんあるのに対し，サイトCはそんなシェルターが少なく，丸裸の場所もあちこちにあった。苦労して作成した海底地図から，直径15cm以上の，カザリがシェルターとして使うことができる構造物の面積を測り，カザリの行動場所であるリーフフラットに対し，シェルターが占める面積を求めてみた。その結果，サイトBではシェルターの被度は49％に及ぶのに対し，サイトCでは半分以下の20％でしかなかった。この違いがそれぞれのサイトでの襲われやすさの差につながり，さらに雌の行動の違いに起因していたのだろう。

サイトBはシェルターが多いため，捕食者が多くても襲われにくく，雌は好みにあわせてかなり自由に配偶相手を替えることができたのだろう。その際，近くの雄を捨てて，遠い雄まで移動することもできた。実際，雌は産卵

場所へ移動する際，シェルターの陰に身を潜めるようにこっそりと移動していた。シェルターの間にあるオープンな場所を横切る場合，慎重に周りを警戒して，そして危険な時間を最小限にするかのようにささっと素早く移動していた。

一方，サイトCにはシェルターが少なく，雌は安心して移動できない。そこで，最も近い雄，すなわち自分の行動圏を囲っている雄としか配偶しなかったのだろう。つまり，サイトCの雌は選り好みよりも生命の安全を優先させたと考えられる。これは当然の選択である。魅力的な雄の子という質を求めることも大切だが，雌にとっては長生きし，もっとたくさんの子を産むほうがより重要だからだ。

1-2-12 行動の可塑性

カザリの雌は捕食のリスクという生息環境の違いに従って柔軟に行動を対応させていた。捕食リスクが高い場合は，配偶相手に対する選り好みを犠牲にして，安全な最も近い雄と配偶することで自分の生存の可能性を高めていた。では，このような環境による行動の変化はどのように生じているのだろうか？

捕食リスクなどの環境要因によって，雌の選り好みや配偶行動が変化することはさまざまな動物で知られている。その中でもグッピー *Poecilia reticulata* は詳しく調査されている。グッピーは中央アメリカの河川に生息している小さな魚だが，それぞれの河川，あるいは同じ川でも上流と下流では環境が異なっている。それぞれの場所で雌の選り好みの程度が異なっているが，これには捕食者が関連しているらしい (Houde & Endler, 1990; Houde, 1997)。グッピーの成魚を食う捕食者がいない所では，グッピーの雌はオレンジ色などの色鮮やかなスポットをもった雄に強い選り好みを示す。そして，そのような場所の雄は体色が鮮やかで派手である。一方，捕食者がいる所では，雌はあまり鮮やかでない雄を好んでおり，雄の体色も地味である。グッピーの親魚を狙う場合，捕食者は目立つ派手な雄をよくターゲットにするからだという。

場所による雌グッピーの好みの違いは，どうやら遺伝的に決まっているようだ。それぞれの河川からグッピーを研究室に持ち帰り，子を産ませて捕食

者のいない水槽で育てる。そして成長した雌の子がどのような雄を配偶相手として好むか調べてみると、捕食者がいない環境で育ったにもかかわらず、捕食者の多い河川由来の雌は地味な雄を好んだという。対照的に、親の故郷の川に捕食者がいない場合、雌の子は派手な雄に強い選り好みを示した。したがって、母親がもっていた異性に対する好みが娘に遺伝したと考えられる (Houde & Endler, 1990)。同じように、雄の派手さも息子に遺伝することから、捕食リスクの低い環境では雌にもてる派手な雄の子がどんどん増えていって、雄の派手さがしだいに増していくのに対し、捕食リスクの高い所では雄は地味になっていったのだろう。

　淡水魚であるグッピーは、ある川から違う川へと山を越えて、あるいは海を伝って移動することはできない。また、川の途中に滝があった場合、その障壁を乗り越えるのは困難だ。このように他から隔離されたそれぞれの生息場所で、最もその環境に適した遺伝子が淘汰されてきたのだろう。また、もし異なる環境、例えば捕食リスクの高い環境から低い環境へと人為的に移住させられた場合、数世代〜10数世代でその環境に適応するように雌の好みや雄の派手さが変化するという (Endler, 1980; Houde, 1997)。

　カザリではどうだろうか？　カザリの場合、産み出された卵、そして孵化した仔魚はプランクトンとして広く海洋に分散する。卵や稚仔魚がどのように分散し、どこに定着するか、残念ながら詳しいことはわかっていないが、親と同じ場所に定着することは確率的にごく小さいと考えられる。したがって、子の生息環境は親と同じとは限らない。そして、今回の調査サイトBとCのように、ほとんど隣同士というごく近い場所でも、シェルターの量により捕食リスクが違ってくる。このような場合、雌の選り好みの程度や配偶行動のパターンが遺伝的に決まっていることは不利だと考えられる。例えば、親の生息場所はシェルターが多くても、子が定着した場所はシェルターが少なく捕食リスクの高い所だったら、親と同じ行動をとると生存が危うくなってしまうからだ。そして、さらにその子 (孫) の多くはまた異なる環境に生息することになるだろう。

　したがって、サイトBでは雌は選り好みにあわせて遠くの雄とも産卵しにいくのに対し、サイトCの雌が一番近い雄とのみ産卵していたのは、生息環境に対応させてそれぞれの雌が行動を調整していたと考えられる。誤解のな

いように書いておくと，もちろんこれにも遺伝的な要因はからんでいるに違いない．しかし，グッピーのように雌の選り好み・行動自体が遺伝的に決まっているのではなく，環境にあわせて最も適した行動をとるという可塑性が遺伝的に決まっているのだろう．

1-3 IP雄

これまで，雄はTP，雌はIPとしてきたが，実はそうでないこともあった．毎年たくさん採集して性の確認をしていると，地味で小さなIP個体なのに，精子を出す成熟した雄とまれに出くわすことがあった．これは一次雄とよばれ，雌から雄 (TP) へと性転換した二次雄とは異なり，一生を雄としてすごすと考えられている (中園・桑村, 1987). 厳密なハレム社会をもっていないベラ類の多くで，一次雄であるIP雄がいることが知られている (中園・桑村, 1987). 小さなIP雄は他の雄との競争に勝てないため，TP雄のようになわばりをもてない．ではどのように繁殖するかというと，TP雄のなわばりにこっそり侵入し，TP雄と雌が産卵ダッシュしたときに間に割り込んで放精して逃げるストリーキング (streaking) や，TP雄が他所にいっているすきに雌とペア産卵するスニーキング (sneaking) を行う．さらに，1個体の雌とたくさんのIP雄で放卵放精するグループ産卵をすることもある (中園・桑村, 1987; 吉川, 2001). カザリのIP雄もこれらのいずれかで産卵するのだろうが，なかなか産卵シーンを見ることはできなかった．とにかくIP雄はごく少なく，IP個体の4％くらい，全体の3％しかいない (Kuwamura et al., 2000). 調査区に1個体もいないときが多いくらいで，これではグループ産卵はできないだろう．

しかし，TP雄を観察しているうちに，TP雄と雌の産卵ダッシュの際もう1個体が途中から割り込んでいるように見えるときがあった．しかも，その後，TP雄は周りのシェルターを念入りに見て回り，あるIP個体をしつこく攻撃していた．その個体はまだ個体識別用のマークをしてなかったが，たぶんIP雄だろうと見当をつけ，次の観察にはビデオカメラをもっていった．ルーチン観察のデータを記録しながら複数の個体の動きに目を配るのは難しかったが，それでも3回ほどTP雄と雌の産卵に，サンゴの陰からダッシュしたIP個体が割り込むシーンが撮れた．カザリのIP雄はストリーキングで

繁殖しているようだ。後で共同研究者たちにビデオを見せてIP雄の繁殖行動を確かめてもらったが、皆、最初はビデオで見てもわからないらしく、「どこやねん？」「ほんまかあ？」と責められた。夕方の産卵で画面が薄暗いこともあったが、それだけ素早い動きなのだ。コマ送りにしたり、IP雄の影のような動きを指さしたりしてやっと納得してもらった。また、その場所のIP個体を採集して1個体が精子を出す雄であることも確認した。

　IP雄とTP雄の異なる繁殖方法とその成果、雌の反応を比較するのは面白いだろう。また、同じIPでも、理論的にはIP雄とIP雌はそれぞれが等しい生涯繁殖成功を得ている代替戦略だと考えられているが、まだ実証されてはいない。そこでIP雄が見つかるたびに集中して観察したが、思うようにデータが取れない。ビデオで撮ったときのように、何回もTP雄の産卵にストリーキングするのは滅多に見ることができなかった。最初のうち、TP雄はIP雄に対して雌にするように求愛行動を示すのだが、それに応じなかったり、何度かストリーキングされると、TP雄は相手の性を見破るようで、そのあとはしつこく追い回す。その結果、IP雄はしだいに遠くへ追い払われてしまう。繁殖できない分、成長に投資してより早くTP雄になるのかもしれないが、個体数が少なく、さらに調査区外へ移動してしまうことも多かったので、そこまで追跡調査ができなかった。

　カザリではIP雄の調査はうまくいかなかったが、それについてはもっとIP雄の頻度の高い別の種類で調査中である。

1-4　カザリキュウセンの性転換プロセス

1-4-1　大きな雌のあやしい行動

　生物を観察していると、時に思いもよらないことに出くわす。それは、机上で考えているだけでは予想することもできない、まったく新しい研究テーマへの扉を開く鍵になるかもしれない。

　これまでのカザリの調査は、雄（これ以降、特に注釈をつけない限りTP雄を示す）の追跡が主だったが、実際には雄しか見ていないわけではない。繁殖相手となる雌の行動も当然目に入ってくる。そんなあるとき、雌がおかしな振る舞いをしているのに気がついた。

　サイトAでのことだったが、そこで最も大きな雌（大雌）が小さな雌に対

1-4 カザリキュウセンの性転換プロセス

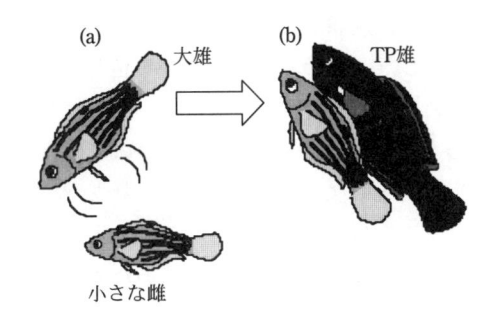

図1-14 雄の不在時に大きな雌（大雌）が小さな雌に対して，雄のような求愛行動を示す(a)。しかし，TP雄が戻ってくると大雌は雌として産卵した(b)

して，まるで雄の求愛のような行動を示したのだ。そのとき，なわばり雄はちょっと離れた他の雌に求愛していたが，それまではその大雌に対して求愛をしており，大雌もそれに対して雌らしい振る舞いで応じていた。しかし，雄がいなくなると小さな雌に求愛し始めたのだ。そのお腹は吸水した卵でいまにもはじけそうなほど膨れている。どうみても雌である。だが，大雌は小さな雌に対し，側面誇示や，頭を下げて鰭を伸ばしてディスプレイする，雄そっくりの求愛をしていた（図1-14a）。そして，求愛された小さな雌は大雌に対して，まるで雄を受け入れるときのように接近していった。さらに，大雌は小さな雌の上に乗るような体勢になって，体を震わせ始めた。このままいくと産卵ダッシュだ。

　というところで雄が戻ってきた。すると，それまで雄の求愛行動をしていた大雌は，がらっと態度を豹変させて雌としての受け入れ行動を示し，雄と一連の行動を交わしあい，そして雌として産卵した（図1-14b）。産卵ダッシュの頂点では明らかにたくさんの卵が雲のように漂っていた。次いで小さな雌も雄と産卵し，その後，雌たちは何事もなかったかのように寝場所に去っていった。

　これは1994年か1995年の出来事だった。あのときもう少し雄の帰還が遅かったら，はたしてあの雌たちは産卵しただろうかという疑問はその後も拭えなかった。もちろん，雌同士が産卵しても互いに卵を出し合うだけで受精できないから，通常はそんな行動は進化しえないはずである。だが，もしかしたら何か利益を生み出す機能があるのかもしれない…。

　同じような大きな雌のあやしげな行動は1996年7月に，サイトCで再び起

こった。このときも，もう少しで小さな雌と産卵，というところで雄が戻ってきてしまい，結局大雌は雌として産卵した。雄の不在がもう少し長かったら，ほんとに最後の産卵ジャンプまでいっただろうか？ 雄は広いなわばりをもち，そこに複数の産卵場所があったりする。そんなとき，1つの産卵場所で手間どって，他の雌が待つ別の産卵場所になかなかいけないことも十分にありえる。そこで，雄がなかなか戻ってこなかったらどうなるか，大雌が雄役をして，小さな雌を相手に産卵行動を最後まで行うか確かめるため，雄の一時的な除去実験を行ってみた。

翌日の夕方も同じ産卵場所に大雌と小さな雌たちが集まってきた。そして，雄が雌たちに求愛をしたのを確認した後，ちょっと離れた場所で雄を捕獲し，洗濯ネットに入れて雌の目が届かない所へおいた。さあ，大雌はどうするだろう？

すると，雄を隔離して何分かたった後，大雌は昨日と同じく小さな雌（小雌）に対し雄としての求愛行動を見せ始めた。そして，小雌がそれに応じてだんだん産卵場所に近づいていくと，大雌は小雌の上に乗るような，雄としてのポジションをとって体を震わせ始めた。そして次の瞬間，なんと小雌と大雌は産卵ジャンプした！ 大雌は雄としての行動を完遂することができ，小雌もそれにあわせて産卵したのである。このとき，小雌の膨らんでいたお腹が小さくなった。どうやら卵を放出したらしい。

この後，大雌も捕獲して実験室に持ち帰り，雄とともに体サイズを計測し，性を確認した。大雌の全長は71.8mm，雄は73.7mmと，2mmほどしか違わなかった。生殖突起を確認してみると，大雌はやはり雌の形状をしていた。もっと確実に，とお腹を押してみると卵が突起を透かして見える。雌として卵を作っているのは間違いない。では，精子は？ 成熟した雄の場合，お腹を押すと精子が大量に出てくるのですぐにそれとわかる。しかし，この大雌の場合，そんなはっきりしたものは見えなかった。念のため，お腹を押して生殖突起開口部から流れて出た液体を採取し，光学顕微鏡で見たが，精子は確認できなかった。しかし，そこまでやるとは前もって考えていなかったため，手際が悪かったためかもしれない。

この大雌はその後，性転換を始め，3週間後にはなわばりを構える立派なsubTP雄となっていた。これらの観察と実験の結果，そして配偶子確認のあ

いまいさから1つの仮説が頭の中に浮かび始めた。

1-4-2　性転換時における同時的雌雄同体の可能性

性転換は，一生を雌か雄かのどちらか1つの性ですごすよりも，途中である性からもう一方の性へと変わったほうが生涯繁殖成功が高くなる場合に進化する（中園・桑村，1987; 中嶋，1997）。カザリの場合，よいなわばりをもった雄はたくさんの雌と配偶できるので，自分の作る卵数で繁殖成功が制限される雌よりもお得だが，なわばりを構えるには他の雄との競争に勝たなければならない。競争に勝つには大きな体が必要であり，小さいうちは雄になってもなわばりをもてない。そこで，IP雄を除いた多くの場合，小さいうちは雌として確実に繁殖し，成長して競争に勝てるようになったら雄に性転換してたくさんの雌と配偶することで生涯繁殖成功を最大にしていると考えられる。

このように性転換は便利な戦略なのだが，コストもある。最も大きなコストは，カザリのような雌性先熟魚の場合，雌から雄へと性を変えている間，つまり生殖腺を卵巣から精巣へと変化させている間は，卵・精子どちらの配偶子も作れず，繁殖成功がゼロになってしまうことだろう。カザリでは性転換に2～3週間かかるが，その間は雌としても雄としても繁殖成功をあげられない。もちろん，雄となった後，たくさんの雌と配偶することでこのコストを上回るだけの利益（繁殖成功）を得られるから性転換するのだが，このコストをなくす，あるいは少なくする方法があったらどんなに有利だろう。

大雌が雄役として小雌と産卵行動をしたときに，精子を放出していたらどうだろうか？　そして，雄が戻ってきたら雌として卵を放出していたら？　つまり，卵も精子もどちらも出せる同時的雌雄同体だとしたら，性転換しているときに繁殖できないというコストをクリアできる。あやしげな行動をした大雌は最も大きな雌だったことを思い出してほしい。もう少し成長すれば，もしくは雄が捕食されれば，次に雄に変わるのはこの大雌である。実際に1996年に雄を一時的に除去して，雄としての産卵ダッシュを確認した大雌は，そのすぐ後にsubTP雄になっていた。つまり，もうすぐ性転換できる大きさになった大雌は，卵だけでなく精子も生産し始め，雄が不在ならば雄として小雌と配偶し，雄が戻ってくれば雌として産卵しているとしたらどうだろう。

そして，雄が戻ってこない，あるいは近くに空きなわばりができたら本格的に雄への性転換の仕上げにかかるのである。これなら性転換途中のコストはない。これが『性転換時の同時的雌雄同体仮説』である。

卵と精子，どちらも一度に作れる同時的雌雄同体は，1つの花に雌しべと雄しべがある植物が身近だが，カタツムリやゴカイなどの動物，そしてヒメコダイの仲間など魚でもその例が知られている (Greenwood & Adams, 1987; 中園・桑村, 1987; 中嶋, 1997)。雌から雄へ変わり，卵と精子のどちらも一生の間に生産する能力をもつカザリは，卵も精子も同時に作れるのではないか。だとすれば，性転換時のコストを低くするため，その間は同時的雌雄同体になるのはむしろ当然ではないだろうか？ しかし，これまで性転換する魚で，卵も精子も両方作れる同時的雌雄同体現象なんて聞いたことがない。

この『性転換時の同時的雌雄同体仮説』は，カザリプロジェクトに白熱した議論を引き起こした。共同研究者のうち，桑村さん，中嶋さん，坂井さんはそれまで一貫して性転換を専門に研究してきたその道の鉄人たちだから，なおさら議論に拍車がかかった。焦点になったのは，「雄になることを決める前に同時的雌雄同体になるのはコストも伴うのではないか」ということだった。同時的雌雄同体もいいことばかりではない。例えば，大雌が精子を作っていたとしたら，精子を作る部分，つまり精巣分だけ卵巣が小さくなっているはずである。そして，雄として小雌と産卵する前に，なわばり雄が戻ってきてしまったら，あるいは他の雄が新たにやってきたら，雌としてしか産卵できない。この場合，精子を作っている分，卵数は減少してしまう。でも精子を作っていないとしたら，どうして大雌は小雌に対し雄として振る舞うのだろう？

この議論に決着をつけるのは簡単である。大雌と小雌が産卵した際，放出された卵が受精しているかどうかを調べればいい。大雌との産卵でも，小雌は卵を放出していたのだから。それが1997年の研究テーマになった。

1-4-3 卵は受精しているか？

はたして大雌（雄役）と小雌（雌役）の産卵行動で産み出された卵が受精しているか確かめるため，野外での雄除去実験に加えて，瀬底実験所の水槽を使って雌だけの同居実験も試みた。しかし，野外と水槽で同じ時間帯にカザ

1-4 カザリキュウセンの性転換プロセス

リは産卵する。どちらも見ようとすれば担当を分けるしかない。そこで，当時三重大学水産学部の卒論生で，その年からプロジェクトに加わった田辺ひさ代さんに水槽での観察・卵回収を担当してもらい，残りのメンバーで野外実験を行った。

野外での実験は，まず夕方の産卵時間に雄を除去し，洗濯ネットに入れて隔離する。そして，大雌が雄役をして小雌と産卵したら，放出された卵を特殊なネットで回収し，卵が受精しているかどうかを調べた。卵採集に使ったネットは坂井さんのお手製で，坂井さんは大学院時代にこのネットを使ってアカハラヤッコやホンソメワケベラの卵の量を計測していた（坂井，1997，2003）。坂井さんの伝家の宝刀である。

8月14日の野外実験では，雄を除去した後，大雌は雄役としてなんと11個体もの小雌と産卵行動をした。しかも短時間のうちに続けざまに産卵したのである。卵採集ネットは1回ごとにポリビンを付け替える必要があるため，全部の卵回収はできなかったが，11回のうち5回の卵が回収できた。実験が終了し，海から上がって機材を片づけシャワーも浴びて，回収した卵の受精確認である。産み出されてから2〜3時間ほどたっている。これだけ経過していれば，受精しているなら卵割が進んで桑実胚や嚢胚になっているはずだ。期待にワクワクしながら顕微鏡を覗く。その結果は… 卵はまったく受精していなかったのである。念のため，大きく見える万能投影機でも確認したが，受精卵は1個もなかった。

水槽実験は雌の数や大きさを変えて8回行った。水槽は海水が常時流入し，余った海水を排水溝からあふれさせる構造だった。この排水溝にプランクトンネットを設置しておき，最後にネットを回収すれば卵を採集できる仕組みにしておいた。その結果，大雌の体長が60 mm以上と十分に大きければ，雌同士の産卵が普通に起こり，未受精卵が産み出されることが明らかになった（表1-5）。そこで，未受精卵を確認した後もそのまま雌同士の同居を続けてみた。台風の影響で実験を中断した水槽もあったが，雌同士の産卵があった水槽のうち2つで，未受精卵確認後20〜21日後に受精卵が回収できた（表1-5）。つまり，大雌が雄へと性転換を完了し，精子を放出できるようになるまで2〜3週間かかることがわかった。これでは普通の性転換にかかる日数と変わらない。どうやら，大雌は前もって精子を作ってはいないようだ。

表1-5 1997年の雌だけ水槽同居実験の結果。未受精卵は精子を作っていない大雌と小雌との産卵，受精卵は大雌が雄へと性転換を完了し，精子を放出したことを示す（田辺, 2000より改変）

実験#	1	2	3	4	5	6	7	8
同居雌数	3	2	3	3	3	4	3	2
実験開始後,								
最初に未受精卵が								
回収された日数	5	4	5	5	6	1	×	×
最初に受精卵が								
回収された日数	×	−	26	×	26	−	×	×
大雌の体長 (mm)	66.9	64.8	62.5	61.7	68.4	64.5	59.8	58.2

×は実験終了時まで卵が得られなかったことを，−は台風により途中で実験終了したことを示す。

　このように『性転換時の同時的雌雄同体仮説』はあっさりと棄却されてしまった。卵数を犠牲にして精子を作るコスト，そして精子を使う機会の少なさが，性転換時にも繁殖できる利益を打ち消してしまうのだろう。

　では，なぜ大雌は雄役をして，小雌と産卵しようとするのだろう？　これまで見た限りでは，雌同士の産卵には利益（受精卵）はなくて不毛なばかりか，捕食のリスクという大きなコストも抱えることになる。いったいどうしてこんな行動が進化しえたのだろう？　そして，相手役の小雌も産んだ卵は未受精で，その分大損のはずである雌同士の産卵に，なぜつきあうのだろうか？　新たな疑問が次から次へとわいてくる。

1-4-4　雄が戻ってきたら大雌は？

　8月14日の野外実験でちょっと気になったことがあった。大雌と産卵した小雌は，膨らんでいたお腹がへこんで卵を放出したのがよくわかるのだが，同じように卵で膨らんだ大雌のお腹は，少なくとも11回の産卵行動の途中まではへこんでいなかったのである。雌同士の産卵では，大雌は卵を放出しないのだろうか？　そして，雄がきたら大雌は雌として卵を放出するのだろうか，それとも雄としてなわばりを防衛するだろうか？

　そこで次の日，8月15日にはいったん雄を除去し，大雌が雄役で産卵行動をした後，雄を戻して大雌がどうするか，さらに実験してみた。念のため，前日とは違う場所・違う個体で実験した。まず，18：08にTP雄を除去した。すると大雌は雄として求愛を始め，4個体の小雌と次々に産卵した。この卵

1-4 カザリキュウセンの性転換プロセス

の一部も回収した。そしてTP雄を戻した。すると，それまで雄として求愛していた大雌は，TP雄と出会ったとたんに雄としての行動をやめ，雌として振る舞い始め，18：40には雌として産卵した。つまり，数10分のうちに雌から雄へ，そして雄から雌へと配偶行動を変化させたのである。この雄雌産卵でも卵回収作業を行った。

　実験終了後は卵の受精確認である。大雌が雄役をした雌同士の産卵で回収された卵はやはり未受精だった。雌同士の産卵後，雄を戻して大雌が雌として産卵行動をしたときに回収した容器にも卵が入っていた。どうやら，大雌は雄として産卵行動をしているときには，少なくとも全部の卵を放出せずに残しておくらしい。この，正常な（？）雌雄のペアで産み出された卵は，当然ながら受精卵だった。

　これらの実験結果はプロジェクトに喧々諤々の大議論を引き起こした。いったいなぜ大雌は精子もないのに雄役で産卵行動をするのだろう？　小雌はなぜ相手をするのか？　そして，雌→雄→雌とめまぐるしく役割を変える大雌の配偶行動の仕組みは？　行動生態学のパラダイムに照らしてみれば，多くの場合，生物の振る舞いは何らかの適応的意味があるはずである。ことにカザリの産卵行動にはエネルギーや時間だけでなく，捕食のリスクという大きなコストもあるのだから，何らかのポジティブな意味がなければ進化してこなかっただろう。では，その意味とは？　さまざまな仮説・思いつき・妄想・反対意見・迷走意見が飛び交った。この年から桑村さんと私もインターネットを導入したため，メールによって議論はさらに加速していき，議論の密度は数倍，いや数十倍くらいに高まっていった。

　議論を続けていくうちに，性転換の研究はたくさんあるが，性を変えていくときの詳しいプロセスは意外とわかっていないことが明らかになってきた。カザリの大雌が雄役として振る舞うのはこのプロセスの大事な一部なのだろう。雄が戻ってきたらすぐに雌に行動を戻していたことから，性転換を始める／やめるというスイッチは可逆的なものだと考えられる。しかし，いつまでも可逆的なのだろうか？　そうならば，ダルマハゼなどで見つかっている雌から雄へ，そして雄から雌への双方向性転換（中嶋,1997）が起きるのではないか？　それともどこかで不可逆になってしまうのだろうか？

　いろいろとアイデアが生まれてきた。だが，この雌同士の産卵という現象

は雄がいなくなればいつでも起きるものなのだろうか，そしてどんなパターンがあるのか，次の年もさらに実験を続けてまずこれを確かめることにした。それによりこの不思議な大雌の行動の意味がつかめるかもしれない。

1-4-5 雌同士の産卵

1998年，田辺さんは琉球大学の大学院に進学した。さらに，前年に琉球大学の公開臨海実習で瀬底実験所を訪れ，我々の研究を見る機会があった琉球大学の森下信介さん，東京水産大学の松井香織里さんもカザリプロジェクトに加わった。だんだん大所帯になってきた。しかし，野外で雄を除去したり戻したり，大雌の行動を観察し，卵を採集するなど，野外実験でもっとマンパワーがほしいところだったので，これらの学生さんの新規加入はありがたかった。

まず，実験の前日に，夕方産卵場所に集まってくる雌を観察する。その中で「雄役」をしそうな大きな雌にあたりをつけ，その雌が雄と産卵した後に捕獲して，体サイズ（全長）を計測し，生殖突起や卵の確認で雌であることを確かめる。そして個体識別のためにタグを付けて，元の場所に返す。実験当日の夕方，日没1時間前になったら雄を捕獲して雌の目が届かない所に隔離する（図1-15）。捕獲要員がその操作をしている間，観察要員はタグを付けた大雌の観察を開始している。大雌や周りの小雌がどのような行動を，いつしたかを記録していくのだ。一方，捕獲要員は，今度は卵回収セットをもって産卵場所の近くで，魚を驚かさないようにじっと待つ。

卵の回収は卵採集ネットだけでなく，大きなプラスチックバッグ（55×

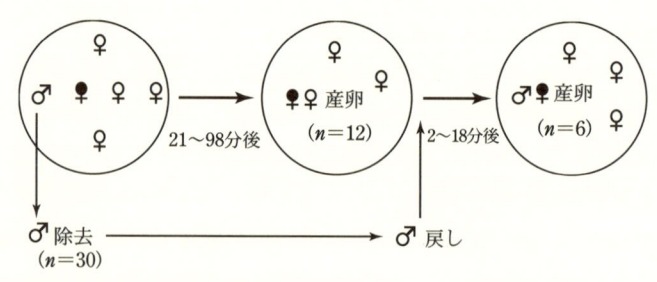

図1-15 TP雄の一時除去→雌雌産卵→雄戻し実験のシェマ。黒塗りの雌シンボルは大雌を示す（Sakai et al., 2002より改変）

1-4 カザリキュウセンの性転換プロセス

図 1-16 プラスチックバッグによる卵採集の様子。プラスチックバッグの末端に取り付けたポリビンが見える(写真提供：桑村哲生氏)

90 cm)の袋の口にプラスチック片を取り付けたものも使用した(図1-16)。卵が産み出されたポイントで，この補強した袋の口を開ければ卵は海水ごと袋に入る仕組みである(吉川，2001を参照)。海面でポリビンを付け替える卵採集ネットと違い，これなら袋をたくさん用意すれば次々に行われる産卵でも連続回収が可能だ。袋の末端には底にプランクトンネットをはったポリビンを取り付けたので，口を閉じて袋を押せば海水はプランクトンネットで濾過されて，ポリビンには卵だけが残る。

また，雄を除去すると隣のなわばり雄が侵入してくることがあった。特に，リーフの先端でたくさんの雌が集まってくるよいなわばりのときに多かった。隣の雄が侵入してくると雄除去の意味が失われてしまうので，そのようなときにはなわばりの境界に網を張って隣の雄の侵入を防いだ。こんなふうに，もっていく実験道具はどんどん増えていったが，調査場所の近さとたくさんの人員のおかげでずいぶん助かった。

そうこうしているうちに，大雌が雄役をして雌同士で産卵が行われたら，卵を回収した捕獲要員は今度は雄を産卵場所に戻してやる(図1-15)。観察要員は大雌から目を離さず，雄と出会った大雌がどのように振る舞うか観察を続ける。もし，雄と大雌が産卵したら，その卵も回収する。この観察は，大雌が砂に潜って寝てしまうまで続けた。そのころにはもう真っ暗になっている。実験用具をもって海から上がって，シャワーを浴び，夕食をすませ，産卵から2〜4時間たったころ，卵の受精を確認する。

このような手順で，1997〜1998年にかけて30回の実験を行った。しかし，同一の大雌に対して繰り返し（2〜4回）実験した場合もあったので，実験した大雌の総数は19個体だった。実験場所や時期によって最大雌の大きさはまちまちだったので，実験した大雌の全長は60〜85mmと幅広いものになった（Sakai et al., 2002）。

30回の実験のうち，大雌が雄役をして雌同士の産卵（雌雌産卵）が見られたのは12回（40％）で，残りの18回では雌雌産卵は起こらなかった。しかし，雌雌産卵が見られなかった18回の実験のうち，14回（78％）では大雌の後を小雌が付き従って泳ぐ行動が見られた。この小雌の追従行動は，雌がTP雄に対して行う産卵前の行動とまったく同じで，雌から雄への求愛行動とみなせる。どうやら小雌は大雌を配偶相手（雄）として見ているようである。また，産卵ダッシュまでいかない場合でも，大雌が小雌に対して雄として求愛行動を示したことが10例（56％）あった。雌雌産卵まで至らなくとも，大雌は雄役としてやる気を見せることが多かったのだ（Sakai et al., 2002）。

一方，雌雌産卵が見られた12回すべてで大雌は雄役として求愛，産卵行動を行った。また，小雌も産卵前に大雌に付き従う雌としての求愛を見せた。雌雌産卵が行われたのは，雄を除去してから21〜98分後とかなり幅があった（図1-15）。雌雌産卵で産み出された卵はやはり未受精卵だった。そして，雌雌産卵後，すぐに雄を戻してやるが，回収した卵の始末やら，離れた場所においた雄をもってくるやらで，どうしても雄を放流するのは雌雌産卵から1〜10分ほどかかってしまう。夕焼けもピークをすぎ，だんだん暗くなっていく。すると，雌雌産卵を終えた大雌が，放流した雄と出会う前に砂に潜って眠ってしまうことがあった。これが12例のうち6回あった。残りの6回では，大雌は戻された雄と出会うことになった。さあ，どうするか，雄役をして雌雌産卵をしたくらいだから雄に対してなわばり防衛するか，と思って観察していたが，雄と争うような行動はまったく見られなかった。大雌はすぐに雄としての行動をやめ，雌として雄に接近・追従して，雌として産卵した。この雄雌産卵が行われるまで，雄放流からわずかに2〜18分，あっという間のことである（図1-15）。そして，雄雌産卵のすべてで卵は受精していた。

雌雌産卵をした大雌の半分しかその後の雄雌産卵をしなかったが，これは単に雄と出会えたかどうかの問題のようである。これらの大雌は雌雌産卵の

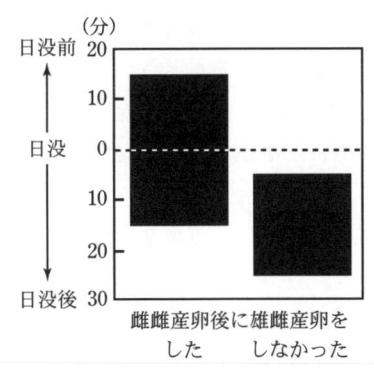

1-4 カザリキュウセンの性転換プロセス

図1-17 雌雌産卵後に，大雌が戻された雄と雄雌産卵をした場合と，しなかった場合の雌雌産卵時刻の差（Mann-WhitneyのU検定，$p ≒ 0.05$）。0（点線）は日没時刻を示す（Sakai et al., 2002より作成）

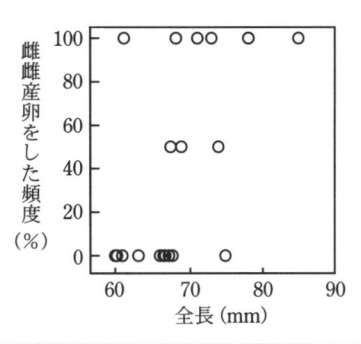

図1-18 大雌の全長と，雄除去後に雌雌産卵した頻度の関係（Spearmanの順位相関係数＝0.57, $p < 0.05$）（Sakai et al., 2002より作成）

後，雄に出会う前に寝てしまったが，その雌雌産卵の時間が日没後と遅く，雄の放流時にはすっかり暗くなってしまっていたためだ（図1-17）。カザリは夕方に産卵するが，その産卵時間には砂に潜って眠るというデッドラインがある。このデッドラインをすぎてなお行動していると，夜行性の魚食魚に襲われる危険があるし，雌雌産卵をしようにも小雌が寝てしまっていて相手がいない。したがって，雌雌産卵が早い時間に行われ（図1-17），その後に雄と出会っていたら，これらの大雌もすぐに雌として行動し始め，雄雌産卵を行っただろう。

1-4-6 雌雌産卵：その意味は？

こうしてみると，雄がいなくなったからといって必ずしも大雌は雄として配偶行動を始めるわけではないことがわかる。大雌が雄役をする，しないというのは何によって決まっているのだろう？

同じ大雌で何回も実験したことがあったが，同じ雌でも雌雌産卵をするときもあれば，しないときもあった。図1-18で，雌雌産卵をした頻度が50％の雌がそれである。どんな大雌が雌雌産卵をしやすいか検討してみたところ，体サイズの大きな大雌は高い頻度で雌雌産卵したことがわかった（図1-18）。

小さな大雌は雌雌産卵をしないことが多かったが、これらもその場所では最も大きい雌だったのである。したがって、雌雌産卵するかどうかは、周りの個体よりも大きいという相対的な大きさだけでなく、大雌の絶対的な大きさが重要な要因になっているらしい。大きな雌ほど雄役をやる傾向が強いという結果は、1997年の水槽実験とも一致する（表1-5）。

では、なぜ大雌は精子も出せないのに雄役をするのだろう？ 雌雌産卵にはどのような適応的意味があるのだろうか。

実験の前に、雌雌産卵の意味についていくつかの仮説を立てておいた。雌雌産卵時に大雌が精子を出すという性転換時の雌雄同体仮説もその1つだが、精子を出していない場合についても、雄としていち早く行動を始め、周りの雌に雄として認識されることによって他の雌が雄に変わるのを抑制するという性転換競争仮説などもあった。しかし、実験の結果、ある1つの仮説が有力になった。それは『将来の配偶相手の確保仮説』である。

1996年の実験直後に性転換した雌のように、雌雌産卵で雄役をする大雌は近い将来に雄になれる見込みの高い性転換有力候補である。特に、雄がいなくなったら、そのなわばりを引き継げる可能性は高い。そこで、雄がいなくなったら大雌はどうすべきか、そのシナリオを考えてみよう。同時的雌雄同体仮説が棄却されたとおり、大雌はまだ精子を作っていない。すぐに生殖腺を精巣に変えるスイッチが入ったとしても、精子を作れるまで2〜3週間はかかる。この間は雄として機能できない。では、この間はおとなしくじっとしていればいいだろうか？ そうすれば、雄役として行動するエネルギーや時間のロス、捕食のリスクはないだろう。そして、精子を作れるようになったら雄として振る舞い始めるのが一番無駄がないのではないか？

しかし、生殖腺が変わるまでの間、何もしなかったら、相手となる小雌はどうするだろう？ 大雌の事情にかかわらず、小雌は繁殖成功を稼ぐため卵を作り続ける。しかし、配偶相手となる雄（役）がいないのだ。作った卵は無駄になってしまう。産卵のために吸水して膨れた卵は翌日には受精能力がなくなってしまうから、明日以降に現れるかもしれない雄のためにとっておけない。ではどうするか？ そう、カザリの雌は移動して違う雄のなわばりで産卵できるのだ。そして雄（役）がいない産卵場所にはやってこなくなるだろう。そうなった後で、性転換を完了して精子を作れるようになった個体が雄

1-4 カザリキュウセンの性転換プロセス

として行動を始めても，もはやそこには雌はやってこないから，配偶相手を獲得するのは難しいだろう．

となれば，雄がいなくなった時点で，すぐに大雌は雄役として行動を始め，小雌の相手をしてやるべきだろう．そうすれば，性転換を完了し，精子が作れるようになったときにも小雌はそこにいて配偶相手になってくれる．つまり，大雌が精子もないのに雄役として振る舞うのは，将来，性転換が完了したときに配偶相手となる小雌をなわばりにとどめておくための戦術だと考えられる．それにより，生殖腺を変えている間に雄役をすることのコストを上回る利益を得ることができるのだろう．つまり，目先の安全ではなく，将来的な利益を見込んでの行動と考えられる．

しかし，相対的に小さめの大雌は雌雌産卵をあまりしなかった．これらの雌たちは将来の配偶相手を確保しなくてもいいのだろうか？　これには性淘汰がからんでいると考えられる．雄として成功するためには，まずなわばりを確保することが重要だが，小さめの大雌は性転換しても小さな雄にしかなれず，他の雄との競争に弱いだろう．運よく，前の雄が消失した場所をなわばりとしてもてたとしても，他所から移動してきた大きな雄になわばりを奪われてしまう可能性が高い．さらに，大きな雄ほど配偶成功が高かった（表1-2）のは，大きいほど雌にも好まれると考えられる．したがって，小さな大雌が雄になったとしても雌には好まれず，大きくて派手な他の雄へと小雌は配偶相手を替えてしまうかもしれない．したがって，まだ雄として成功する見込みの薄い体の小さな大雌は雄として振る舞うという行動のオプションをとらなかったのだろう．また，雌雌産卵した体の大きな大雌でも，戻ってきたTP雄と争うことはせず，すぐに雌として振る舞い始めた．自分よりも大きな雄，すなわち自分よりも競争に強く雌にもてるライバルがいる限り，雄となることに猪突猛進するのは有利ではないのだろう．

この『将来の配偶相手確保戦術』は，言葉を換えれば『小雌に対する大雌のだまし戦術』でもある．大雌は雌雌産卵で受精卵を作れなくても，性転換が完了したときの配偶相手の確保という見返りがある．しかし，雌雌産卵の相手，小雌にとってはなんの利益もない．雄の振りをする大雌にだまされて産卵行動に最後までつきあってしまい，その結果，自分の卵はすべて未受精になってしまう．これは小雌にとって大きなコストだ．小雌はどうして雌雌

産卵につきあうのだろう？　相手が「雌」だと見破れないのだろうか。

　雄除去-戻し実験で，雌雄産卵が起こった場合はもちろん，起こらなかったときでも小雌は大雌に追従行動を行った。この追従行動は，大雌が雄役として求愛を始める前から見られることが多かった。つまり，大雌がだます前から，小雌は大雌を配偶相手と認識していたと考えられる。小雌にとって，今もっている熟卵はその日のうちに産んでしまわなければならない。そんなせっぱつまった状況では，手近にいる中で最も適切な相手を選ぶべきだろう。雌は，色鮮やかで，体の大きな雄が好みであった(表1-2)。しかし，TP雄が見当たらない今，どの相手を選ぶべきか？　それは，体色は地味でも，最も大きな大雌であろう。したがって，小雌は大きな相手が好きという選り好みの基準に従って，最も大きな大雌を配偶相手として選んでいたのだろう。小雌は相手が雄か雌か，見破れないのかもしれない。産卵ダッシュは一瞬ですぐに底に戻ってくるため，相手が精子を放出したかどうかわからないのだろう。また，体色が地味でも，IP雄という精子を出すことのできる立派な雄もいるので，体色がIPだからといって配偶相手のリストからはずしたりしないとも考えられる。実際，TP雄の除去後，そこにいたIP雄が活発に行動し始め，大雌を尻目に何度もペア産卵したこともあった。しかし，IP雄よりも大雌のほうが大きかったため，このときも多くの小雌は大雌に追従していた。

　このような小雌が相手だからこそ，大雌の『将来の配偶相手確保戦術』が成り立っているのだろう。

　実は，調べてみると雄消失直後の大雌の「雄役行動・雌雌産卵」は，性転換する数種類のベラで以前から知られていた。初めて野外で魚の性転換を見つけたRobertson (1974)も，研究対象のホンソメワケベラで同様の行動が見られたことを記している。しかし，これまでその意味についてはまったくわかっていなかった。カザリプロジェクトはその謎の行動に光をあて，適応的意味についても有力な仮説を掲げることができたのである。

1-4-7　性転換の2つの側面：行動と生殖腺の変化

　これまでの魚類の性転換に関する研究では，誰が，いつ，どのような状況で性転換するかが主要なテーマであった(中園・桑村, 1987; 中嶋, 1997)。ここでの性転換は生殖腺が卵巣から精巣へ，あるいは精巣から卵巣へという視

点，つまり機能的な性転換という意味でとらえられてきた。しかし，カザリの研究は「行動の性転換」という異なった視点の重要性を強調することになった。

　カザリの大雌は雄役として，小雌を相手に産卵行動（雌雌産卵）をすることができる。しかし，産み出された卵は未受精だから，これは機能的な性転換ではない。だが，大雌の雄役行動は小雌に卵を産み出させてしまうほど完璧なのである。しかも，大雌がTP雄に対して雌として振る舞っていたときから，雄役で小雌と雌雌産卵するまでわずか20〜100分ほどしかかかっていない。雄役をしていた大雌が，戻ってきたTP雄と雄雌産卵するまでの時間はさらに短く，わずか数分から20分足らずでしかない。生殖腺が卵巣から精巣へと変化を完了させるのに2〜3週間かかるのとは対照的に，行動の性はごく短時間のうちに，しかも雌から雄へ，雄から雌へといずれの方向にでも変わることができるのだ。

　これまで，魚類の配偶に関する性行動は生殖腺から分泌される性ホルモンによって統御されていることが詳しく調べられてきた (Stacey, 1987；小林, 2002)。つまり，雌は卵巣から分泌される雌性ホルモンによって，雄は精巣からの雄性ホルモンによって，それぞれの性行動をとるように調節されているとされてきた。しかし，カザリの大雌の場合，まだ精巣がないにもかかわらず雄の行動をしたのである。したがって，カザリの大雌の雄役行動は精巣からの雄性ホルモンによって生じたものではない。性ホルモンに規定されない性行動，これはなかなかすごい発見じゃないだろうかとプロジェクトが盛り上がっていたときに，ブルーヘッドラスで同様の発見をしたグループの論文がすでに出版されていたことがわかった (Godwin et al., 1996)。Godwinらは，大きな雌（大雌）を捕まえて手術し，生殖腺（卵巣）を摘出したあと，すべての雄を除去し，生殖腺のない大雌がどうするか観察した。すると，生殖腺のない大雌は，カザリの大雌と同様に，小雌に対して雄役として行動し始め，雌雌産卵を行ったのである。この実験から，Godwinらは雄の性行動へと変化するのに生殖腺は必要ないという結論をもつに至った。

　この論文を読んで，プロジェクトのメンバーは，先を越されてしまったと一時ショックを受けた。しかし，よく考えてみるとGodwinらのブルーヘッドラスでは，雄役行動をした大雌は生殖腺がなく，生殖腺からは雌性・雄性

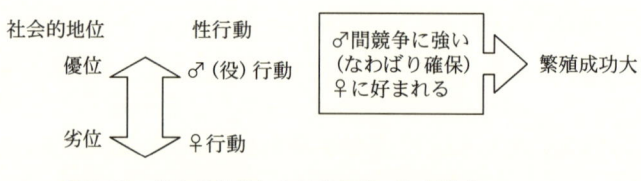

図1-19 社会的地位による性行動の決定様式のシェマ

いずれの性ホルモンも供給されていなかったのである。もちろん，性ホルモンが性行動を決めているという常識の中で，この発見はすごい。しかし，カザリのほうはもっとすごい。なにしろ，お腹がはちきれんばかりに熟卵を抱えている大雌が雄として行動したのだ。雌の産卵行動は，熟卵を生産した直後に分泌されるプロスタグランジンという雌性ホルモンによって引き起こされることがいくつかの魚種で明らかになっている（Stacey, 1987）。ところがカザリの場合，熟卵をもちプロスタグランジンが分泌されている状況でも，正反対の雄の行動ができるのだ。

性ホルモンに規定されない性行動。それは何によって決められているのだろう？ 雄除去実験でも明らかなように，それは自分よりも大きな雄という刺激がなくなることがきっかけであった。そして，性行動を雄に変えた大雌が，戻された雄と出会うとすぐさま雄から雌へと性行動を変えたことも，大きな雄という刺激がどちらの性の行動をすべきかという決定に重要であることを示している。したがって，社会的地位がどちらの性として振る舞うかを決めていると考えられる。より大きく優位な個体がいて，自分が劣位だった場合は雌として行動する。自分が最も大きく，優位な場合には雄として振る舞う（図1-19）。そして，その行動の変化は生殖腺の変化よりもずっと先だって，社会的地位が変化したらすぐに起こるのだ。そうすることで，将来の配偶相手を確保したり，優位な個体と無駄に争ったりせずにすむのだろう。

カザリは社会的地位の変化をどのようにしてとらえているのだろう？ これは，雄が見える/見えないという視覚刺激を通して認知していると考えられる。この視覚刺激は脳で処理される。つまり，魚類の性行動には，生殖腺→性ホルモン→性行動というラインと，視覚刺激→脳→性行動というラインの2つがあると想定できる。では，この2つのラインは相互にどのように

関連しあっているのだろう。熟卵をもちながらも，雄が突然消失したカザリの大雌のように，互いに相反する状況ではどちらかが優先権をもつようなメカニズムが組み込まれていると推察できるが，一方がきっかけとなって他方のラインの方向を変えたり，促進するメカニズムもあるのだろうか。さらに，脳→性行動とはしょったが，この間にはどんなプロセスがあって，どのようにコントロールされているのだろう。

　今後，社会的地位と性行動の可塑性について，その生理的なメカニズムをも明らかにしていくような研究を進めることによって，また新たな研究分野が開けていくに違いない。

1-5　おわりに

　性淘汰から始まったカザリの研究は，やがて性行動の可塑性という性転換の研究へと発展していった。しかし，どんな社会的地位にあるときに雄として，あるいは雌として振る舞うべきかという性転換プロセスの行動変化は，大きな個体は雄として強く，また雌に好まれるという性淘汰と密接に関連していることが明らかになり，性淘汰と性転換の強い関連を示すことができた（図1-19）。これも，性淘汰と性転換，それぞれ得意の分野が異なる研究者が組んだ共同研究ならではの成果だろう。

　カザリプロジェクトはその後発展的に解消し，現在メンバーの数人で新たにχ（かい）プロジェクトを立ち上げ，現在も数名の学生さんといっしょに沖縄の海で研究を続けている。現在は，カザリから始まった性行動の研究を数種類のベラ科魚類で展開しているだけでなく，スズメダイやモンガラカワハギなど他の魚類，あるいは魚類以外の動物の繁殖戦略に関して多様な研究を扱うに至っている。そして，次々と新たな発見をしているが，その成果についてはまたいずれどこかでお目にかける機会もあるかと思う。

　カザリプロジェクトを通して，私が最も共同研究の強みを感じたのは，複数の視点からの議論により，仮説や理論，実験方法や結果の解釈をより洗練できることだった。1人で研究をしているとどうしても偏った見方をしがちになる。もちろん，学会で発表したり，論文を投稿したりするときに，他の人たちから意見をもらうことはできるが，共同研究なら調査・実験をしているとき，あるいは計画立案の段階でそれができる。これは研究のペースアッ

プにもつながるし，何よりも無駄な遠回りをせずに，問題の焦点を認識し，それを明らかにするに必要な調査を実行することができる。

　そしてもう1つ，研究の論理性ということもこの共同研究で学んだ重要な点である。研究はもちろん論理的でなくてはならないのだが，1人でやっていると細かいところまで煮詰めないで見込み発進してしまうことがしばしばある。共同研究での議論では，自分の考えがうまく相手に伝わるようにきっちりとした形にまとめなければならない。さらに，納得してもらうためにはその論理的な正しさをできる限り詰めて，相手に提示しなければならない。なにしろ，共同研究者は研究を少しでもよくするため，相手の意見にアラはないか鵜の目鷹の目で，重箱の隅をつつくように綿密に検討してくるのである。こんな手強い相手を説得できるような，よく論理性のとれた，より優れた研究のアイデア，仮説，理論，方法論，解釈を構築していくうえで，カザリプロジェクトでの経験は非常に有用だったと思っている。

　現在，魚類の社会行動に関する野外調査は，研究者1人，単独で行われていることが多いのではないだろうか。しかし，今後は共同研究のスタイルが浸透していくと思う。共同研究もよいところばかりではないが，その利点は欠点をはるかにしのぐからだ。また，行動学や生態学といった同じ分野の共同研究だけでなく，生理学や分子生物学など他の領域の研究者も加わることによって，魚，あるいは生物というものをより広く，より深くとらえることができ，さらに興味深い現象を明らかにできるようになると期待している。

2 なぜシワイカナゴの雄はなわばりを放棄するのか

(成松庸二)

　魚類には，雄が子どもの世話をし，捕食者から守るものが多い。トゲウオ類に属するシワイカナゴも，雄が卵の世話を担当する。だが，シワイカナゴの雄は，多くの場合，卵が孵化する前になわばりを放棄し，その一方で放棄されたなわばりを別の雄が引き継ぐ。放棄された卵はどうなってしまうのか？　また，この相反する行動はなぜ起こるのか？　本種の生活史や性淘汰に関する観察と実験結果を紹介し，これらの謎に迫る。

2-1 きっかけ

　1993年4月の昼下がり，大学院に入りたての私は北海道南部の臼尻という小さな町の漁港で，海を見ながらたたずんでいた。その脇に建つ大学の水産実験所にいってみようと思い立ったのは，学部生時代に受けた講義で，とある教官が繰り返していた「身近な扱いやすい生物ほど研究しやすいものだ」という話を聞いてのことだった。「学生時代は短い。その時期に充実した時間をすごすことができるかどうかは，研究対象となる生物しだいで大きく変わる」。そういった趣旨の話だった。その話に大いに共感した私は，興味をもっていた魚の行動の研究をうまく進めていくには，目の前に海のある実験所を拠点にするのが最適と考えたのである。幸い，実験所には魚類の行動を研究している若い教官もいた。まず電話をしてみると，「一度，きてみなよ」と気安いご返事。実験所には実習で訪れたことがあり，そのときに行った地引き網実習の結果から，沿岸で手に入りやすい種については自分なりにいくつかあてがあった。あとは実際にいって，研究対象をどれにするのか決めればよい。そう考えての訪問だった。

しかし実際にその教官（その後，私の指導教官となる宗原弘幸先生）と話してみると，繁殖行動を野外で直接観察できる種や，周年にわたって採集できる種は意外に少ないことがわかった。私が考えていたギンポ類やメバル類などは全部難しい，ということになってしまった。また，「具体的にどんな研究をしたいのか」と聞かれ，自分の興味の範囲について説明してはみたものの，専門書をわずかにかじった程度の知識ではテーマを決めるまではとてもおぼつかず，最後はしどろもどろになってしまった。いったい何について，どんなことを研究したいのか。そのどちらにも答えを出せず，息抜きに外に散歩に出たのであった。

水面は春の陽をあびて鏡のようにキラキラしている。オオセグロカモメがのんびりと浮かび，そこここには流れ藻が漂っている。ほど近くに見える山にはまだ雪が残り，ちょっと肌寒いが実にのどかである（図2-1）。そんな中に身をおいていると，テーマが決まらないことなど小さなことのようにさえ思えてくる…。ふと水中に目を向けると，黄色い小魚が1尾，たなびくホンダワラの周りをいったりきたりしている。しばらく見ていると，その魚は近づいてきた他の魚に対して突進した。ホンダワラの周りでゆらゆらと泳いでいる姿とは動きも速度もまったく違い，まさに突進というにふさわしい動きで他の個体に攻撃したのであった。「ホンダワラを守る魚。ちょっと面白そうだな」というのが，私とシワイカナゴの初めての出会いであった（図2-2）。

図2-1 高台から臼尻港を望む。夏から秋にかけてスルメイカとサケ，冬にはスケトウダラの水揚げで港は活気づく。また，周囲は世界最大のマコンブの産地で，質のよいマコンブが多く取れる。右奥に見えるのが北大臼尻実験所

図2-2 岸壁の上から見かけたのと同じ体色をもつシワイカナゴ。他個体への攻撃性は非常に高い

2-2 シワイカナゴとは？

　シワイカナゴ *Hypoptychus dybowskii* という魚をご存じない方も多いかもしれない。沿岸の潮間帯，潮下帯などごく浅い所に生息するものの，分布の中心は東北北部から北海道と限られている。しかも一部の地域を除けば，ほとんど食卓に上がることはない。ほっそりとした10 cmにも満たない小さな魚で，主に小型の動物プランクトンを食べており，釣りの対象にもならない。このように，この小さな魚が人目に触れることはあまりない。実際に，港で四つ手網を使って採集していると，「何とってんだ？」と漁師さんがよく話しかけてくる。バケツに入っている魚を見せて，「このシワイカナゴって魚を…」と説明するのだが，漁師さんでさえ「こんな魚いたか？」といった反応をする。港の周辺にもかなりの密度でいるのだが，小型の定置網でも網目から抜けてしまうためにあまり見る機会もないのだろう。
　和名もまたややこしい。イカナゴの仲間？　以前はそう考えられていたが，1970年代の形態研究によって，スズキ目イカナゴ科から，トゲウオ目シワイカナゴ科に分類学的な位置が変更になった (Ida, 1976)。その後も，トウゴロウイワシ類に含めるのがふさわしいといった考えも出ているが，最近，ミトコンドリアDNAを使って系統解析した斉藤憲治さんによると，トゲウオ類に入れるのが妥当であるとのことである。このように，分類学的に問題を抱えてきたシワイカナゴだが，和名はそのままであるため，イカナゴではないイカナゴとして定着することとなった。
　シワイカナゴは，分類学的には1科1属1種で，形態学的にもかなり特異

である。トゲウオ目には，シワイカナゴ科のほかにトゲウオ科とクダヤガラ科があり，その2科の魚には，体に鱗板や固い鱗があるし，背鰭に棘をもつ種も多い。しかし，シワイカナゴには鱗も棘もない。生殖腺が発達してくると，性的二形が顕著になる。雄には歯と腹部にカギ状の皮褶が発達するが，雌にはない。雄の体長は最大でも70mmであるが，雌は最大85mmになる。また北アメリカ産のクダヤガラ科の*Aulorhynchus flavidus*やトゲウオ科魚類では，腎臓由来の粘着物質を使って藻類を束ね，なわばりの中に立派な巣を作るが (Wootton, 1976)，シワイカナゴは，ホンダワラ類を中心としたなわばりは維持するものの，このような巣を作ることはない (Akagawa & Okiyama, 1993)。

2-3 生活史

2-3-1 繁殖成功を調べるには？

　港からぼんやり水面を眺めていただけで目にとまるくらいだから，どうやらシワイカナゴは臼尻周辺にたくさんいるようである。さらに周年見られるとのことだったので，この魚について研究を進めることにした。まずは，これまでどんな研究がなされているのかと，文献を調べてみた。すると，分類・形態に関する研究報告はあるが，いつ，どのように生まれ，どのように育っていくのかという生活史に関する研究はほとんどないことがわかった。実は，食用とされていない沿岸性の魚類については，意外なほど基礎的な生活史が知られていないものが多い。しかし，こういった知見はそれぞれの種の進化を調べていくうえで非常に重要である。そのわけは次のような理由による。

　生物の進化は，ある形質（表現型）をもつ個体がもたない個体よりも子孫を残していくうえで有利であり，その形質や遺伝子が子孫に遺伝することによって，そのような形質をもった個体が個体群の中で増えていくことで起こる。そのため，進化のプロセスは，異なる形質をもつ個体間で適応度を比べることによって調べられてきた。過去においては「親の繁殖成功＝子の生残」と考えられていたために，毎回の繁殖で子の生き残りが最大になるように行動すると考えられていた (Lack, 1954)。

　ところが，親が複数回，複数年にわたって繁殖する場合には，親側の利得と子側の利得が必ずしも一致しない。例えば，親が子の保護や世話をする種について考えてみよう。子を世話する期間が長ければ長いほど子は大きくな

り，子が生き残る確率も高くなるだろう。しかし，世話の期間が長いほど，それだけ親の疲労は大きくなる。疲労によって，子育てが終わった後に死亡したり，またそこまでいかなくとも次の繁殖までに体力が回復しなかったり，成長に影響がでたりすることが起こりうる。つまり，1回の繁殖での子の保護の期間が長いと，親にとっての生涯の繁殖成功がかえって下がるということが起こる。

このとき，親の世話期間は，生涯の繁殖成功が最も高くなるように今の繁殖成功と将来の繁殖成功の兼ね合いによって決めるほうが得策となる。一方，サケのように生涯のうちに1回しか繁殖しない種では，親子間での利得は一致し，文字どおり子孫の生き残りが親の適応度となる。このため，親は1回の繁殖にすべてのエネルギーを投資する。

このように，寿命や繁殖様式によって，「適応度」を構成する要素が変わってくるのである。このため，それらがわからなければ，せっかく形質に個体差を見つけたとしても，その違いに進化的な理由づけをすることが難しくなってしまう。シワイカナゴの生活史はほとんどわかっていない。行動の進化について研究をしようと考え始めていた私は，行動について調べる前に，急がば回れ，生活史を明らかにすることから始めたのである。

2-3-2 成長と世代交代

まず，シワイカナゴの成長過程と，世代が交代するサイクルについて調べることにした。成長過程を調べるには，周年にわたる定期的な体長データが必要になる。そこで，白尻の港内で夜間に集魚灯と四つ手網を使って2週間おきに採集した。夜間の採集は大変だが，港は寝泊まりしている実験所のすぐそばにある。身近な魚を選んだ成果が早速発揮されたのである。7〜9月に港の周辺で見られる仔稚魚については，スキューバ潜水をしながら大型のハンドネットを使って採集した。仔稚魚は外部から雌雄の判別ができない。そこで仔稚魚については雌雄別に分けず，10月以降に採集した個体についてのみ雌雄別に体長を測り，時期と体長の関係を調べた。

すると，雌雄ともにシワイカナゴは7月から1月ころまでは急速に成長し，その後にはほとんど成長していなかった。成長履歴はこのような定期的な採集と簡単な測定でわかったのだが，これだけでは世代サイクルについてはわ

からない。産卵期が終わってから成魚がとれなくなったのは，ただ単に彼らが港の周辺から姿を消し，人目につかない所で生活しているだけなのかもしれないからである。そこで，耳石を使って成長過程を再確認するとともに，その寿命を調べることにした。

耳石は硬骨魚類の内耳にできる炭酸カルシウムの結晶で，古くから年齢を調べるのに用いられてきた。耳石に見られる微細なリングは日周的に作られることが1970年代に発見され，それ以降，過去の生活史の詳細な履歴を知るためのツールとして広く利用されている。ところが詳しく調べてみると，リングは生理状態を反映しており，必ずしも日周的にできるとは限らないことがわかった。そのため，成長や生活史を調べるツールとして使うには，先に耳石のリングができる周期を明らかにする必要がある。アリザリン・コンプレクソン（以下ALC）という蛍光性の化学物質の水溶液中に魚を入れるとそれが耳石に取り込まれ，マーカーとして使うことができる (Tsukamoto & Kajihara, 1987)。マーキングしてから死亡するまでの日数と耳石のマークの外側にある輪紋の数を比べることによって，輪紋形成周期が明らかになる。

そこで，シワイカナゴの仔魚（8～9mmTL），稚魚（約20mmSL）および成魚（約50mmSL）をALC水溶液で飼育してみたが，低濃度（50ppm）であっても，入れてから1時間もたたないうちにすべて死亡してしまった。どうやらこれまでに同じ方法で研究されていたマダイやアユといった魚種よりも，水質の変化に弱いようである。この手法はシワイカナゴでは使えないのかとあきらめかけていたのだが，試しに孵化直前の胚にALCを取り込ませてみると，耐性は孵化後よりも強いようで，死亡せず発生を続けた。そこでALC処理後もそのまま飼育し続け，孵化後しばらくしてからスライドガラス上で耳石を取り出した。孵化後間もない耳石の大きさはわずか50～60μmなので，少しでも動かすとすぐにどこかにいってしまう。そのため，そのままの状態で乾燥するのを待ち，透明のマニキュアを使ってスライドガラス上に封入した。蛍光顕微鏡下で蛍光輪を探し，その外側にある輪紋数とALC処理してから耳石を取り出すまでの日数を比べた。

すると，蛍光輪の内側にも外側にも輪紋があった。実はこれはラッキーなことで，最初の輪紋ができる成長段階は，シワイカナゴと同じように孵化前（アユ；Tsukamoto & Kajihara, 1987など）から，孵化日（マダイ；Tsuji &

Aoyama, 1982など) および孵化後 (ボラ；Radtke, 1984など) と，魚種によってさまざまである。もし，シワイカナゴで孵化以前に輪紋形成が始まっていなかったら，孵化後のALC処理が難しい以上，この周期の確認はできなかったであろう。蛍光輪より外側の輪紋数と処理後の日数はほとんどの耳石で一致しており，統計的にも差はなかったことから，耳石の輪紋は日周的にできる，ということが明らかになった。

　輪紋形成周期がわかったところで，定期的に採集した個体の耳石から日齢を査定してみた。シワイカナゴの耳石には透明感があり，孵化後だいたい3ヵ月以内の耳石では研磨をしなくても光学顕微鏡下で輪紋を読むことが可能であった。耳石が厚く輪紋が見えない耳石については，側面を上にした状態でスライドガラス上にエポキシ樹脂を使って包埋してから，紙ヤスリと微細研磨用のフィルムで研磨した。

　読みとり用に取り出した243個体の耳石のうち，日齢査定に成功したのは160個体であった。読みとりができなかった要因は，包埋以前の取り扱いや研磨の失敗といった人為的なミスと，耳石の中に輪紋が読めない部位があるというサンプル自体の問題によるものであった。顕微鏡の倍率が高いため，耳石の部位によってピントは変わる。そこで，耳石の撮影などをせず，カウンターを片手に顕微鏡下の輪紋を数えていくのだが，これがけっこうしんどい。すぐにどの輪紋を読んでいたか，わからなくなるのである。体の成長の早い時期には耳石の成長も早く，輪紋間隔が広いので数えやすいのだが，成長が停滞し，輪紋間隔が狭くなる部位のカウントには，非常に強い集中力が

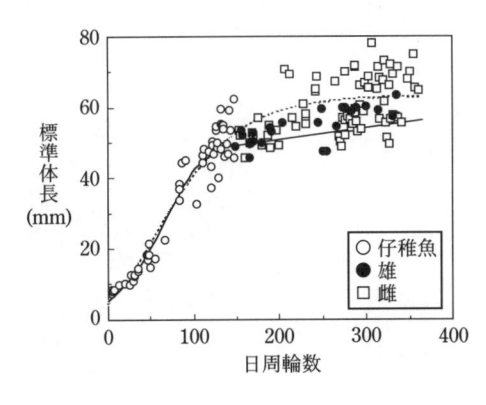

図2-3 日齢と体サイズの関係。実線は雄，破線は雌の成長軌跡を表し，次の回帰式で示された。雄：$Lt = 56.25/(1 + \exp^{-0.034(t-68.00)})$，雌：$Lt = 63.16 \exp^{-\exp^{-0.018(t-54.98)}}$。$Lt$は，日齢$t$のときの標準体長を示す (Narimatsu & Munehara, 1997より改変)

求められた。何度も「途中でわからなくなって，やり直し」を繰り返しつつも，各耳石それぞれについて2回カウントした。

　2回のカウントの平均値をその個体の日齢とすると，判読できた160個体の中で最も高齢の個体はちょうど365日齢であった。2回の誤差はその平均値の4％以下と十分に低かったので，シワイカナゴは年魚であると判断できた（図2-3）。これで，繁殖期が終わった後，港からシワイカナゴが姿を消すのは死亡するためであることが明らかになった。

2-4　繁殖行動

　成長履歴と寿命がわかったところで，いよいよ行動の研究である。まず，港で見たホンダワラ類付近での行動を調べることから始めた。文献によると，シワイカナゴの繁殖期は4〜7月であり（石垣ら，1957），私が港で見た行動はちょうどその時期にあたることがわかった。おそらく，それは繁殖に関係する行動なのだろう。漁港内で四つ手網を使って捕まえた個体を実験所に持ち帰り，流水タンクで2日ほど落ち着かせた。その後，雌雄合わせて20個体とホンダワラ類のアカモクの分枝2本を観察用の水槽［60cm（高さ）×120cm（幅）×90cm（奥）］に入れ，雌雄の様子を観察した。

　水槽に入れてしばらくの間は，1つの群がりができていた。マイワシやニシンなどのようにすべての個体が1つの方向を目ざして泳いでいるわけではなく，それぞれがバラバラの方向を向いているが，なんとなく固まっている

図2-4　群れ雄（a）となわばり雄（b）の，水槽内での写真。群れ雄となわばり雄では体色および鰭膜の色が大きく異なる

といった様子である。だが数時間もたつと，その中からなわばり雄が現れた。アカモクの分枝の周りを回っていた雄の体の色がだんだんと変化し始め，やがて黄色く鮮やかな，なわばり雄になったのである。その間わずか5分足らずの，あっという間の出来事であった。群れでいるときの雄の体は雌と同じように褐色で，背鰭，臀鰭の鰭膜は透明だが，なわばりをもつと体は輝くような鮮やかな黄色で，背，臀鰭の鰭膜や鰓膜は黒くなるのである（図2-4）。

　しばらく観察を続けていると，次々に合計3個体がなわばりを作った。なわばりの大きさは直径50〜100cmくらいで，アカモクを中心に作られていた。群れているときの雄が他の雄を攻撃することはまずないが，彼らが一度なわばりをもつとそれまでが嘘のように他の雄に対して排他的になり，鰓膜と鰭膜をいっぱいに広げて侵入者を威嚇する。なかなかの迫力で，群れているときのどこか頼りなげな姿とは大違いである。たいていの侵入者はこの威嚇で逃げてしまうが，それでもなわばりから出ない雄もいる。なわばり雄はそんな相手に対しすごいスピードで突進し，なわばりの外に追い出すまで攻撃をやめることはない。防波堤の上から初めて見たシワイカナゴの突進は，なわばりを守っている雄だったに違いない。

　なわばりをもたない雄たちはなわばりから離れた場所で群がるだけで，なわばり雄を攻撃する素振りさえ見せなかった。一方，なわばり雄同士では，なわばりの範囲が重複する所で争いが起きていた。なわばりの中心に近づくと攻撃が激しくなるが，片方がどちらを打ち負かすということはなく，境界で小競り合いをしてはなわばりの中心に戻っていくという動きを繰り返していた。

　お腹の膨れた，排卵している雌がなわばりに近づいてくると求愛が始まる。求愛は3つのフェーズに分かれている（Akagawa & Okiyama, 1993）。まず雄は，接近する雌のもとにすばやく近づき，すぐになわばりに戻る（dash and return）。この最初の接近で雌に逃げられてしまうことも多いが，さらに近づいてくる雌には体をくの字型に曲げ，小刻みに震わせる行動（quivering）を繰り返す。雌がなわばりの中心にあるホンダワラ類の近くまでくると，枝の分岐をつついて産卵場所を指し示す（pushing weeds，図2-5）。雌は雄が示す枝の分岐に向かい，時折，分岐部分をつつきながら接近，後退を繰り返す。この段階になると，なわばりをもっておらず隅っこのほうに群がっていた雄

図2-5 シワイカナゴのペア。雄（上）は雌（下）に産卵場所を指し示している（写真提供：阿部拓三氏）

図2-6 アカモクに産み付けられた卵塊。雌は器用に分岐に産み付ける

たちが，産卵の際に盗み放精をするスニーカーとして集まるようになる。なわばり雄は求愛したり，スニーカーを追い払ったりと大忙しである。

　産卵は分岐の間を通り抜けざまに行われる。産卵の瞬間，雄たちが卵塊に向かって殺到し放精する。このとき，なわばり雄が卵塊から一番近い場所にいることが多く，まずなわばり雄が，ついでスニーカーたちが放精する。産卵と放精が終わると雌とスニーカーはその場を離れるが，なわばり雄はそこにとどまる。

　卵は20個から70個程度の球状の塊として産み付けられている（図2-6）。よく見ると，直接枝に付着しているわけではなく，卵それぞれの卵膜がくっついてその形が保たれている。なわばり雄は放精後すぐに卵塊をつつき始める。卵塊に対する雄のつつきは，時間とともに徐々に減っていき，だいたい産卵から1時間後にはほとんど見られなくなる。また，その後には他の魚種では普通に見られるような卵塊をつついたり，ごみを取り除いたり，水あおりをしたりといった世話は見られず，ひたすら他の雄を排除しつつ別の雌の接近を待つのである。

2-5 性淘汰

2-5-1 性淘汰とは？

　シワイカナゴのなわばり雄は，鮮やかな婚姻色をもち，群れ雄のときには見られないような素早い動きをしていた。ある生きものの特性は，多くの子を産む，あるいは子どもの多くが生き残るように進化していると考えられている。例えば，捕食されにくいとか，成長が早いとか，飢餓に強いといった，他の個体に比べてより優れた特性をもった個体が生き残り，その特性が次世代に遺伝することによって，個体群の中にそういった特性をもった個体が増えていく。これが自然淘汰である。

　ところが繁殖期に見られるさまざまな行動や形態には，子どもを産んだり，生き残ったりすることとは直接関係のなさそうなものが多い。それどころか，中には個体の生存を危うくするものまである。これは，そのような行動や形態は生き残りのために必要もしくは重要ではなく，それどころかむしろ不利でさえあるかもしれないが，よりよい，あるいはより多くの配偶相手を獲得するうえではそれを上回るほど有利であるために進化してきたと考えられている。これが性淘汰である。

　「繁殖のうえで有利」ということは雄として有利，あるいは雌として有利，ということであるから，雌雄間で行動や形態に差が出ることになる。シワイカナゴの場合，雄だけに見られる婚姻色は北の暗い海でも非常に目立ち，捕食者による発見という意味では不利に働き，彼らの生残率を下げてしまうと考えられる。また，あまり機敏に動き回っていると疲労も大きいだろう。では，この派手な色や機敏な動きは繁殖においてどのように有利に働くのだろうか。繁殖行動を観察しているうちに，こんなことに興味がわいてきた。

　そのことを調べる前に，もうすこし性淘汰について考えてみよう。性淘汰は同性内淘汰と異性間淘汰に分けることができる。簡単にいうと，同性内淘汰は選ばれる側の性（多くの場合は雄）の個体間における，配偶相手や繁殖にかかわる資源をめぐる争いである。異性間淘汰は一方の性の個体（多くは雌）が，他方の性の配偶相手を選ぶことである。この「選ぶほうの性，選ばれるほうの性」は繁殖システムや保護様式によって変わり，繁殖相手として不足するほうが選ぶほうの性となる。

雄の配偶子（精子）はDNAとわずかな運動能をもつだけのシンプルなものである。一方、雌の配偶子（卵）はDNAのほかにも卵黄やさまざまな小器官を備えており、配偶子1つ1つを作るエネルギーコストは精子に比べて卵のほうがはるかに大きい。精子と卵は1対で接合子となるのに、精子に比べて卵の絶対数は圧倒的に不足するのである。そのため、通常、雄の繁殖成功は受精させた卵の数とその生き残りで示されるのに対し、雌の繁殖成功は生産した卵の数とその生き残りで示される。雌が生産する卵の数は雌自身の栄養状態によって決まっているのだから、雌にとってはさまざまな意味でよい雄と配偶することが高い繁殖成功につながる。そのようなことから、雌が雄を選ぶケースが多いのである。ただし例外的に、ヨウジウオ類などのように雄に育児嚢があり、個体群全体として育児嚢の収容量を上回る卵生産が行われている場合には、その育児嚢の収容量が制限要素となり、雄が雌を選ぶようになる。

シワイカナゴの配偶システムは前述のように雄がなわばりを作り、複数の雌と配偶するため、一夫多妻に分類される (Krebs & Davies, 1987)。また、雌はなわばりをもたず、配偶以外のときには群れで行動していることから、一夫多妻の中でも、特になわばり訪問型複婚 (桑村, 1996) といえる。雄はなわばりの中に特別な巣を作るわけではない。産卵基質となるホンダワラ類は、繁殖期の4〜6月には大きく成長しており、1つのなわばりの中に無数の産卵可能な枝の分岐があるので、限られた資源にはならない。また、産卵場のガラモ場には雄が集まってなわばりを作っており、雌が雄と出会う機会が少ないわけでもない。このように雄のほうが雌に比べて繁殖に関する負担が大きいとか、何か特別な制限要因を抱えているとは考えにくいので、シワイカナゴでも雌のほうが雄を選ぶと考えられる。

2-5-2 雄間の闘争

なわばりの資源となるホンダワラ類が広く繁茂しているとはいえ、なわばり場所をめぐる争いが雄間で起こる。同じように見えても、いい場所、悪い場所というのは存在するはずである。一般に魚の雄同士の戦いで重要なのは主に体の大きさであり、たいていは大きい個体ほど有利である (Bisazza & Marconato, 1988; Karino, 1995; Forsgren, 1997)。雄同士の戦いで強い雄が雌

に好まれるわけではない，という種もいくつか知られているが (Knapp & Warner, 1991; Karino, 1995; Forsgren, 1997)，雄は雌の好む場所をなわばりとする傾向があり (Warner, 1987)，そういった場所をなわばりにすることができるかどうかは雄同士の戦いで決着するだろう．やはり，繁殖成功には同性間で強い個体が有利，ということになるはずだ．

ところが不思議なことに，シワイカナゴでは，高密度 (約0.4尾/L) で飼育したとき，なわばりを作った雄は必ずしも大型ではないことが大槌湾のシワイカナゴで知られている (Akagawa & Okiyama, 1993)．臼尻の沿岸では，自然の産卵場の個体密度が高くなることはむしろ珍しい．個体の密度によって，なわばりを維持するコストや利得は変わるかもしれない．そう考え，低い密度でも同じことがいえるのかどうかを調べてみた．

事前に体長を測り，アクリル絵の具で個体ごとに標識した雄を低密度下 (12尾，0.02尾/L) で飼育した．ホンダワラを入れるとなわばりを作る雄が現れたので，雄同士のなわばりをめぐる動きを2〜6時間おきに観察した．最初のなわばりができてから48時間たったら雄を入れ替え，同じ実験を25回繰り返した．その結果から，なわばりを作った雄と作らなかった雄の体サイズを比べるとともに，その後，観察時間内になわばりが維持されるのか，それとも他の雄に奪われるのかを調べた．

するとそれぞれの実験につき2〜4個体，合計で72個体の雄がなわばりを作った．Akagawa & Okiyama (1993) の報告と同じように，小さい雄がなわばりをもつことが結構あり，低密度下でもなわばりを作った雄と作らなかった雄の体長には差は見られなかった (図2-7)．また，2日間の観察時間内に雄がなわばりを放棄する，あるいは別の雄に奪われるということもなかった．

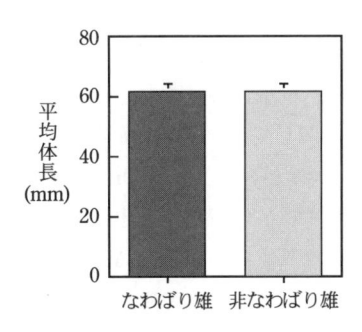

図2-7 なわばりを作った雄と作らなかった雄の体サイズ比較．なわばりを作った雄 (72個体) と作らなかった雄 (228個体) の体長には差が見られなかった

なわばりを作った小さな雄が，なわばりをもたない大きな雄に対しても攻撃を加え，立派になわばりを維持していたのである．

他の多くの魚の雄とは違い，なぜシワイカナゴでは体サイズによってなわばりをめぐる優劣が決まらないのだろうか．シワイカナゴは年魚であるが，繁殖期が2ヵ月程度ある．繁殖期の初期に生まれた個体は，後期に生まれた個体よりも大型になる (Narimatsu & Munehara, 1999)．この実験でも，なわばりを作らなかった雄のほうが，作った雄よりも体長で1.2倍ほども大きいということもあった．そのため，体長の差が小さいことが，小さい雄でもなわばりをもてることの原因とは到底考えられない．

繁殖行動の観察を思い起こしてみると，なわばりをもつとき，雄はすぐに婚姻色になるのではなく，その前に数分間，ホンダワラ類の周りにいた．また，なわばりをもっていない雄が他個体に対して攻撃することはなく，婚姻色が出て初めて排他的になっていた．これらのことから以下のように考えられそうだ．なわばり雄になる前にはどの雄も攻撃性がなく，なわばりをもち攻撃的になるにはいくらか時間がかかる．このため，先になわばりを作り攻撃性が高くなった雄には，たとえ大きくても攻撃的になっていない雄は一切反撃できず，基質のそばから排除されてしまうのだろう．

2-6 雌の配偶者選択

派手な婚姻色で素早い動きをするなわばり雄は，他の雄が攻撃性をもつ前に先制攻撃を加えることによって，なわばり雄になるのを阻止しているようであった．では，こういったなわばり雄特有の形態や動きは，異性間淘汰にはどのように役に立っているのだろうか？　一般に雌の好みは，雄自体についての場合と，雄がもっている資源についての場合に分けることができる．さらに雄自体については，体長や特定部位の大きさや婚姻色の鮮やかさなどの形態による場合と，求愛の頻度やねばり強さ，攻撃性の強さなどの行動による場合がある．一方，雄のもっている資源に関しては，巣や求愛場所の大きさや質，巣の中にある卵の数などが知られている (狩野, 1996; Dugatkin & FitzGerald, 1997)．シワイカナゴの場合，雄は鮮やかな婚姻色を出し，特有の求愛行動も行う．また繁殖場所としてホンダワラを他の雄から防衛している．そこで，シワイカナゴの「雄自体」と「雄のもっている資源」双方につ

いて，雌の好みを調べることにした。

2-6-1　雄の形質や行動を好む雌

シワイカナゴの雌はどのような雄を好むのだろうか。まず，雄自体の好みについて水槽の中で実験を行うことにした。体長を測ったあとに標識をした雄数尾と，枝ぶりを同じようにトリミングしたアカモク2本を水槽に入れると2～3尾の雄がなわばりを作った。雄間の闘争結果が婚姻色，求愛頻度や雌の選択に影響することがトゲウオで知られているため (Candolin, 1999)，なわばり雄同士の干渉が起こらないようにアカモク間の距離を十分に空けて，その中に排卵していない雌を入れた。排卵していない雌を入れた理由は，魚卵は排卵してから時間がたつと質が低下するので (黒倉, 1989)，これが配偶者選択に及ぼす影響を抑えるためである。すでに排卵している雌は，早く産卵しないとそれだけ卵の質が低下するため，配偶者選択なしにすぐに産卵してしまうかもしれない。しかし，排卵していないが，それほど遠くない時期に産卵するであろう雌なら，十分時間をかけて好みの配偶者を選んでくれると考えたわけだ。

雄については，体サイズのほかに婚姻色，求愛頻度および他雄への攻撃頻度を調べた。これらの行動や形質は，他の種の配偶者選択ではいずれもキーになっているために選ばれた有力な候補である。婚姻色は，背鰭，臀鰭の鰭膜の黒色および体全体の黄色の鮮やかさで判断し，基準となる魚体写真と実際の魚を比べることによって3段階に分けた。また，求愛頻度，攻撃頻度は水槽の中の様子をビデオで録画しておき，配偶までの30分間における回数を録画映像から解析した。なお，求愛は3つのフェーズに分かれているが，ここではすべてのフェーズの行動を同等にカウントした。雌がいずれかの雄のもとで産卵するまでを1回の実験とし (3時間～2日間)，実験ごとにすべての個体を入れ替えた。十分な観察例数を得るために，実験は25回にも及んだ。

その結果，ここでも雌に選ばれた雄の体長と選ばれなかった雄の体長に差は見られなかった (図2-8)。なわばりをめぐる争いでも体サイズによる優劣がないことも合わせて考えると，シワイカナゴでは雄間闘争においても，配偶者選択においても体サイズによる影響はない，ということが明らかになった。雄間闘争のときには「先制攻撃が効く」ということでなんとなく理解で

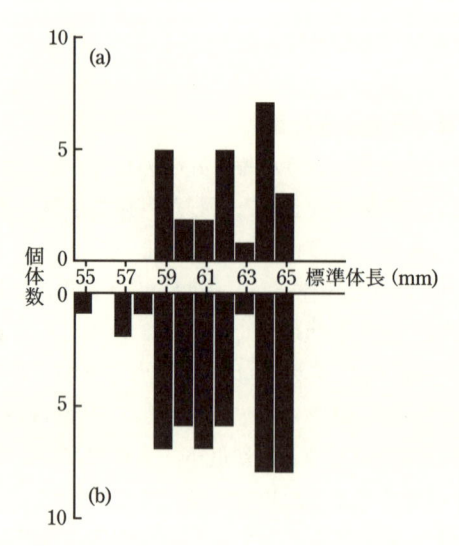

図 2-8 配偶に成功した雄 (a) としなかった雄 (b) の体サイズ比較。水槽内の実験結果。体長は実験開始前に測定した。体長には有意な差はなく、雌は体サイズの大きい雄を好むわけではないことがわかる

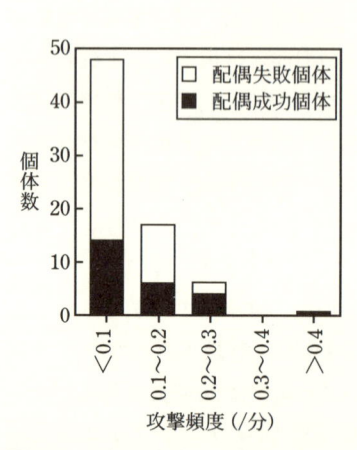

図 2-9 配偶に成功した雄としなかった雄の攻撃頻度比較。水槽内の実験結果。雄の他雄への攻撃性と雌の好みとの間には関連がないことがわかる

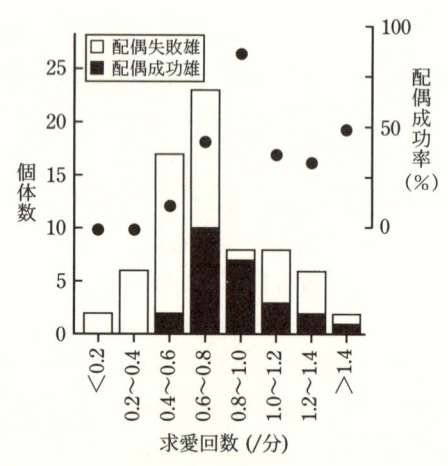

図 2-10 配偶に成功した雄としなかった雄の求愛頻度比較。水槽内の実験結果。求愛頻度と配偶成功率の関係も散布図で示した。配偶に成功した雄は、しなかった雄に比べ求愛頻度は有意に高かったが、求愛頻度と配偶成功率の間に有意な相関はなかった

2-6 雌の配偶者選択

表2-1 雄の婚姻色の鮮やかさと配偶成功率の関係。婚姻色はサンプルとなる色を水槽の脇におき，それとの比較から求めた。Aが最も鮮やかで，Cは最も不鮮明であること示す。婚姻色の鮮やかな雄ほど配偶に成功する有意な傾向が見られた

婚姻色	個体数	配偶成功個体数	配偶失敗個体数	配偶成功率（％）
A	14	9	5	64.3
B	38	12	26	31.6
C	20	4	16	20.0

きたが，保護においては大きい雄のほうが何かと有利だろうと思っていたので，この結果は意外だった。そんな思いのなか，他の雄への攻撃頻度を見てみると，雌の好みと攻撃性の間には関連はなかった（図2-9）。さらに求愛頻度の影響を見てみると，選ばれた雄と選ばれなかった雄の間には求愛頻度の差があったが，求愛頻度と配偶成功率の間には相関は認められなかった（図2-10）。このことは，雌はそこそこの頻度以上で求愛してくる雄を好み，ある一定の水準よりも求愛しない，いわばまめではない雄を好まないということを意味している。

　それでは，最後に残った婚姻色はどうだろうか。婚姻色を鮮やかな順にA，B，Cの3グループに分け，それぞれのグループで配偶成功率を比べてみた。すると，配偶成功率は婚姻色の弱いCの個体ではわずか20％だったのに対し，Bでは32％となり，鮮やかなAになると64％と高くなった（表2-1）。やはりシワイカナゴでも，配偶者選択はあった。これまで，何を調べてみても性選択が起きているという傾向が見られなかったので，この結果が出たときには正直ほっとした。これでいろいろと面白くなりそうだ。そんなことを考えたのを覚えている。

　さて，これまでの結果をまとめてみると，シワイカナゴの雌は，雄の体長や攻撃や求愛行動の程度ではなく，鮮やかな雄を配偶相手として選ぶ，ということがいえそうだ。シワイカナゴの雌が鮮やかな婚姻色の雄を好むとなると，次に考えるべきことは，なぜ鮮やかな婚姻色の雄を選ぶのかという問題である。やっと見つけた雌の好みである。何か適応的意義がないだろうか。あるのならどのような意義だろうか。

　先にも述べたように，ある形質をもっている個体ともっていない個体の間で，その形質がもたらす利得を比べる方法がその進化のプロセスを知るうえ

で有効である。最近の配偶者選択に関する研究に目を向けてみると，雌がどのような相手を好むのか，ということを調べるだけではなく，なぜその相手を選ぶのか，選ぶことがどのような利得につながるのか，ということを実証する研究が増えてきた。

　なぜ配偶者を選ぶのか？　その利得は主に2つに分けられる。1つは遺伝的なよさである。グッピーの雌では雄に対する好みが個体群によってさまざまで，色のパターンや鮮やかさであったり，鰭の大きさであったり，求愛頻度であったり，体サイズであったりする。この個体群間での違いは，すんでいる環境の餌の状態や捕食者の多さによって決まるらしい。その中で，体サイズの大きい雄を好む個体群では，大きい雄との間に生まれた子どもは成長が早く，産仔数も多い，ということが報告されている (Reynolds & Gross, 1992)。そのように面白い結果が期待される遺伝的な影響なのだが，残念ながらシワイカナゴでは実際に配偶させ，その子を親まで育てるのが難しかったので，これを調べることはできなかった。

　もう1つは，直接的な保護や世話の質の高さである。やはり雄が卵の世話や保護をするスズメダイの1種で，配偶者に対する雌の好みと雄の世話や保護行動の熱心さとの関係を示し，実際に雄の熱心さと卵の孵化率について調べ，「父親の質」を評価した研究もある (Knapp & Kovach, 1991)。シワイカナゴの雌が好む雄も，世話や保護行動を熱心にするのだろうか。そして，その熱心な行動は本当に卵の生残率と関係があるのだろうか。これまでの観察から，シワイカナゴの雄では，卵塊をつつく行動が見られる。まず，このつつき行動の意義について調べてみることにした。

　卵塊をつつく行動というと，堆積物を取り除いたり新鮮な水や酸素を送ったりする行動のように思える。しかし，シワイカナゴの雄は，産卵直後からつつき始め，やがてその頻度が低くなり1時間もたつとやめてしまうので，どうやら卵の発生を促進したり菌を取り除くのが目的ではないようである。だが，産卵直後のすべてのなわばり雄が行うこのつつき行動に意味がないとは，ちょっと考えにくい。卵の被食を防ぐ効果があるのだろうか？　被食への対策の可能性を調べるためには，十分につつかれた卵塊とまったくつつかれていない卵塊の食べられやすさを比べてみればよい。私は，つつかれた卵が捕食されにくいのではないかと予想していた。

2-6 雌の配偶者選択

 とはいえ、まったくつつかれていない卵塊を作るのは意外と難しかった。雄は放精した直後、ほんの数秒で卵塊をつつき始めるからである。水槽の様子を直接見ているとなかなか産卵しないし、したとしても雄を取り出すのに水を激しく動かすと卵塊の形が変わってしまうかもしれない。どうしたものかと考えていると、ふと夜に集魚灯を使って採集しているときのことを思い出した。集魚灯を港内の海中に入れると、チカやサケの稚魚はすぐに集まってくるのに、シワイカナゴは最低30分くらい照らしていないと姿を見せなかった。また、行動観察しているときにも、夜に雌雄はどうしているのかと見にいくと、すべての個体が底にほど近い所でじっとしていた。ひょっとすると真っ暗な状況ではシワイカナゴは活動しないのかもしれない。そう考え、夜に蛍光灯で明るくした実験室でなわばり雄が求愛しているときに電気を消し、約10秒後に再び明るくしてみた。

 すると、その10秒ですでにその雄は底に沈みかけていたのである。そうとわかれば話は早い。別室に設置したモニター上に暗幕で覆った水槽の様子を映し、産卵、放精が終わった直後に周りのライトを消した。これで、まったくつつかれていない卵塊を作ることができた。対照として産卵から1時間以上雄につつかせた卵塊を作り、それぞれ産卵から1日以上おいてから捕食者を入れた水槽に入れた。その後、雄を取り除き、産卵場付近で多く見られるムロランギンポを捕食者として水槽に入れた。卵塊と捕食者の様子を12時間続けてビデオで録画し、その映像から捕食を試みた回数とその何回目に食べられたかを調べた。

 雄親につつかれた卵塊10個、つつかれていない卵塊15個について実験を行ったところ、予想どおり食べられやすさには大きな違いがあった。つつかれていない卵塊はそのすべてが食べられてしまったのに対し、十分につつかれた卵塊は半数が食べられずに残っていた。卵1つ1つが食べられるのではなく、卵塊ごと基質から引きはがされる、といった食べられ方であった。また、つつかれていない卵塊は1回目か2回目のアタックで食べられたのに対し、つつかれた卵塊は、食べられなかったものでは平均14回、食べられていたものでも平均11回のアタックを受けていた（表2-2）。

 つつかれた卵塊をよく見てみると、つつかれていない卵塊に比べてより丸く、よりでこぼこが少なくなっているようである。形がスムーズになること

表2-2 雄親につつかれた卵塊とつつかれていない卵塊の食べられやすさの比較。水槽内における結果。被アタック回数は平均値と標準偏差を示し，＊は有意差があったことを示す

	卵塊数	被食卵塊数	非被食卵塊数	被食卵塊の被アタック回数＊	非被食卵塊の被アタック回数
つつかれた卵塊	10	5	5	10.6±2.7	14.0±2.7
つつかれていない卵塊	15	15	0	1.8±1.1	―

図2-11 卵塊をつつくなわばり雄。矢印は卵塊を示す。雄は産卵直後の卵塊にはかいがいしく世話をするのだが…（写真提供：阿部拓三氏）

で卵同士の接着面が広くなり，接着がより強くなって捕食者に食べられにくくなるだろう。この食べられやすさは，捕食者の食べ方の巧拙や力強さによって異なるだろうが，少なくともつついて形を整えることによって基質から引きはがされにくくなっていることは確かなようである（図2-11）。

　さて，つつきを盛んに行う雄はどういう雄なのだろうか？　先に行った配偶者選択の実験が終わった後にもビデオを回し続けており，その映像から，配偶に成功した雄の産卵後のつつき頻度を調べてみた。卵のつつき回数を従属変数，雄の体サイズ，求愛頻度，婚姻色および攻撃頻度を独立変数としてステップワイズ法による重回帰分析を行った。すると，標準回帰係数は婚姻色とのみ高い正の相関を示した。つまり，婚姻色の鮮やかな雄ほど盛んに卵塊をつつく，いわば卵塊に対する世話が熱心なのである。これでようやく，なぜ雌はその他の形質ではなく婚姻色の鮮やかさを基準として配偶相手を選択するのかがわかった。雌の好む鮮やかな雄ほど世話が熱心で，その卵塊は

食べられにくいのである。
　産卵直後に雄につつかれた卵塊は捕食されにくくなるため，雌は盛んに卵塊をつつく雄を好むということはわかったが，厳密にいうためには卵保護中の雄の捕食者に対する反応も見ておく必要がある。卵食は，なわばりを守っている親自身や同種の他個体によるものと，異種によるものに分けて考えるのが一般的である。先述のスズメダイでは，異種による卵食は雄親が保護していない夜間に起こることが多く，雄親の質が関与しているとは考えにくい。雌が好む雄は，守っている卵を食べることが少ないために高い確率で孵化させることができると考えられている。シワイカナゴの卵塊は一度固まってしまうと卵同士の接着が強いため，一粒一粒が食べられることはなく，ムロランギンポの捕食実験で見られたように，食べられるときは卵塊ごと基質から引きはがされる。シワイカナゴの口は卵塊をほおばるほどには大きくないため，同種による卵食は，卵塊が固まるまでの短い期間だけに限られると考えられる。そのため，卵塊が固まったあとの他の雄への攻撃は，卵塊を守るというよりむしろなわばりを守るための行動と見なすことができる。ここでは，先に登場したムロランギンポとそれより小型のハナジロガジをなわばり雄と同じ水槽に入れ，卵塊を食べようとしたときの雄の反応を調べてみることにした。なお，これらのギンポ類がシワイカナゴの雄親自体を食べるということはない。
　観察中，ギンポ類は卵塊への捕食を計195回試みた。卵塊が食べられるときも食べられないときもあったが，どちらの場合でも，雄はギンポ類に攻撃を加えるどころか，ギンポ類が近づくとほとんどのケースで逃げてしまった。同種の他雄へのいさましい姿とは大違いで，そこで見られた鋭い動きは，今度は逃げるのに役立っていたのである…。どうやらシワイカナゴの雄は卵の食われにくさもあってか，捕食者からの保護はしないようである。雄の諸行動は雌の選択基準にはなっていなかった。このことは本種の雄の保護行動の欠如と関係があるのかもしれない。

2-6-2　卵のある場所を好む
　魚類で性淘汰の研究が最も進んでいるグッピーやイトヨでは，雌はさまざまな形質に対して選好性をもつことが示されているが，その好みは必ずしも

互いに排他的ではない。シワイカナゴの雄自体に対する選好性の実験では，なわばり内の産卵基質は均一にしていた。ところが実際の自然条件下で雌が産卵するとき，雄の守っているなわばりの場所やその中にある卵塊の数はさまざまであろう。先に述べたように，雄が卵保護をするいくつかの種では，雌はすでに卵のある巣を選択することが報告されている。そこでこの雌の好みがシワイカナゴにもあるのかどうか，実験することにした。

いくつかの配偶用水槽それぞれに雄1個体と排卵間近の雌数個体，それになわばり用のアカモクの分枝を入れ，配偶させた。分枝の卵塊が5個あるいは10個になったら水槽から取り出して実験に使うことにした。他の魚種では胚の発生段階によって雌の好みが変わることも知られているので (Knapp et al., 1995)，卵塊の発生段階が一定以上（眼胞形成期まで。水温10℃では孵化後8日以内。Narimatsu & Munehara, 1999) まで達したら，別の卵塊つきの分枝に取り替えた。

配偶用水槽とは別に観察用水槽を用意し，そこで卵塊に対する雌の好みを調べた。仕切り板で水槽を2分し，片方に卵塊が5個ついている分枝を，もう片方に1つもついていない分枝を入れ，次いでそれら卵塊の親ではない雄

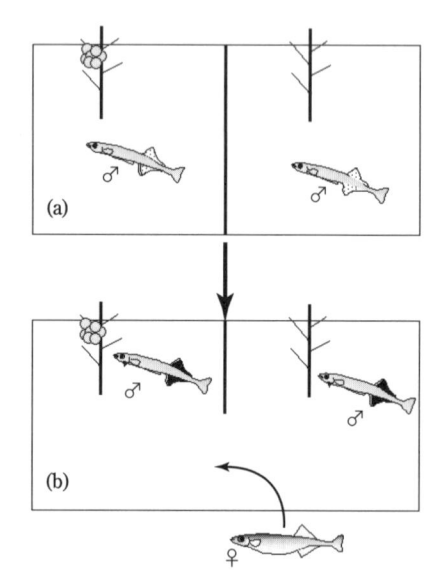

図2-12 卵塊のあるなわばりに対する選好性の実証。図の見方については本文参照のこと。なお，実際には，なわばり内の卵塊数は5個と0個（もしくは10個と5個）であるが，ここでは模式的に1つしか示していない

を2尾入れた（図2-12a）。両雄がなわばりを作ったら，雄同士の干渉を避けつつ雌が自由に雄を選べるように仕切り板を半分はずして雌を入れ，どちらの雄と配偶するかを観察した（図2-12b）。また，分枝についている卵塊数を10個と5個にした場合についても同じように行い，卵塊の存在だけではなく，数の影響も調べた。

　それぞれの設定について30回繰り返した結果，なわばり内の卵塊数が5：0のときには90％の雌が卵塊のあるなわばりで産卵した。また，10：5のときには85％の雌が多くの卵塊を守っているなわばりで産卵していた。このことから，雌は卵塊があるなわばりとないなわばりではすでに卵塊のあるほうを，多いなわばりと少ないなわばりでは卵塊の多いほうを好む，ということがわかった。雌はなぜ卵塊が多いなわばりを好むのかという疑問が当然生じるが，その理由は，この後に紹介する，野外におけるなわばり観察によって明らかになる。

2-7　雄のなわばり維持と放棄

　これまでの短期的な観察では，先になわばりを作った雄がなわばりを維持し続け，なわばりを作らなかった雄はスニーカーとして繁殖に参加していた。約2ヵ月間続く繁殖期のなかで，それぞれの個体は同じ戦術をとり続けるのだろうか？　過去の研究では，雄は頻繁になわばりを放棄することが示されている（Akagawa & Okiyama, 1993）。

　子殺しや子の遺棄は，古くからさまざまな動物で知られている現象である（Elgar & Crespi, 1992）。かつては異常な行動，もしくは個体群の密度を維持する行動，と考えられてきたが，親は自分の生涯繁殖成功を高めるために子どもへの投資量を操作するという考えが一般的になった今日では，この一見不利に見える行動も適応的な戦術として考えられるようになった（Rohwer, 1978; Sargent, 1992）。

　親による卵食や卵や子どもの遺棄は，父親が卵や子の世話，保護をする魚類でも知られている（van den Assem, 1967; Ochi, 1985; Okuda & Yanagisawa, 1996）。雄が保護している卵の一部あるいは全部を餌として食べてしまうと，食べた卵の分は現在の繁殖成功が低くなる，もしくはなくなるものの，その見返りとして卵というエネルギー価の高い餌を吸収できるので，その分，自

身の体力を回復させることができる．それによって，将来の繁殖成功が高くなったり，残りの卵を効率よく守ったりというように，その後に続く繁殖に備えることができる可能性が生まれるだろう．一方，遺棄は，なわばりを離れることによって餌環境や雄親自身の被食の危険などの状況は改善されるかもしれないが，遺棄という行動自体は直接的な利得がない分，卵食よりも進化しにくいに違いない．実際，卵食に比べて遺棄の報告例は少ない．

　魚類で遺棄が報告されているのは，他の雄に比べてなわばりや巣内の卵数が少ないときであり（Rohwer, 1978; Ochi, 1985），少ない卵を守って得られる利得が，守り続けることで払うコストに見合わないためであると考えられている．コストを気にする必要があるのは，その後に繁殖をする機会があり，そこで遺棄した卵以上の繁殖成功を得られる可能性がある場合である．年魚であり，しかも繁殖期の短いシワイカナゴにおいて，どういったときになわばりの放棄が起こり，また，どのような利得が放棄した雄に与えられているのか．このことに興味をもち，なわばり放棄に着目して研究を進めてみることにした．

　まず，どの程度の確率で放棄が起こるのかを調べることから始めた．シワイカナゴの繁殖が始まる4月中旬からすべての卵の孵化が終わる7月中旬までの間，産卵場となっている臼尻実験所周辺のガラモ場で調査を行った．この時期になると，実験所周辺の浅場には所々にガラモ場がパッチ状にできる．その中の手頃な大きさのものを調査対象とし，3〜4日間隔でスキューバを使ってそこを見回り，雄のなわばりの場所を記録した．その中に産み付けられた卵塊に目立たないような標識を付け，毎回それぞれの卵塊の有無を調べた．また，卵塊の卵黄の色，発眼状況や目の色，および体への黒色素胞の沈着をもとにその発生段階を記録した．卵塊がなくなっていた場合，前回の調査で発生段階が孵化直前に達していたものについては孵化したものと判断し，それ以外は被食と判断した．

　別の調査地で数尾のなわばり雄に標識を付けてみると，再放流後にすぐにどこかにいってしまい，二度と戻ってこなかった．小さく，鱗もない魚だから，標識を付けるのは刺激が強すぎるのかもしれない．そこで，体長や体表面の特徴から個体識別をし，なわばり内のすべての卵塊が孵化する前にいなくなった雄を「放棄」雄，すべてが孵化した後にいなくなった雄を「維持」

2-7 雄のなわばり維持と放棄

雄として区別した。

　観察の過程はこのように単純なのだが，実際の調査は一筋縄ではいかなかった。というのも，シワイカナゴが産卵を始める4月には，北海道太平洋岸は強い親潮の勢力下にある。この海流は栄養塩をふんだんに含んでおり，植物プランクトンのブルーミングを引き起こし，直接，間接的に多くの生物を育んでいる。それはそれで重要なことなのだがもう1つ特徴がある。そう，冷たいのだ。

　ぶ厚いドライスーツに身を包み，握力が鍛えられそうなグローブをはめ，目出し帽のようなフードをかぶり，親潮の海に潜る。すると，あまたの動物プランクトンの中にクリオネを見かけることもある。クリオネはオホーツク海の流氷の下で多く見られる「流氷の使者」である。さすがに流氷が臼尻までくることはないけれど，そのシンボル的存在の生物が生きていけるほどの水温なのだ。そんな中では，冷え性という個人的な事情も手伝って，陸上を歩くのがうんざりするような重装備をもってしても，30分が1回の潜水の限度であった。

　それでも，実験所の協力でボートダイビングができたおかげで効率よく調査をすることができ，2年間で計28カ所のなわばりを観察できた。これらのなわばりの中には，1～31個（平均12個）の卵塊が産み付けられた。また，そこでは計39個体の雄がなわばりを作り，その維持期間は2～72日（平均22日）であった（図2-13）。個体間でなわばりを維持している期間に大きな差ができたのは，なわばりを作っても配偶できなかったからではない。39個体のうち，配偶しなかった個体はわずか4個体にすぎず，その他の個体は多かれ少なかれ配偶に成功していた。ではなぜか？　それは，多くの個体が，卵塊が孵化する前になわばりを放棄していたからであった（25/39個体，64％）。卵を遺棄する，ということを事前に情報として知ってはいたが，前に雄のいた所にその姿がなく，卵塊だけ残されているなわばりを見たときは，さすがにショックであった。

　父親としての責任から解放されることによって得られる利得は何か。まず，その適応的な意義について考えてみることにした。放棄することによって，自分が捕食者に狙われる可能性や摂餌の制限などは少なくなるだろう。また，別の場所になわばりを作ったり，スニーク戦術で繁殖成功を得たりできるか

もしれない。しかし，シワイカナゴは年魚で，繁殖期はこの一度きりなので，次回の繁殖期に向けてのエネルギーの蓄積とは考えられない。また，放棄はシーズン初期だけではなく，シーズンを通して行われていた。そのため，この繁殖期においても，別の場所になわばりを作ったり，スニークすることで得られる利得が，いくつもの卵塊を犠牲にするコストを上回るとも思えず，たちまち行き詰まってしまった。

調査対象以外のガラモ場を見回すと，そこでも雄に守られていない，つま

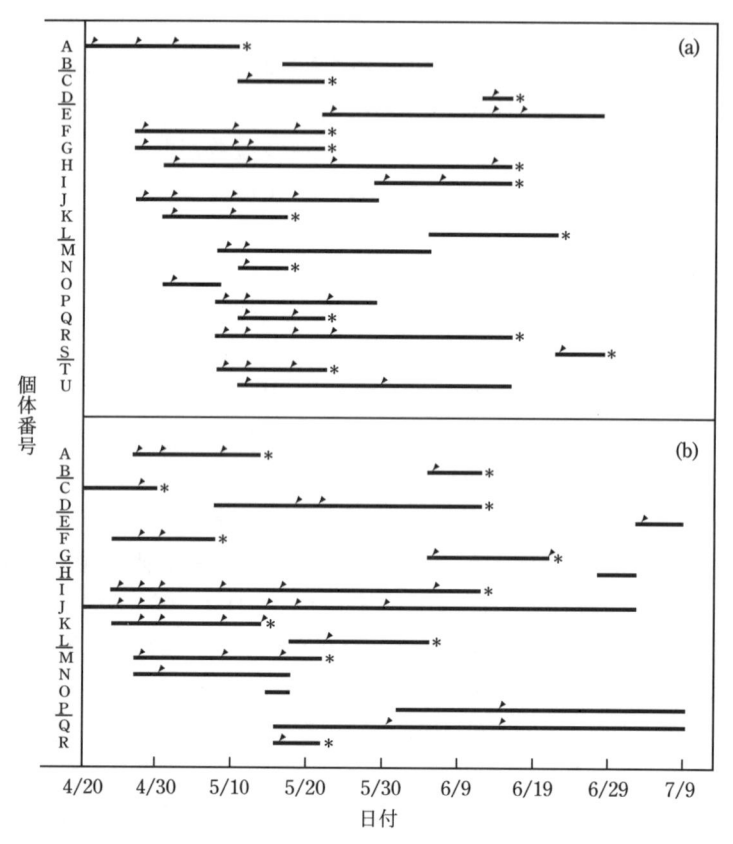

図2-13 なわばり維持時期と期間。(a)，(b)はそれぞれ1994年と1995年の結果。＊は卵塊が孵化する前になわばりを放棄したことを意味し，矢印は卵塊が産み付けられた時期を示している。また，個体番号の下の線はなわばりを引き継いだことを意味する（Narimatsu & Munehara, 2001より改変）

2-7 雄のなわばり維持と放棄

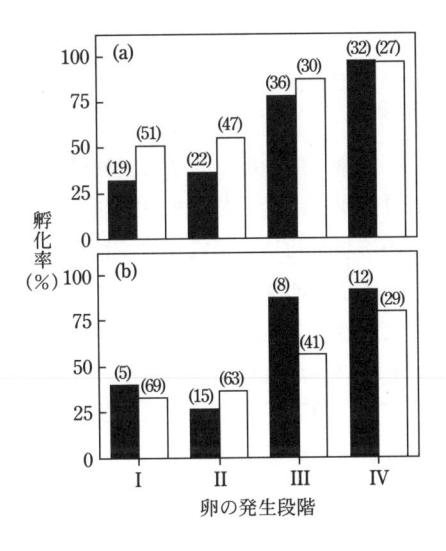

図2-14 遺棄された卵塊（黒棒）と遺棄されていない卵塊（白棒）の各発生段階以降の孵化率。(a) 1994年，(b) 1995年。括弧内の数字は卵塊数を示す。両年とも，遺棄卵塊と非遺棄卵塊の孵化率には有意差は認められなかった（1994年: $x^2 = 4.87$, $p > 0.1$，1995年: $x^2 = 6.01$, $p > 0.1$）(Narimatsu & Munehara, 2001より改変)

り放棄された卵塊が散見された。放棄は日常的に行われているということはここからもわかった。だが，放棄された卵塊が各所にあるということは，放棄されてもすぐには食べられていないことを意味している。ふと，飼育実験の様子を思い起こしてみた。雄は卵塊をつついた後には世話をしておらず，卵塊が固まってからは捕食者から保護することもなかった。また，卵塊も基質に強くくっついており，短期的な観察では捕食者に狙われても食べられないこともあった。ここは1つ，「雄はなわばり内に産み付けられた卵を保護する」という先入観を覆す必要があるのではないか？ そう考えた。ひょっとすると，雄に保護されていなくても，卵塊は孵化するのかもしれない。

そこで，遺棄された卵塊についても保護されている卵塊同様にその後の観察を続けた。遺棄された卵塊でも，発生の途中に酸素不足や堆積物の影響によって死亡してしまうということはなかった。捕食されにくく，親の世話がなくても死亡しないとなれば，孵化まで生き残る卵塊も出てくるだろう，と期待は高まった。遺棄された卵塊と雄に保護されている卵塊の孵化率を発生段階別に比べてみると，どちらの卵塊も発生が進んでいるものほど孵化率は高くなっていた。発生が進むと孵化までの日数が短くなるので，これは当然の結果ともいえる。次に，遺棄卵塊と保護卵塊の間で孵化率を比べてみると，思ったとおり孵化率に差は見られなかった（図2-14）。つまり，遺棄された

卵塊でも生き残ることが可能だったばかりか，十分につつき固められた卵塊は，雄がいようがいまいが，同じくらいの率で孵化することができる，ということが明らかになった。

次に，その理由について考えてみよう。通常，雄の卵に対する投資は，卵食者から守る保護と，クリーニングしたり酸素を供給したりする世話に分けられる。シワイカナゴの卵塊は，卵同士の接着が強く，基質に強く巻き付いているために基質からはずれにくい。そのような卵塊を引きはがして食べることができるのは大型魚類であるが，前に水槽内で見たように，大型魚類でも簡単に食べることはできない。また，そういった魚類よりも小さいシワイカナゴの雄が危険を冒して攻撃したとしても，彼らを排除できるかは疑問である。そして実際にも，大型の捕食者が近寄ってきた場合，なわばり雄は卵塊を残して一目散に逃げてしまう。攻撃することによって得られる卵塊の生残率の向上という利得よりも，自身が捕食されたり怪我したりするコストのほうが大きいために，保護する行動が進化しないのだろう。

卵は孵化間近になると酸素要求量が多くなるので，沈性卵を保護する多くの種で，なわばり雄が堆積物の除去や水あおりなどをすることが知られている。シワイカナゴの卵塊が見られる時期の水温は5～15℃と比較的低いために，受精卵の発生速度は遅い (Narimatsu & Munehara, 1999)。また，シワイカナゴの卵塊の卵数は平均50個と少ない。そのうえ，常に潮の影響を受けてたなびいているホンダワラに巻き付いているため，卵塊周辺の溶存酸素量が低くなることが少なく，堆積物がたまることも少ないと考えられる。卵塊はそのような状況で産み付けられているために，父親の世話なしでも孵化することができるのだろう。

放棄は頻繁に見られたが，すべての雄が放棄するわけではなさそうである。では，どういう雄がどのようなときになわばりを放棄するのだろうか？　このことを明らかにできれば，放棄の意味を考える糸口になるかもしれない。先にも述べたように，なわばりを維持している期間も，放棄が起こる時期も個体によってまちまちであったことから，時期的なものが直接の原因ではなさそうである。卵塊をつついて固めた後には雄親の存在が卵塊の生残に影響を与えない，ということがこれまでの観察から明らかになっている。そこで，雄がそれまで守ってきたなわばりを放棄するきっかけとして考えられるの

は，(1) 卵塊の生残率が低い，(2) 配偶頻度が低い，といった状況下におかれたときではないか。そう考え，早速，検証してみた。

まず，放棄が起きたなわばり内の卵塊について，雄が維持しているときの生残率を調べ，それと同じ時期に雄が維持し続けたなわばり内の卵塊の生残率を比較した。すると，生残率には差は認められなかった。卵の生残率が低いためになわばりを放棄しているということはなさそうである。

次に，過去の配偶成功を調べるために，放棄されたなわばりと維持されているなわばり内にある卵塊の数を比べたが，ここでも違いは見られなかった。配偶頻度は繁殖期の中でも時期によって変わるので（Narimatsu & Munehara, 1999），絶対的な配偶頻度よりも相対的な頻度のほうが重要なのかもしれない。特に，シワイカナゴは卵塊に対して世話をする必要がないわけだから，求愛と世話に忙しい種に比べると，そのあたりを敏感に察知している可能性がある。そう考え，放棄が起こる直前になわばり内に産み付けられた卵塊数を比べてみた。

すると，放棄した雄のほうが同時期に維持し続けた雄よりも明らかに卵塊数が少ない，つまり配偶回数が少なかった（表2-3）。これらのことから，雄は卵塊の生残やこれまでの配偶実績ではなく，最近の配偶頻度をモニターしており，それが低くなったときになわばりを放棄することが明らかになった。

なわばりを守るには摂餌量が制限される，捕食者に狙われやすい，などのコストがあると思われる。卵塊に対する世話や保護が産卵後まもなく終わるのだから，なわばりになりそうな場所がたくさんある状況では，世話や保護が終わったらなわばりを放棄し，産卵しそうな雌と巡り会ったときに再びなわばりを作ったほうが効率的と考えられる。全体の64％もの雄がなわばりを放棄していたが，その一方で残りの36％の雄はすべての卵塊が孵化するまでなわばりを維持していた。なぜ一部の個体は維持し続けたのだろうか。

このことに関連する野外観察の結果がある。卵塊だけがついているアカモクの分枝，つまり放棄されたなわばりが産卵場にあるときに新たになわばりを作った雄が14個体いたが，そのうちの10個体が放棄された場所をなわばりとしていた。放棄されたすべてのなわばりには，卵塊が残されていた。この時期，アカモクの藻体は最大5mくらいに伸長し，水面にたなびくほどの長さになっている。このため産卵可能な分枝もそれこそ無数にあり，どこにで

もなわばりを作れそうである。なわばりの場所自体に対する好みがあるかどうかを調べるために，なわばりが作られた場所の水深，分枝の密度，アカモク群落内での位置を調べてみたが，顕著な傾向は認められなかった（成松，未発表資料）。したがって，新たになわばりを作った雄は，卵のある場所を好んでなわばりとしていると考えられ，なわばりを維持し続けた雄はなわばり内にたくさん卵があるからこそ放棄しないものと考えられた。つまり，今の自分のなわばりよりもよさそうな場所がない状況であると考えられる。

このような行動が進化するには，2つの可能性が考えられる。1つは雌の好みの影響である。Warner (1987, 1990) は，ベラ科の1種ブルーヘッドラス *Thalassoma bifasciatum* で，なわばりや産卵場所はなわばりを守る雄ではなく，そこを訪問する雌の好みによって決まることを示している。シワイカナ

表2-3 なわばりを放棄した雄の最近の配偶率（配偶回数/日，RMR）と，同じ時期に維持し続けた雄の平均配偶率（mean RMR）。放棄直前の配偶成功は，維持し続けた雄に比べて放棄した雄のほうが有意に低かった（Narimatsu & Munehara 2001より改変）

年	個体番号	放棄日	観察期間	放棄雄 RMR		維持雄 Mean RMR	個体数
1994	A	5月11日	5月2〜9日	0.000	<	0.371	5
	C	5月23日	5月12〜18日	0.000	>	0.250	6
	F	5月23日	5月12〜18日	0.500	>	0.250	6
	G	5月23日	5月12〜18日	0.000	<	0.250	6
	H	6月17日	6月6〜13日	0.143	<	0.429	2
	I	6月17日	6月6〜13日	0.000	<	0.429	2
	K	5月18日	5月9〜12日	0.667	<	1.042	8
	L	6月23日	6月13〜17日	0.000	=	0.000	1
	P	5月30日	5月18〜23日	0.200	=	0.200	4
	Q	5月23日	5月18〜23日	0.333	>	0.250	6
	T	5月23日	5月12〜18日	0.333	>	0.250	6
1995	C	5月1日	4月25〜28日	1.333	>	1.048	7
	D	6月13日	6月2〜6日	0.000	<	0.188	4
	F	5月9日	4月28日〜5月2日	0.000	<	0.722	6
	G	6月22日	6月13〜16日	0.000	<	0.333	3
	I	6月13日	6月2〜6日	0.500	>	0.000	4
	K	5月15日	5月9〜10日	0.000	=	0.000	5
	L	6月6日	5月31日〜6月2日	0.000	<	0.200	5
	M	5月23日	5月17〜19日	0.000	<	0.700	5
	N	5月19日	5月15〜17日	0.000	<	0.250	6
	R	5月23日	5月17〜19日	0.000	<	0.700	5

2-7 雄のなわばり維持と放棄

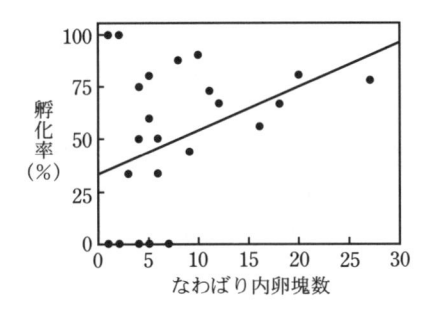

図2-15 なわばり内の卵塊数と孵化率の関係。1994年と1995年の観察結果。双方の間には正の相関が認められた（$r = 0.38$, $p < 0.05$）

ゴでも，水槽内では，雌は卵のある場所に強く引き付けられていたことから，ブルーヘッドラスと同じように雌の好みの影響を受けている可能性が高い。つまり，産み付けられた卵塊が1つの資源になっており，雄はその場所をなわばりとして維持し続けることによって，雄は自分の魅力を「水増し」し，配偶機会を増やしていると考えられる。

　もう1つは，卵の孵化率の影響である。このことは，雌が卵のあるなわばりを好む行動にも関連するのだが，卵塊の孵化率は，なわばり内の卵塊数が多いほど高かった（図2-15）。水温の低いこの時期，臼尻の沿岸域には泳ぎの得意な卵食魚はほとんどおらず，ギンポ類やアイナメ類などの底生性の魚類が主な捕食者となる。さらに捕食実験では，捕食者は1つの卵塊を食べるのにもかなりの時間を要していたため，多くの卵塊の中に自分の卵塊を産み付けることによって，食べられる可能性が「希釈」され，捕食をまぬがれる有効な手段となるだろう。つまり，卵塊のある場所は，雌にとっては卵の生残率が高いために魅力的であるし，雄にとっては配偶機会の増加という点でさらに魅力的である。

　シワイカナゴは，繁殖期が終わるとまもなく死亡する年魚である。なわばりを維持するには摂餌の制限などのコストがかかると考えられることから，なわばりの放棄は，疲労によるものではないのだろうか，という考えも頭をよぎる。確かに，なわばりを離れた後，すぐ死亡してしまう個体もいるかもしれない。だが，なわばりをもたない雄や放棄した雄のなかには，スニーカーとして繁殖に参加する個体もいることが明らかになっている（Akagawa & Okiyama, 1993）。また，なわばりをもつコストはそれを守った日数に比例すると考えられるが，なわばりを維持している期間には大きな個体差が認めら

れている。これらのことから判断すると，疲労によって放棄せざるをえない状況に追い込まれて放棄していると考えるよりは，状況に応じて放棄したり維持したりしていると考えるほうが自然であろう。

　一般に，遺棄というと親に何らかの不都合が生じ，それによって子に犠牲が生じるため，たとえそれが親自身にとって適応的な行動であったとしても暗いイメージがつきまとってしまう。しかしシワイカナゴの雄は，卵塊をつつき固めるという父親としての役割を果たしたうえでいなくなるので，遺棄された卵塊も無事に孵化でき，犠牲がでないのである。それに加えて，なわばりを作る場所が十分にあり，なわばりをもたなくてもスニーク戦術で配偶に参加できることが，他に例のないほど高い頻度で卵の放棄と引き継ぎが起こるゆえんなのだろう。

　一見，繁殖期の雄はなわばりを放棄したり，他の雄のなわばりを引き継いだりと，卵やなわばりにとらわれることなく自由に振る舞っているように見える。しかしその内実は，自身の最近の配偶機会を評価し，低いようならば放棄し，配偶機会が高くなりそうな場所になわばりを構えたり，スニーカーとして繁殖に参加したりしながら，一度しかない繁殖期の繁殖成功を高めるべくさまざまな工夫を凝らしているのである。

2-8　おわりに

　ひょんなことから始めた研究だったが，相当のめり込んでしまった。それは，シワイカナゴが常に身近な魚であったことが見逃せない。冬，山のふもとまで雪に覆われるころになると，臼尻の港は時々結氷する。そんな寒空の下，スキューバで潜ってみると，暖かい時期には多く見られるメバル類，アイナメ類，ギンポ類などの魚はほとんど見られない。だが，そんなときでも，シワイカナゴだけはたいてい姿を見せてくれた。周年サンプリングをするにあたって，これは大変都合がよかった。また，非常に個体数が多いうえに実験しやすい魚であることも大きい。短い繁殖期だが，サンプル集めや飼育の苦労をほとんどせずに飼育実験をすることができた。学部生時代，とある教官が訓示のように話していた「身近で扱いやすい生物」を対象とすることによって，このように非常に恵まれた環境で研究を進めることができた。

　そして「興味深い現象が見られた」というのが，この魚について研究を続

2-8 おわりに

けてきた，なによりの理由である．その1つは繁殖成功のモニタリングである．イソギンポ科のレッドリップブレニー *Ophioblennius atlanticus* では，繁殖成功が低いなわばりを放棄することが知られており，雄は自分の体長に見合った繁殖成功が得られない場合に放棄するらしい (Côté & Hunte, 1989)．その他では，なわばり内の卵が少ないときに放棄が起きる種で (Ochi, 1985; DeMartini, 1987; Knapp, 1993)，繁殖成功のモニタリングの可能性が示唆されている程度である．シワイカナゴでは，それまでの配偶回数ではなく，他の雄よりも配偶成功が低いときに放棄していることから，他の雄と自分を比べることによって配偶成功を評価していると考えられる．繁殖成功のモニターが行われていることを明らかにできたのは，繁殖期が短く，かつ放棄することにコストがないという特性によるところが大きい．しかし，シワイカナゴの繁殖期は春季のブルーミングの後なので，海水の透明度は決して高くない．そんな中でも，彼らはごく最近の繁殖頻度を評価し，放棄されたなわばりをすかさず引き継ぐ．こんな姿を間近に見ていると，岩場や藻場を産卵場とし，雄が高い密度で巣やなわばりを作るような他の種でも，シワイカナゴやレッドリップブレニーと同じように繁殖成功のモニターが行われているのではないか，と考えてしまう．

　さらにいろいろな発展性がある，ということもこの魚の研究を面白くしている．先にも述べたように，雄を選ぶことによって雌が得る利得には遺伝的な優秀さと雄のケアの質があるが，ケアの質を取ってみても，雄の世話や保護の期間が長くなればなるほど，卵の生残にかかわる雄の行動は多様化する．例えば，保護をしている期間内に捕食者への攻撃頻度が変化するかもしれないし，卵の発生段階によって，求められる世話の質も変わるだろう．そうなると，雄の形質とそれを選ぶことによって雌が受ける利得（ここでは卵の生残）の関係もあいまいになるに違いない．だが，シワイカナゴの場合，雄の世話は産卵後ほぼ1時間で終わり，この行動だけが父親としての唯一の投資なのである．これは配偶者選択の適応的意義を調べるうえで，非常に直接的でわかりやすかった．また，このシンプルさは，例えば雌が卵のある場所を好むことを説明する仮説など，いくつかの行動に関する仮説を実証するのに役立つと思われる．今後，この特性を生かした研究から，面白い現象が見つかることを期待したい．

3 クロヨシノボリの配偶者選択

(高橋大輔)

　あるいは,「相手なんて,誰でもいっしょだよ」という人がいるかもしれない。しかし,ほとんどの人は異性の好みにうるさい。多くの動物にとっても配偶相手は誰でもよいわけではなく,とりわけ雌は雄を選り好みすることが知られている。彼女たちは雄の派手な羽根飾りや体の大きさ,そして求愛ディスプレイなど実にさまざまな手がかりによってつがい相手を選び出す。ではこのような手がかりによって,雌は雄の何を知ることができるのだろうか？　本章では,クロヨシノボリという淡水性のハゼで明らかとなった,風変わりな雌の配偶者選択を紹介し,異性に対する好みをもつ意味を探ってみたい。

3-1　性淘汰

　雌の配偶者選択の話をするためには性淘汰について触れておく必要があるが,すでに性淘汰に関する好著がいくつか存在しているので (長谷川, 1992; Andersson, 1994; 狩野, 1996など),ここでは簡単な説明にとどめたい。

　性淘汰とは,性的二形の進化を説明するために,かのDarwinによって提唱された理論である。雄ジカの大きな角やクジャクの雄の派手な羽根飾りのように,有性生殖を行う生物では一般的に雌よりも雄のほうが大きな武器や華美な飾りをもつ。このように雌雄で外部形態が異なることを性的二形とよぶが,この性的二形が進化してきた理由を,自然淘汰によって説明するのは困難であった。なぜなら,必要以上に大きな角や雄の派手な形質は,生活に役立つどころか逆に彼らの生存率を低下させる邪魔なものに思われるからだ。そこでDarwinは雄に発達する武器は雌をめぐる雄同士の闘争に有利か

3-1 性淘汰

(雄間競争)，あるいはあでやかな飾りをもつことで雌に好まれる (配偶者選択) ことにより進化してきたのではないかと考え，この進化の過程を性淘汰とよんだのである．

　冒頭でも述べたように，多くの動物では配偶者選択を行うのは雌であり，一方つがい相手をめぐって暴力的に争うのは雄である．その理由は，雌雄の子への投資量 (子の生存の機会を増加させるためのすべての投資量) の差で説明されている (狩野, 1996など)．子の世話を考えなくていい動物では，子への投資に最も大きく関与しているのは配偶子の大きさであろう．雌を雌たらしめているものは，究極的には卵という大きな配偶子である．卵は生産するのにエネルギーや時間がかかるので，繁殖の失敗による損失が大きく，雌は配偶相手を慎重に選ぶ必要がある．一方，精子を生産するのは卵と比べてエネルギー的に安上がりで短時間に大量生産できることから，1個体の雄は潜在的に非常に多くの雌と配偶することができる．そのため，雄の繁殖成功はどれだけ多くの雌と配偶できたかによって大きく左右されるので，雄は雌をめぐって争うことになる．

　この親の子への投資量は，潜在的繁殖率 (単位時間あたりに産み出せる子の数) を見ることによって，雌雄で比較することができる (Clutton-Brock & Vincent, 1991など)．子への投資量が多い性ほど，1個体の子を産み出すために時間やエネルギーがかかるので，その分，潜在的繁殖率が低くなる．生物では，一般的に雌よりも雄のほうが圧倒的に高い潜在的繁殖率をもつ．すなわち，雄のほうが単位時間あたりに多くの子を産み出すことが可能となる．このような潜在的繁殖率の雌雄差は，実効性比 (実際に繁殖可能な雌雄の個体数の比率) を雄に偏らせることになる．そして雌が不足している状態だと，雄同士の雌をめぐる争いはますます激しくなり，その一方で雌には配偶相手を慎重に選ぶ余裕ができる．もちろん何事にも例外はある．例えば，雄が育児嚢とよばれるひだ状の皮で卵を包み込んで育てるヨウジウオでは，雄は一度に1個体の雌の卵しか受け取ることができず，育児嚢で卵を育てている間は他の雌と繁殖できない．一方，雌は雄が一度に育て上げることができる卵数よりもたくさんの卵を短時間で生産することが可能である．そのため，雄よりも雌のほうが高い潜在的繁殖率をもち，雌同士は雄をめぐって争い，雄が配偶者を選り好みすることが知られている (Rosenqvist, 1990など)．

3-2 私が配偶者選択研究を始めたわけ

3-2-1 ヨシノボリとよばれる魚

　私は小さいころから魚に限らず生きものが好きだった。だからといって，行動生態学の，それも雌の配偶者選択の研究者になりたい！　と強い信念をもっていたわけでは決してない（そんな子どもはいないだろう）。にもかかわらず，ここまで研究にのめり込むことになったのは，いったいなぜだろうか。なぜだろう？　よくわからない。しかし，何かきっかけめいたものがあるはずである。まずはクロヨシノボリという魚を研究材料に選んだ経緯から振り返ってみたい。

　私が学部から修士課程までの6年間所属していた愛媛大学理学部の生態学講座は，河川にすむヨシノボリとよばれるハゼ科魚類の研究を伝統的に行ってきた研究室である。ヨシノボリは日本全土に広く分布する，全長が7cmくらいの魚であり，地方によっては「ごり」や「どんこ」などとよばれている。現在，形態的特徴や遺伝的解析から，日本には10種程度生息していると考えられているが，色斑以外の判別点に乏しいため，色が抜けてしまうホルマリン漬けの模式標本との照合が困難であり，きちんと学名がついている種は少ない（川那部・水野, 2001）。河川でその一生を終えるカワヨシノボリを除いて，ヨシノボリ類の多くは両側回遊魚である。川で孵化した仔魚はすぐに海に下り，3ヵ月ほどしてから再び川に上ってきて成長し繁殖する。どの種も雑食性で，水生昆虫や付着藻類を食べる。繁殖期である春から夏にかけて，雄は石の下に穴を掘って巣を作り，求愛して雌を巣に引き入れる。産卵が終わると雌は巣を去り，卵が孵化するまで雄は胸鰭で卵に新鮮な水を送ったり，卵表面のごみを取り除いたりといった世話を行う。

　多くのヨシノボリ類と同様に，クロヨシノボリの雄は雌よりも体サイズが大きく，また背鰭が長く伸長するという性的二形をもつ（Takahashi & Yanagisawa, 1999; Takahashi, 2000）。産卵間近になると，雌の体色は白っぽくなり，頬のあたりに黒いラインが浮き出て，腹部が黄色くなるという婚姻色を示し（図3-1），雄を探して河川内を広く動き回る。雄は婚姻色を出した雌にしか求愛を行わない。クロヨシノボリの実効性比は大きく雄に偏っており，雄同士は激しく争い，配偶者選択は雌が行うという，一般的に動物で見

3-2 私が配偶者選択研究を始めたわけ   85

図3-1 クロヨシノボリの雄 (a) と雌 (b, c)。平常時の雌 (b) は黒っぽい体色をしている。産卵間近の雌 (c) は体色が白っぽくなり，腹部や頭部に婚姻色を示す。産卵が終わると平常時の体色に戻る

られるパターンを踏襲しているようだ (Takahashi, 2000)。
　川は，淵と瀬とが交互に組み合わさって構成されている。この瀬と淵という構造は，川にすむ生物の生活にとって非常に重要な意味をもつ。例えば，水深が浅く流れの速い瀬には付着藻類が多く，これらを食べるアユなどの魚にとって大切な摂餌場所となる。一方，淵は水深が深くて流れが緩やかなことから，陸上からの捕食者を避けたり，大雨で大水が出たときの避難場所となったりする。このように，川にすむ生物は状況に応じて瀬と淵を使い分けているといえるだろう。クロヨシノボリは雌雄とも普段は淵で生活しているのだが (水野ほか, 1979)，繁殖期になると雄は瀬に巣を作り，その後淵に戻ってきて雌に求愛を行う (Takahashi & Yanagisawa, 1999; Takahashi, 2000)。なぜ巣場所と生活場所を分けているのかは明らかではないが，これはクロヨシノボリの巣の構造と関連しているのかもしれない。雌の産卵後，雄は巣の出入り口を塞ぎ，巣内を密室状態にする。おそらく同種・異種の卵捕食者の侵入を妨げるために，出入り口を塞ぐのだろう。しかし，巣の密室性を高めると水の流れが停滞して，今度は卵の発生に必要な新鮮な水が欠乏してしまう。よって，卵捕食を防ぐ構造の巣を作るためには，水が常時流れている所を巣場所に選ぶ必要があるのだろう。淵と比べて，常に激しい流れが生じている瀬は，巣内の密閉性が高くなっても砂礫などの隙間からでも水が流れ込む場所であり，卵の発生にとって好適な環境であると考えられる。そのため，

雄は普段生活している流れが緩やかで定位するのが楽な淵を離れ，瀬に巣を作るのだろう（高橋, 2000）。

　ヨシノボリ類は日本の淡水魚類研究者の間では有名な魚で，分類 (Masuda et al., 1989)，摂餌生態 (Osugi et al., 1998)，微細生息場所利用 (Sone et al., 2001) など，さまざまな角度から研究されている。しかし，私が研究を始めた当初は，行動生態学的視点からこの魚を扱った研究はまったくなく，その配偶者選択も当然ながらまったくわかっていなかった。ヨシノボリ類は日本のほとんどの河川にすんでいるし，臆病な魚でもないので，その気になればどこでも容易に観察することができる。さらに，飼育が簡単であるので水槽実験の材料にうってつけである。この特性は実験による検証を求められることの多い最近の行動生態学において，非常に有利な点である（後に私はこの飼いやすさに救われることになる）。このように，ヨシノボリ類を材料にして研究する利点をつらつらとあげてきたが，これらは後から思いついたいわゆる後付の理由であり，本種を材料に選んだ実際の理由は，野外での繁殖生態があまり知られていないならひとつ調べてみましょう，というかなり軽いノリからであったように思う。

3-2-2　ハイグウシャをセンタクする？

　繁殖生態を調べるといっても，繁殖期や配偶システムをただ漠然と調べるだけでは面白くもなんともないので，もう少しテーマを絞る必要がある。私は，どちらかといえば流行りものに弱い。そこで，研究を始める前に先輩に「行動生態学の繁殖に関する分野で，現在流行っている研究って何ですか？」と尋ねた。「そうやなあ，今やったら雌の配偶者選択やなあ」との答えが返ってきた。ここで初めて配偶者選択という言葉を耳にすることになる。「ハイグウシャ」を「センタクする」？　よく意味がわからなかったが，とりあえずその場はふむふむと頷き，後でこの配偶者選択というのが何を意味しているのかを『行動生態学を学ぶ人のために』(Krebs & Davis, 1981; 城田ら訳, 1984) や『クジャクの雄はなぜ美しい？』（長谷川, 1992）を読んで調べてみた。本を見て驚いた。人間と同じように，多くの動物で，雌にモテる雄とそうでない雄がいるというのだ。そして，眼鏡を掛けた白髪の真面目そうな学者たち（当時の私の研究者に対する貧困なイメージ）が重々しい口調で

「この鳥の雌は派手な羽毛をもつ雄が好きなのだ！」などと，下世話な感じの話をしていたのである。こんな愉快で不真面目そうなことでも研究していいのか!?　私はすぐにこの学問領域に引き込まれてしまった。今まであまり考えたことがなかったので気づかなかったのだが，どうもこのあたりが，私が配偶者選択研究を始めたきっかけのようである。

3-2-3　海洋研究所と柏川

　私が調査を行った場所は，『魚類の社会行動』の第1巻，2巻で何度か紹介されてきた四国の愛媛県南西部にある南宇和郡である。ここには「海洋研究所UWA」という施設がある（図3-2）。これは，主に愛媛大学・高知大学・大阪市立大学の学生が共同生活を行いながら，目の前にある室手湾で海産魚の潜水調査をするために建てられた施設である。私はここに下宿で飼っていた猫を連れてきて，毎年4〜10月ころまで住み込んで野外調査を行った。この海洋研究所には，博士課程に在籍している先輩たちが何人かいて，日夜精力的に野外調査を行っていた。このような先輩たちと生活をともにすることで，野外調査の方法から研究者としての心構えまで，非常に多くのことを学ぶことができた。

　調査は海洋研究所の近くを流れている柏川で行った（図3-3）。この川は流程が3kmほどと非常に短く，上流は河床が一枚岩で構成されており，流れも速い渓流であるが，中流域は周囲に田畑が広がり比較的流れも緩やかである。

図3-2　海洋研究所UWAの正面(a)。平屋建てで間取りは4LDK。(b) 私の飼い猫で，名を「やや」という。海洋研究所で3匹の子供を無事出産し，育てているところ

図3-3 調査河川である柏川の位置 (a) と中流域の風景 (b)。川幅は広いところで4mほどの小さな川である。田んぼに囲まれており，かなりのどか。昼の3時にはラジオ体操の放送が村中に鳴り響く

　下流は普段は干上がっており，上流からの流れは川底の下を伝って海とつながっている。海に下ったヨシノボリの稚魚は，大雨など一時的に海と川がつながるときに，川に上ってくるようだ。この川にはヨシノボリのほかにボウズハゼとウナギが生息しているが，不思議なことに，近隣の河川ではたくさん泳いでいるカワムツなどの遊泳魚を見かけることはなかった。柏川を調査地に選んだ理由は実に簡単で，1つは海洋研究所から近かったからである。もう1つの理由は，柏川に生息しているヨシノボリ類はクロヨシノボリただ1種なので（近縁のルリヨシノボリがわずかに生息している），慣れるまでは判別のつけにくいヨシノボリ類の種の同定を，初心者の私でも間違うことがなさそうだったからである。

　柏川でのクロヨシノボリの水中における捕食者は，何といってもウナギである。ヨシノボリを採集するときは，洗濯ネットを腰に結わえ，その中に捕らえた個体をためていく。腰まで水につかって採集していたあるとき，この洗濯ネットが何かに強く引っ張られた。驚いて振り返ると，なんと大きなウナギが石の隙間から顔を出し，ネットごとヨシノボリに噛みついて，自分の巣に引きずり込もうとしているではないか。ウナギの鋭い歯によってヨシノボリたちはもうボロボロである。ここで躊躇なく調査を一時中断し，なんとかこのウナギを捕まえようとしたのだが（もちろん食べるため），結局は逃げられてしまった。残念であるが，調査場所の生態系を守るためにもこれでよ

かったのだ，と自分に嘘をつく。一方，陸上からの主な捕食者は，サギ類である。サギがヨシノボリを捕食している場面に出くわしたことはなかったけれども，柏川周辺でコサギを見かけることが多く，また私が観察場所に着くと同時に，コサギが飛び立つことがしばしばあったので，この鳥がヨシノボリの個体数調節に一役買っているのはまず間違いないと思われる。

3-3 川で野外調査を始める人に

3-3-1 調査範囲の設定と河床図の作成

　学部4回生まで，ドンコという淡水魚の闘争行動を水槽で観察していた私は，野外調査の経験がまったくなく，したがって何をどのようにすればよいのかがさっぱりわからなかった。そこで1年目は，私と同じく海洋研究所に住み込んでクロヨシノボリの摂餌生態を調査していた先輩の大杉奉功さんに，野外調査のいろはを伝授していただくこととなった。川での魚類行動観察の方法は，海のものとは若干異なる。これから川で魚の行動観察を始めようと考えている人のために，以下に私が学んだ調査方法を紹介しておこう。

　魚に限らず動物の行動を野外で調べる場合，まず最初に行うことは，調査範囲を設定することである。調査範囲の広さは，対象とする動物や調べたいテーマに合わせてさまざまで，例えば行動圏の広い大型の哺乳類を対象に社会構造を調べるのなら，何km^{2}もの広大な調査範囲を設定する必要があるだろう。逆に，クロヨシノボリのように小河川に生息し，行動圏も比較的小さい動物の繁殖生態を調べるのであれば，数10m^{2}の範囲で事足りる。私はクロヨシノボリの主要な生活場所である淵を調査場所に設定し，この淵をさらに50cm×50cmの方形枠で区切り，ヨシノボリが求愛や闘争を行った場所をより細かく記録できるようにした。海での方形枠作りでは，鉄杭とロープがよく用いられるのだが，川でこれらを使うと流れてきた枯れ葉やごみなどが引っかかり，その修繕

図3-4 白い石で区切った観察場所

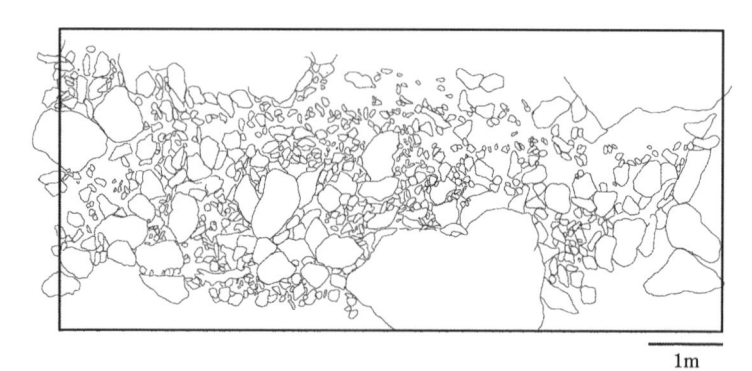

図3-5 野外調査2年目の観察場所である大杉ポイントの河床図。左側が上流

に大わらわとなってしまう。この点をクリアするため，方形区の角には鉄杭の代わりにペンキで白く塗ったこぶし大の石をおくことにした(図3-4)。これなら調査枠内にごみがたまることもないし，もし目印の石が流されても，また新たに石をおけばよいだけの話である。

　方形枠を作ることができたら，いよいよ河床図の作成である。この淵内にある大小さまざまな石の配置を，方形区を頼りにしながら細かく記していくのであるが，比較的環境が安定している海とは異なり，川は大雨による増水で，底の石の配置が年間を通じてかなり変化するのが普通である。降雨量が多い年に川で調査を行うと悲惨で，それこそ1週間おきに河床図を書き直さなければならない。そのため，あまり細かくは描かずに，多少の雨では流されそうにない大きな岩をまず描き込むことにする(図3-5)。ちなみに，私が野外調査を行った年は，偶然にも空梅雨で全国的に水不足が問題となったときであった。そのため，幸運にも私はほとんど河床図を修正することなく，調査を進めることができた。そして，ちょうど野外調査が終わったときに，大雨に見舞われて，調査地にあった一抱えもある大きな石が下流に流されてしまい，河床の形態がまったく変わってしまった。運がよかったとつくづく思う。

3-3-2 個体識別と行動の分類

　調査場所の地図が描けたら，次は個体識別である。調査場所に設定した淵

3-3 川で野外調査を始める人に

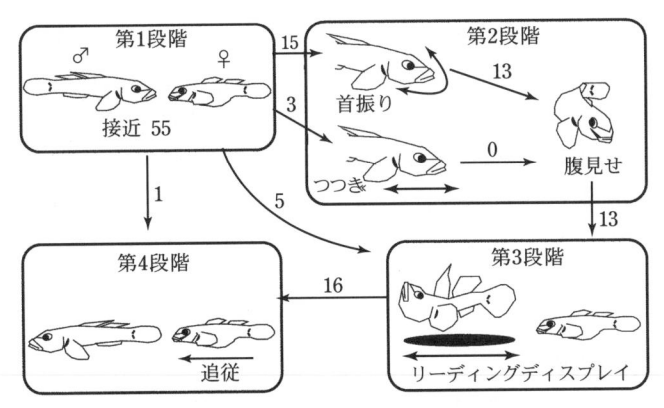

図3-6 クロヨシノボリの求愛行動。矢印は各行動の流れを表し、数字はそれぞれの行動の観察例数を示す (Takahashi, 2000より改変)。詳しくは本文を参照のこと

にいるクロヨシノボリを可能な限り捕獲し、全長や背鰭の長さを計測した後、個体ごとに打ち込む位置や色を変えて蛍光色素の皮下注射を行い、個体を識別した。打ち込んだ色素は液体シリコン（凝固剤と混ぜると1日ほどで固まる）で、視認性がよく、またクロヨシノボリでは、一度標識すれば少なくとも3年間ははっきりと残っているという優れものである。

　行動を定量的に調べるためには、行動観察を行う前に闘争行動や求愛行動を細かく分類しておく必要がある。そこで予備観察の結果に基づいて、クロヨシノボリの求愛行動を分類し、その求愛のプロセスを4段階に定義した（図3-6）。まず、雄が雌に接近し（接近）、頭部を左右に振ったり（首振り）、雌を軽くつついたりし（つつき）、雌は腹部を誇示するように体を曲げる（腹見せ）。そして雄はすべての鰭をいっぱいに広げ、体を細かく震動させながら雌の前を行ったりきたりする（リーディングディスプレイ）。その後、雌はその雄の後についていくか（追従）、あるいはその雄から離れていく。雌雄が出会ってから第4段階が終了するまでにかかる時間は10秒程度とかなり短い。配偶者選択の研究では、雌が最終的にその雄とつがったかどうかを確認することが重要となる。残念ながら、クロヨシノボリの巣は観察が非常に困難な瀬にあるので (Takahashi & Yanagisawa, 1999)、求愛の第4段階でペアになった雌雄が、その後産卵にまで至ったのかどうかを最後まで追跡できな

かった。しかし，繁殖成功に通じる何らかの評価基準を設けなければ，雄に対する雌の選択性を明らかにすることができない。野外に近い環境条件を整えた大きな水槽で行動観察を行ったところ，求愛の第4段階で雌が雄の後についていった場合，最終的にその雄とつがう場合が多かった (Takahashi & Kohda, 2001; 渡辺昭夫，未発表資料)。そのため，求愛行動の最後で雌が雄の後についていった場合 (図3-6の追従が見られた場合)，その雌はその雄を好んだとし，これを雌の選択性の基準とすることにした。

3-3-3 行動観察

さて，いよいよ行動観察である。流れの比較的緩やかな浅瀬で，カワムツなどの遊泳魚が対象なら，陸上から観察するというのも可能だろう (片野, 1999)。しかし，水深の深い淵の底で日々をすごしているクロヨシノボリが相手では，そうもいかない。そこで，ウェットスーツを着て水中マスクとシュノーケルを身に付け，川にうつぶせに浮かびながら観察することにした。淵といえども多少は流れがあるので，足を岸の岩に引っかけて流されないように身体を固定する。そして，水の中を覗き込み，識別した個体を追跡し，闘争行動や求愛行動が見られた地点やその相手を，プラスチック板に河床図を張り付けてその上にとめた行動記録用の耐水紙に，時間を計測しながら記録していった。予備調査では，昼すぎから夕方にかけて求愛行動がよく観察されたので，午後1時から5時までを調査時間帯に設定した。これで観察の手順は確立したのだが，海と比べて川は圧倒的に水温が低く，特に春先における行動観察は，ウェットスーツを着ていても非常につらかった。

3-3-4 野外調査におけるその他の重要なこと

研究とは直接関係ないのだが，野外調査を行う際に注意すべきことが2つある。1つは調査地周辺の住民とのかかわり方についてである。中には無人島で調査を行う人もいるだろうが，基本的に調査地の周囲には人が住んでいるのが普通である。私が調査を行った柏川でも，中流から下流にかけて村落が広がっており，村の人たちは川の水を田畑に利用しながら，日々の生活を送っていた。もし，彼らの生活空間に，黒いウェットスーツを身にまとったいい大人が突如出現し，ほとんど毎日，川で網を振り回していたらどうなる

だろうか。村の人たちは，当然落ち着かないだろう。中には危険を感じて警察に連絡しようとする人もいるかもしれない。そのため，調査を始める前に，最低でも調査地周辺の区長さんなどに，「私は××大学の学生で，この川にすんでいる魚の調査をしにきました」と自己紹介をしておこう。また，道で地元の人に出会えばきちんと挨拶(あいさつ)をし，何をしているのか尋ねられたら，わかりやすくきちんと説明することも大切である。これから野外調査を始めようと考えている人は，このあたりのこともぜひ心がけていただきたい。

　もう1つは，川だけでなくすべての調査地でいえることなのだが，安全面に細心の注意を払うことである。野外調査は単独で行うことが多く，また人間の影響を避けるために，滅多に人のこないような寂しい場所を調査地に選ぶことが多い。もし，アクシデントが発生してその場から動けなくなったら大変である。この危険性はどんなフィールドでも同じで，例えば山ではマムシに噛まれるかもしれないし，土砂崩れに巻き込まれるかもしれない。川では鉄砲水に流されて怪我をしたり，苔の生えた石で滑って転んで頭を打ったりするかもしれない。海であれば，おぼれるかもしれない。野外調査をするときは，周囲の関係者に調査場所や帰宅時間などを必ず伝えておくべきであるし，何かあったときにすぐ連絡が取れるように，携帯電話を常備しておく必要があるだろう。また，野外調査は長期にわたって行われる場合が多いが，本当に調査をうまく進めたいと考えるのであれば，長丁場を乗り切るために怪我をしないよう（もちろん命を危険にさらすなどもってのほかである），想定される危険は事前に可能な限り排除しておくことが大切である。

3-4　初めはうまくいかない

　1年目の調査は，河口から2kmほど上流にある堰の上にできた淵で行った。柏川に沿って走っている舗装道はこの地点までしかなく，さらに上流に上ろうと思ったら，未舗装の悪路を進むか，周りの木が覆いかぶさる薄暗い川の中を歩いていかなければならない。昼間でも少し薄暗いこの淵に人が訪れることはほとんどなく，静かで調査にはうってつけの場所であった。この淵から少し上流に上ると，川の左手に地元の人が奉っているワゴン車ほどの巨大な岩塊が見えてくる。そのため，この淵のことを左神(ひだりかみ)と勝手によぶことにした。こうして，おんぼろの50ccオフロードバイクにまたがり，調査道具の

入ったカバンを背負って，海洋研究所から左神に通う日々が始まった。

さて，実際に行動観察を始めてみたはいいものの，1年目は野外観察に慣れるのに精一杯で，満足にデータを集めることができなかった。例えば，左神で観察できる個体数は思いのほか少なく，なかなか求愛行動を見ることができなかったり，また実際に行動のデータを取り始めると，最初に分類しておいた各行動は，あまりに細かく分かれすぎていて現実に即しておらず，たびたびその分類を変更することになったりして，きっちりとデータが取れるようになったのは，繁殖期も終わるころであった。このように噴出した予想外の問題にあたふたと対処している間に，繁殖期が終了してしまった。

というわけで，野外調査1年目はかなり思い悩んだ「冬の時代」だった。データが取れていないのだから，当然，研究の面白さなどちっともわからない。来年の春にならなければヨシノボリは繁殖しないので，焦ってもしかたがない。とはいうものの，乏しいデータをいろいろとこねくり回し，何か面白いことがないかと躍起になっていた。また，繁殖期が終わってからも野外調査を行い，非繁殖期の社会行動や河川内の個体の移動に関して，何か面白いことがわからないだろうかと試行錯誤を繰り返したのだが，いずれも不発に終わった。

3-5　目論見外れて

調査を始めて2年目の春がやってきた。正念場である。去年の観察場所である左神は人気がなく静かでよい所だったのだが，個体数が少なかったので求愛行動をあまり観察することができなかった。そこで，今年はもう少し下流にある個体数が多い淵に観察場所を移し，気分一新，野外調査を再開した。ちなみにこの淵は，私に野外調査の方法を教えてくれた先輩が以前調査していた場所だったので，その先輩の名字を取って大杉ポイントと名づけた。1年目と同様に，白く塗った石を使って方形枠を設置して河床図を作成し，淵内の個体を識別して行動観察の準備を行ったわけであるが，2年目ともなるとさすがに手際がよくなっており，自分の成長を感じて少しうれしい。

さて，去年試行錯誤を繰り返したおかげで，調査の序盤からどんどんと求愛行動のデータがたまっていった。前にも述べたように，クロヨシノボリでは雌より雄が大きいという体サイズの性的二形が見られる。そこで雄の全長

と雌の選択性との関係を見てみると，雌に求愛が受け入れられた雄（平均全長63.4mm）と拒否された雄（69.8mm）との間に，体の大きさにほとんど違いがないことがわかった（Takahashi & Kohda, 2001）。この結果に，私は肩すかしを食らったような気持ちになった。先入観をもって調査に望むのはよくないことかもしれないが（しかし先入観をもたない人はいない），後で述べるように，雄が保護する魚類の多くでは，雌は体の大きな雄を好むという報告がなされていたので，てっきりクロヨシノボリの雌も大きな雄が好きなのだろうと予想していたからだ。では，雌よりも長く伸びる雄の第1背鰭の長さは，雌の選好性と何か関連がないだろうか？　例えば，ソードテールという魚では尾鰭の長い雄が雌に好まれることが知られている（Basolo, 1990）。しかし，こちらも先ほどの全長と同様に，雌に好まれた雄（平均14.2mm）とそうでない雄（15.3mm）との間に差は見られなかった（Takahashi & Kohda, 2001）。背鰭の長さは体の大きな雄ほど長いので，背鰭の長さを全長で割った相対値で比較してみても，やはり雌の選択性との関連はなかった。どうなっているのか？　私はひどく混乱した。

　このように，クロヨシノボリの雌は性的二形を示す雄の大きな体サイズも長い背鰭も，特に好んでいるようではない。すなわち，これらの性的二形は，雌の配偶者選択を通じて進化してきたのではなさそうである。雄の背鰭が雌よりも長いことにどのような意味があるのかはいまだに不明であるが，雄の大きな体サイズの意味については，その後の調査で明らかになった。雄は大きな石の下に巣を作ることを好み，そして体の大きな雄ほど石をめぐる雄間競争に有利なのである。巣にしている石の天井に，卵を1層に産み付けるヨシノボリのような魚にとって，巣石のサイズは，雄が保護できる卵数の制限要因となる（Lindström, 1988など）。おそらく，雌よりも雄のほうが大きいという体サイズの性的二形は，多くの雌の卵を保護できる可能性のある，大きな巣石をめぐる雄間競争を通じて進化してきたのだろうと考えられる（Takahashi et al., 2001）。

3-6　雌の意外な選り好み

　それでは，いったい彼女たちは何を手がかりにして雄を選択しているのだろうか？　あるいは，そもそも雄を選り好みしないのだろうか？　しかし，

それは考えにくかった。なぜなら，行動観察をしていると，雌はどの雄の求愛にも応じるのではなく，確固たる基準によって特定の雄しか受け入れないように見えたからだ。とにかく観察するしか方法はないと思い，来る日も来る日も行動観察を行った。しかし，雌の好みがさっぱりわからない日がしばらく続いた。

観察に明け暮れていたある日のこと，少しおかしなことに気づいた。河川という環境が海や池などの水域と最も異なる点はどこかと尋ねられたら，皆さんはなんと答えるだろうか。おそらく多くの人が，上流から下流に向かって常に水の流れがあることだ，というのではないだろうか。クロヨシノボリの普段の生活場所である淵は流れが緩やかではあるが，もちろん流れがまったくないわけではなく，いくつかのポイントでは比較的速い水の流れがある。行動観察をしていると，淵の中でもとりわけ流れの速い場所で，婚姻色の出た雌を見かけることが多く，雌につられて雄も流れの中で求愛することが多いように見えたのである。なぜ，雌も雄も，わざわざ流れの速い場所にいくのだろうか？ 淵では雌雄とも明確ななわばりをもたないので (Takahashi, 2000)，雄が流れの近くに陣取っているから雌がよく訪れるというわけではない。また，以前述べたようにクロヨシノボリの巣は瀬に作られるので，流れの近くに雄の巣があるから雌が集まるわけでもない。もしかすると，雌の配偶者選択と何か関連があるのだろうか？

実は水の流れと雌雄の挙動については，1年目の調査でも少し気になっていたのだが，そんな話はどの動物でも聞いたことがなかったし，海洋研究所の先輩に話しても「ううむ，何かあるかもしれんなあ…。ところで高橋，明日のメシの買い出しとスキューバタンクのチャージ（空気の充填）のことだけど」とあっさり流されてしまった。そのため，そのときは水の流れと配偶者選択との関係を，それ以上突っ込んで考えることはなかったのだが，今年はダメもとで水の流れと求愛行動との関連を調べてみようと思い，とりあえず雄が求愛した地点の流速を流速計で測定することにした。

予備調査によって，流速は同じ場所でも日ごとの流量に応じて変化することがわかったので，求愛が行われた地点を河床図に記録しておき，その日の行動観察が終了したらすぐに流速を測定した。このようにして得られた流速のデータと雌の選択性との関連を半信半疑で見てみたところ，なんと，流れ

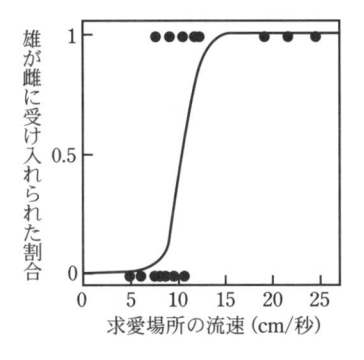

図3-7 観察できた32個体の雄の求愛場所の流速と雌の配偶者選択性との関係。求愛を受け入れて雌が追従した雄を1, 拒否した雄を0として, ロジスティック回帰分析を行った。雌へ求愛している雄が他の雄から攻撃された求愛例は分析に用いていない。曲線の式は $Y = e^{-11.99 + 1.12X} / (1 + e^{-11.99 + 1.12X})$。求愛場所の流速が10 cm/秒以上で, 雌が雄を受け入れる確率が急激に上昇している (Takahashi & Kohda, 2001より作成)

の速い場所で求愛する雄ほど雌が追従する場合が多いことがわかった。なにやら金鉱を掘り当てたのかもしれない。いやいやデータがまだまだ少ない, もっとデータを取ったらそんなことはないかもしれない。落ち着け, 高橋。ぬか喜びは禁物である。

とりあえず興奮するのは後にして, さらにデータを重ねてみた。そして私は狂喜乱舞する。クロヨシノボリの雌は, 速い流れの中で求愛した雄を確かに好んでいたのだ (図3-7)!

3-7 「流れ」で何がわかるのか？

3-7-1 雌は子育て上手な雄が好き？

このように野外観察の結果から, クロヨシノボリの雌が求愛場所の流速を手がかりにして雄を選んでいるらしいことがわかったのだが, 当然次の疑問がわき起こる。雌はなぜ, 速い流れの中で求愛した雄を好むのだろう？　そもそも, 動物の雌はなんとなく雄を選り好みしているのではない。出会った雄と適当につがうことに比べて, 好みの雄を選び出すためには余分な時間とエネルギーが必要である。このようなコストを払ってでも配偶者選択を行うのは, 他の雄を避けて特定の雄とつがうことに, 配偶者探しのコストを上回る利益があるからである。雄が子育てに参加しない動物では, 雌は雄の優れた遺伝子を自らの子に受け継がせるために, 配偶者選択を行うことがあるのかもしれないが (Andersson, 1994), ヨシノボリのように雄が子育てをする魚では, 雌は子育ての上手な雄を好むべきであろう (Trivers, 1972)。つが

った雄の保護能力の差が雌の卵の生存率に直接効いてくるからである．では，子育てがうまい雄とはどんな雄なのだろうか？　現在，魚類の雌からよき父親として圧倒的に支持されているのは，次のどちらかの特徴をもつ雄である．

(1) 大きいことはよいことである

　親が卵を保護する魚類の多くで，雌は大きな雄を好むことが報告されている (Hastings, 1988 など)．大きな雄を雌が好む理由の1つは，体の大きな雄ほど貯蓄しているエネルギー量が多いので，より長い間精力的に卵保護ができるからだと考えられている．また，栄養豊富な卵を狙って巣に押し入ってくる同種他個体を追い払うのには，喧嘩に強い大きな雄のほうが有利であることも，雌が大きな雄を好む理由である．

　今回の調査結果が示したように，クロヨシノボリの雌はそもそも大きな雄を好むことはなかった．その理由は明らかではないが，後述するように，繁殖期の雄の生理的コンディションは，個体によって大きくばらついており，体の大きさが必ずしも貯蓄エネルギー量を反映するわけではないのかもしれない．他の説明としては，冒頭でも述べた巣の構造が考えられる．本種の雄は河床の石の下に穴を掘って巣を作り，卵保護を始めると，巣の出入り口を塞いで巣を密閉状態にする．このような巣の構造は巣への侵入者を防ぐことに役立つだろう (高橋, 2000; Takahashi & Kohda, 2001)．クロヨシノボリでも，大きな雄ほど闘争に優位であるけれども (Takahashi et al., 2001)，雌が大きな雄を特に好まない理由は，巣の構造により，卵捕食者が巣へ侵入することが事実上ないので，大きな雄を父親に選ぶ必要がないからなのかもしれない (Takahashi & Kohda, 2001)．

(2) 健康なことはよいことである

　胸鰭で新鮮な水を卵に送ったり，卵表面のごみを取り除いたりと，卵の世話は何かとエネルギーのかかる仕事であろう．また，卵を保護している間はあまり卵から離れることができないので，思うように餌を食べることができず，保護中に雄の生理的コンディションは悪化することが知られている (Unger, 1983 など)．このような保護による体調の悪化は，雄の死亡率を高めるかもしれない．いくつかの魚類では，雄は悪化した生理的コンディションを回復するために，現在保護している卵を食べてしまうことが報告されて

いる (Rohwer, 1978 など)．自らの子どもを食べてしまうとはひどい話だが，生き延びて自分の将来の繁殖成功を上げることが，雄の生涯繁殖成功を高めることにつながるのであれば，雄は現在の繁殖を棒に振ることもやぶさかではないのだ．といっても，これはあくまでも雄側の視点であり，せっかく産んだ卵を食べられては，雌はたまったものではない．そのため，雌は卵を食べるようなことのない生理的コンディションのよい雄を好むことが知られている (Knapp & Kovach, 1991 など)．

クロヨシノボリでは，雄の生理的コンディションと子育てとの関係はどうなっているのだろうか？　まず，雄が卵保護によって摂餌制限を受けているのかどうかを知るために，野外で保護中の雄と保護をしていない雄を採集して解剖し，その胃内容物を調べてみた．すると，保護をしていない雄の8割では胃の中に餌が入っていたのに対し，保護をしている雄の半数は胃の中が空っぽであった (図3-8)．また，胃内容物重量を体重で割った胃充満度も，保護をしていない雄に比べて保護雄では有意に低いことがわかった (図3-8)．やはり，クロヨシノボリでも保護のために雄の摂餌の機会は減少するようだ．次に，エネルギーの貯蔵器官である肝臓の重量を体重で割った肝量指数を見てみると，保護の進行に伴って肝量指数が低下していた (図3-9)．このことから，保護によって雄の生理的コンディションは悪化することがわかる．さらに，繁殖期中に採集した雄の標本で肝量指数の分布を見てみると，それぞれの雄の間で肝量指数は大きく異なることがわかった (図3-10)．

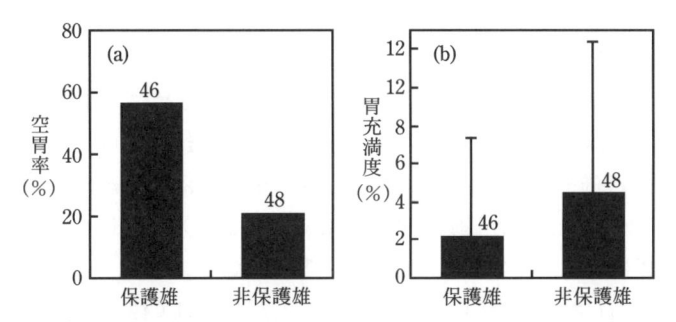

図3-8 卵保護中の雄と保護をしていない雄の，空胃率 (a) と平均胃充満度 (b)．胃充満度は胃内容物重量を体重で割ったもの．縦線は標準偏差，数字は標本数を示す (Takahashi & Yanagisawa, 1999 より作成)

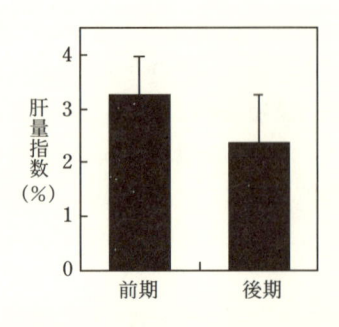

図3-9 保護前期と後期の雄の平均肝量指数。保護前期は未発眼の卵（産卵から約5日間）を保護していた雄を示し，保護後期は発眼後から孵化までの卵（産卵後5日から10日間）を保護していた雄を示す。縦線は標準偏差，数字は標本数を示す（Takahashi & Yanagisawa, 1999 より作成）

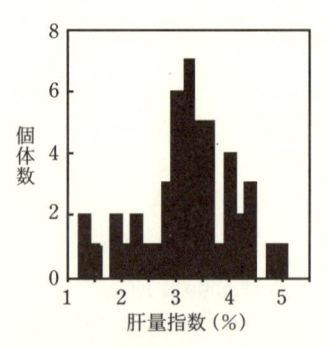

図3-10 繁殖期中に採集した雄（48個体）の肝量指数の頻度分布（Takahashi & Yanagisawa, 1999 より改変）

　この結果は，雌にとっての父親候補者の中には，生理的コンディションのよい雄から悪いものまでさまざまな質の雄がいる，ということを示している。保護雄の胃の中から保護卵が見つかることもあったので（Takahashi & Yanagisawa, 1999），クロヨシノボリでも体調維持のために，雄は自分の保護している卵を食べてしまうのかもしれない。もしそうなら，雌はこんな雄を父親にするのは是が非でも避けて，なるたけ生理的コンディションのよい健康な雄とつがいたいだろう。

3-7-2　嘘を見抜け！

　それでは，雄の生理的コンディションを判断するために，雌は何を手がかりにすればよいのだろうか。例えば，闘争能力なら雄の体の大きさを見れば，一目瞭然で評価できるかもしれないが，体の中に蓄えているエネルギーの量を査定するのはなかなか困難である。ここで注意しなければならないのは，腹ぺこの雄は体調回復のために嘘をついてでも雌とつがい，その雌の卵を食べたがるかもしれないということだ。もし，だまされて体調の悪い雄とつがってしまったら，雌は自分の子を次世代に残すことができず大損をすることになる。では，どうすれば雌は雄にだまされないでよい相手を選び出すこと

ができるのだろうか？

　雌がどのようにして雄の詐欺を防ぐのかを解明する糸口となったのは，Zahaviというイスラエルの鳥類学者が唱えた「ハンディキャップの原理」である (Zahavi, 1975)。生存上不利な派手な雄の形質が，なぜ進化してきたのかという問いに，Zahaviは「そのような雄の形質は，そのハンディキャップ的特質ゆえに進化してきたのだ」と考えた。つまり，雄の飾りは生存の可能性を減少させるからこそ，本当に質の高い雄でなければ，そのようなコストのかかる飾りを維持しながら生活したり雌に求愛したりすることができない。そして，雌はこのように雄にとってコストのかかる信号に基づいて配偶者選択を行えば，雄にだまされることなく，優れた質をもった相手を選び出すことができるというわけである。このZahaviのアイデアは，発表当時多くの生物学者から批判を受けたようだ。しかしその後，ハンディキャップの原理は実際に働きうることが，数学的モデルによって示唆されている (Grafen, 1990)。現在は性淘汰の分野だけでなく動物のコミュニケーションに関する分野でも，このハンディキャップの原理が広く適応可能であると考えられている。

3-7-3 流れの中での求愛は大変なのか？

　雄は嘘をついてでも，雌に受け入れてもらえばそれでよい。しかし，雌は雄にコストをかけさせてでも，雄の質を正確に知りたい。だから雌は雄の負担など気にせず，正直な信号を得ようとする。クロヨシノボリの雌が流れに出て，そこで雄に求愛をさせるのは，流れの中で求愛することが雄にとってコストであり，雌は正確に雄の質を知ることができるからではないだろうか。そこで，流れの中で求愛することが，雄にとって大変なのかどうかを調べてみることにした。求愛している雄が雌に受け入れられたかどうかを見きわめた後，その雄を捕獲して体重を計測し，魚の生理的コンディションの指標として，水産学の分野で用いられている肥満度 (体重/体長^{約3}) を計算して，求愛場所の流速との関連を見た。すると，両者は正の相関関係をもつことがわかった (図3-11)。やはり，速い流れの中で求愛した雄ほど生理的コンディションがよいようだ。

　この結果が示すように，クロヨシノボリの雄にとって，流れの中で求愛す

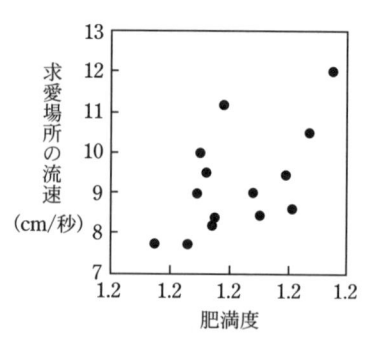

図3-11 雄の求愛場所の流速と肥満度との関係（Kendall順位相関係数 $\tau=0.41$, $p<0.05$, $n=14$）（Takahashi & Kohda, 2001より作成）

ることは大変であり，貯蓄エネルギー量が多くて，体力のある雄しか流れに逆らって求愛することができないようである．逆にいえば，体力のないコンディションの悪い雄は，速い流れの中で求愛できない．つまり，雌に嘘をつくことができないことになる．ヨシノボリ類と同じハゼ科魚類をはじめ，さまざまな魚類で，生理的コンディションがよい個体ほど，流れに逆らって遊泳する能力が高いことが報告されている（Stahlberg & Peckmann, 1978など）．もし，クロヨシノボリの雄の生理的コンディションと保護能力との間に相関があるのなら，流れの中での求愛は雌にとって雄の子育て能力を正直に示す指標となっているといえそうである．

　しかし，川で生活している魚にとって，流れの中で求愛することは本当に負担になるのだろうか？　今回測定できた最も早い求愛場所の流速は25cm/秒ほどであったが，普段であればこの程度の水の流れは，クロヨシノボリの雄にとって何ら負担とならないであろう．なぜなら，流れのある所でも，底生魚であるヨシノボリは，ハゼ科魚類の特徴である吸盤状の腹鰭で川底に張り付きながら普段は移動しているからだ．しかし，25cm/秒ほどの流れの中で求愛するとなると話は違う．あまり泳ぎが上手ではないヨシノボリが，図3-6のように鰭を広げて吸盤を使わずに，底から浮かびながら雌の前で求愛ダンスを行うのはとても大変なことだ．実際，求愛中に水の流れに耐えきれずに雌の前から流された雄を野外で何度も見かけた．ところで，雄が大変であるなら，流れの中で雄を査定する雌もしんどいのではないだろうか．しかし，クロヨシノボリの雌にとって，流れに逆らって求愛している雄の側にい

るのは，おそらくそれほど大変なことではない．なぜなら，鰭をいっぱいに広げて踊る雄に比べて，雌は鰭を畳み，普段どおり吸盤で川底に張り付いて雄を眺めているだけだからである（図3-6）．

3-8 検証への道

　ここで，これまでの野外調査の結果をもう一度整理してみると，次のようになる．(1) クロヨシノボリの雌は，速い流れの中で求愛した雄を好むようである．(2) 速い流れで求愛する雄ほど，生理的コンディションがよいようである．この結果から，「雌が速い流れの中で求愛した雄を好むのは，流れの中で求愛できる雄は生理的コンディションがよく，そして保護能力が高いからである」という仮説を立てられるが，それでは，はたしてこの仮説は本当に正しいのだろうか？　今回の野外調査では，水流以外の環境要因をコントロールできたわけではないので，水流と相関する他の環境要因が，本当は配偶者選択に関係しているのかもしれないし，また，求愛場所の流速との関連を見た肥満度は，雄の生理的コンディションを正確には表していないという報告があり（Unger, 1983），流れの中で求愛することが本当に雄にとってコストとなっているのかどうかも明確ではない．それに，速い流れの中で求愛できた雄が，実際に高い保護能力をもつのかどうかも不明である．そもそも，配偶者選択に水の流れが関連しているという報告例が，これまで1つもないので，どうも信頼性に乏しい．厳密さを重んじる最近の行動生態学の研究では，自然状態で観察された事象をさまざまな要因をコントロールした実験によって検証しなければ，その研究の価値が半減するように思う．

　私は周囲の研究者に，「クロヨシノボリの雌は，雄が速い流れの中で求愛できるかどうかで，雄の子育て能力を見きわめるのです！」などと，表面上は強気でこの話をしていたのだが，本当のところは半信半疑で，内心びくびくしていた．このままでは精神衛生上よくないので，室内実験を行って雌の配偶者選択性と雄の保護能力との関連をより詳細に検討してみようと考えた．しかし，実験は困難を極めた．というのも，雌が流水中の求愛能力を手がかりに雄を選択する魚など知られていなかったので，どのような実験を行えばよいのかさっぱりわからなかったからだ．どうすれば，「雌は速い流れの中で求愛している雄を好んでいる」と胸を張って答えることができるの

か？　また，雄の流れに耐える能力と保護能力との関係を，明確に示す方法はあるのだろうか？　そもそも，どうやって水の流れを作り出せばよいのか？　野外でデータを取っているときから，実験による検証の必要性を感じていた私にとって，これは非常に頭を悩ます問題であった。

　しかし，とにかく行動しなければ始まらない。実験で調べるべき項目は，(1) 水流環境だけをコントロールした状態での雌の配偶者選択性，(2) 雄の流水中の求愛能力と保護能力および生理的コンディションとの関連性，の2点である。まずは (1) の配偶者選択実験である。今回は配偶者選択実験でよく用いられている二者択一実験法を用いることにした。この方法は，いくつかの点で問題があるとされているけれども (Wagner, 1998)，今回のように白黒はっきりつけようとするための実験にはもってこいである。まず，60cm水槽に2匹の雄と1匹の雌を入れるための3つの区画を作成した。雌の配偶者選択性から雄間競争の影響を除外するために，雄の区画は不透明の塩化ビニールの板（塩ビ板）で仕切ることにした。これで，雄は互いを認識することができない。問題は，雄と雌の区画を何で仕切るかである。透明の塩ビ板で仕切れば，雌は雄を視覚的に認識することはできるだろうが，野外での水の流れを再現するために，雌雄の区画は水が流れるようにしたい。そこで，雄と雌の区画は金網で仕切ることにした。こうすれば，雄区画から雌のほうへ水を流すことが可能だ。事前の予備実験から，金網越しでも雌雄の求愛行動に何ら変化が見られなかったので，金網を用いても雌の配偶者選択性におかしな影響が出ることはまずないと判断した。

　次に，水の流れを作り出す方法だが，これにはある程度あたりがあった。熱帯魚を飼育するのが好きな方は，水槽の上部濾過層に水槽内の水を汲み上げるためのポンプをご存じだろう。このポンプを利用して，水の流れを作り出してみてはどうだろうか？　早速，熱帯魚屋でこのポンプを入手し，近所の日曜大工店から買ってきた水道用の塩化ビニールのパイプを組み合わせて，ヨシノボリが求愛を行う底層に水の流れを作ってみた。意外にうまくいく。さらに，このポンプと電圧調節器を組み合わせることによって，流速をコントロールすることができた。しかし，プロトタイプは水が流れる範囲が狭く，雄は水の流れを避けて求愛することができた。失敗である。そこで，水の噴き出し口にT字型のパイプを取り付け，雄区画の底全体に水が流れる

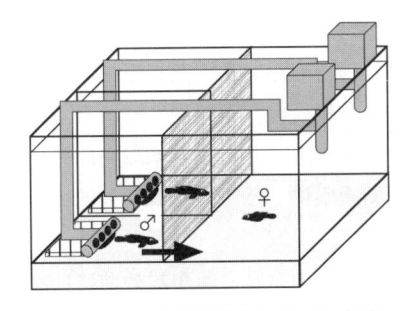

図3-12 配偶者選択実験に用いた水槽

ようにした。雄は雌に求愛するときに水の流れを避けることができなくなった。これなら，実験装置として申し分ない。

このようにして完成したハンドメイドの実験水槽（図3-12）を用いて，次の手順で雌の配偶者選択性を調べてみることにした。まず，片方の雄の区画に，野外で雌に好まれた雄の求愛場所の平均流速である14cm/秒の水流を起こし，雌がそれぞれの雄区画の前5cm以内にいて，雄に求愛を受けていた時間を10分間計測する。雄区画の前にいる間，雌は雄に向かって図3-6の腹見せや追従行動を頻繁に見せたので，この範囲に雌がいた時間を選好性の判断基準とした。観察が終わったら，水流を止めていったん雌のみを取り出す。1日空けて，今度は逆の雄区画に水の流れを発生させ，前日に使用した雌をもう一度水槽に入れて，雌が雄の前にいる時間を再び10分間調べた。

この実験を開始する前は，どちらか片方の区画に水を流すだけの実験をしようと思っていた。しかし，同じ雌雄を使って流れの区画のみを入れ替えて雌の選択性を見れば，雌の選好性と流水との関連がよりはっきりするのではないかと考えて，このような手順で実験を行うことにした。もし，雌の配偶者選択に水の流れだけが関係しているのなら，1回目と2回目では好む雄，つまり雌が前に長くいる雄は，逆転するはずである。雌の好む雄が逆転せずに，1回目も2回目も同じ雄を好むようであれば，雌は雄の外部形態に基づいて選り好みをしており，水の流れが雌の配偶者選択と関係しているという私の考えは，再考する必要がある。私にとっては，まさに天国か地獄かの実験である。私は祈るような気持ちで実験を開始した。

3-9　実験のゆくえ

ところで，私は博士課程から大阪市立大学に移り，この実験を当大学の実験棟地下にある「動物遺体処理室」という部屋で行った。ここは平日でも人気がない所で，土日ともなれば，それこそ，この建物にいる生きた人間は私

一人になる。とても静かで実験にはうってつけの場所といえるが、かなりの恐がりである私は、実験期間中終始びくびくしどうしであった。このような恐怖感に加え、予想どおりの結果が出なかった場合は、下手をすれば今までの話がまったく成り立たなくなることへの緊張感、そして川と水温を同じにするために強烈に冷房の効いた部屋での行動観察によって、私は精神的にも肉体的にもかなり衰弱した。

さて、配偶者選択実験の結果である。まず、雄の全長と雌が雄の前にいた時間との関係を見ると、1回目も2回目も大きな雄と小さな雄の間で、雌が前にいた時間に差は見られなかった（図3-13）。同様に、背鰭の長い雄と短

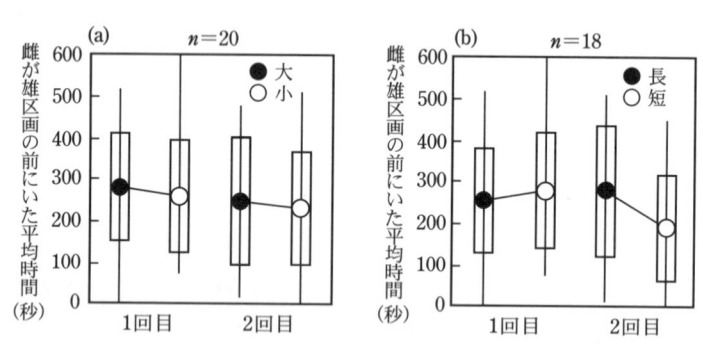

図3-13 全長（a）と背鰭長（b）で分けた場合の、雌が雄の前にいた平均時間。1回目も2回目も全長の大小や背鰭の長短は、雌が前にいた時間と関連がなかった。縦線はレンジ、ボックスは標準偏差を示す（Takahashi & Kohda, 2004より改変）

図3-14 水流の有無で分けた場合の、雌が雄の前にいた平均時間。雌は1回目も2回目も流れの中で求愛している雄の前に長くいた。縦線はレンジ、ボックスは標準偏差を示す（Takahashi & Kohda, 2004より改変）

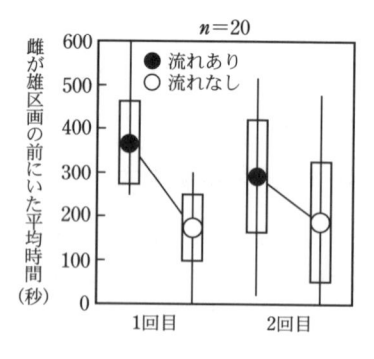

表3-1 1回目に雌に好まれた雄と2回目に好まれた雄との関係。2個体の雄のうち，雌が長時間いたほうを好まれたとした。1回目に流れの中で求愛した雄は2回目には流れなしの区画で求愛している（Takahashi & Kohda, 2004より作成）

1回目	2回目 流れのある区画で求愛していた雄	流れのない区画で求愛していた雄	全例数
流れのある区画で求愛していた雄	16	3	19
流れのない区画で求愛していた雄	1	0	1
全例数	17	3	20

い雄の前にいた時間にも違いがなかった（図3-13）。ここまでは，野外観察の結果から予測されたとおりである。それでは，いよいよ水流と雌の選択性との関係である。結果は図3-14で示したように，1回目も2回目も，雌は流れの区画で求愛する雄の前に長くいることがわかった。そして，1回目と2回目では，好む雄が逆転した（表3-1）。このように，雌の配偶者選択性と雄の外部形態とは何の関連もなく，水の流れのみが雌の選り好みと関係していることが明らかとなった！ しかし，喜んだのもつかの間，ある疑念がむくむくと頭をもたげてきた。

　川にすむ魚にとって，水の流れがある場所は流下昆虫などの餌生物がよく流れてくるので，採餌場所として好適である（Nakano, 1995など）。もしかすると，クロヨシノボリの雌は配偶者選択のためではなく，単に餌にありつきやすい場所に，長時間とどまる傾向があるだけなのかもしれない。この不安（あるいは仮説）を解消（あるいは検証）するために，雌だけを実験水槽に入れて，片方の区画から水を流して，雌が左右どちらの区画の前に長くいるのかを調べてみることにした。その結果，流れのある側（平均62.8秒）とない側（41.3秒）との間で，雌が前にいる時間にほとんど違いはなかった（Takahashi & Kohda, 2004）。つまり，雄がいなければ，流れがあろうがなかろうが雌はお構いなしなのだ。「よかった…」。安堵感に満たされた瞬間である。

　ところで，雌は雄が流れの中で求愛しているということを，どのようにして認識しているのだろうか？ 流れの中にとどまって求愛すると，広げている鰭が流れによって震動したり，求愛行動自体がぎこちなくなったりするの

で，それらを頼りに雌は視覚的に判断しているのかもしれない。そこで，雌雄の区画を区切っている金網を上部に穴を空けた透明の塩ビ板に変えて，同様の実験をしてみることにした。この場合も，雄区画内に金網の場合と同じ水流が保てた。水は塩ビ板の上部の穴を通じて流れるため，水槽の底にいる雌には水の流れが当たらず，雌は雄が流水中で求愛しているのかどうかを視覚のみで判断することになる。このようにして雌の選択性を調べてみると，雌に水流が当たるようにした実験と同様に，雄の全長や背鰭の長さと雌の選好性との間に関連性は見られなかった。そして，流れの中で求愛している雄（平均238秒）と，流れのない区画で求愛している雄（231秒）との間にも，雌が前にいた時間に差が見られなくなった。

　なぜ，雌は流れの中で求愛する雄に対して選好性をもたなかったのだろうか？　1つ考えられることは，流れがまったくない状態でも，雄はあたかも流れの中で求愛している振りができるのではないかということだ。この「振り」は，本当に流れの中で求愛するよりもラクチンで，生理的コンディションが悪い雄でも可能なのかもしれない。もしそうだとすれば，雌は視覚だけで雄が流れの中で求愛しているのかどうかを判断するのは危険である。魚類では，側線や頭部感覚管など，水の流れを感知する器官が非常に発達している (Wootton, 1990など)。雌はあくまでも自分が水の流れを感じることができる場所で，雄の求愛行動を見ることにより，雄が流れの中で必死に求愛しているかどうかを判断しているのだと思われる。おそらく，クロヨシノボリの雌の配偶者選択には，眼だけでなく水の流れを感じる感覚器官も一役買っているのだろう。

3-10　耐える雄ほど子育て上手？

　それでは，いよいよ流れと雄の保護能力との関係である。配偶者選択実験での成功で強気になった私は，意気揚々とこの実験に取りかかった。実験に用いた水槽は配偶者選択実験のものとほぼ同様で，実験の手順は次のとおりである。まず，透明瓶に閉じ込めた雌を雄区画の前において，流れがまったくない状態で雄が求愛するかどうかを10分間調べる。次に，流速を少し上げて，同様に雄が求愛するかどうかを観察する。初めのうちは，難なく求愛していた雄も，流速が速くなってくると流されまいと「歯を食いしばって」

3-10 耐える雄ほど子育て上手？

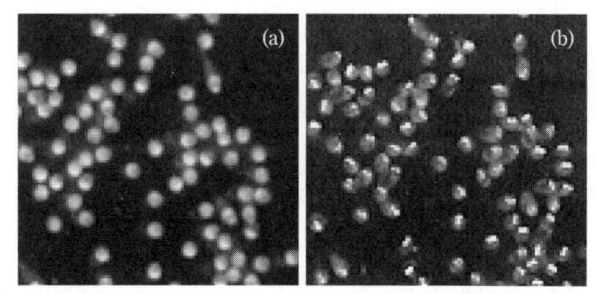

図3-15 産み付けられたばかりの卵 (a) と10日後の孵化直前の卵 (b)

とどまろうとする。この手順を，あまりの流れのために雄が巣に閉じ込もって出てこなくなるか，金網に張り付いてしまって一度も求愛できなくなるまで繰り返す。そして，雄が求愛できた最大の流速を最大耐久流速とした。これで，雄がどのくらいの流れにとどまって求愛できるのかが定量化できる。

次に，巣材としてタイルを1つ入れた別の水槽に，最大耐久流速を測定した雄と新たな雌を入れて産卵させる。産卵したら雌は取り出し，卵数を数えるためにそっとタイルを裏返してデジタルカメラで撮影し（図3-15），タイルを元に戻してそのまま雄に保護させる。そして，孵化直前である9日後に，もう一度タイルを裏返して写真を撮り，孵化直前卵数を最初に産み付けられた卵数で割って，卵の生残率を計算した。もし，流れの中で求愛できる雄の能力が保護能力の指標となるのであれば，速い流れに耐えて求愛できた雄ほど，多くの卵をふ化まで育て上げることができるはずである。

配偶者選択実験の場合は，1～2日で1回の実験結果が明らかになるので，それほど待つこともなかったのだが，この保護実験は手順で示したように，1回の実験結果が明らかになるまでに10日ほどかかる。このタイムラグが気の短い私をイライラさせた。もし，流れに耐えて求愛できる雄の能力と保護能力との間に関連がなければ，根本的に話を考え直さなければならない。祈るような気持ちで結果が明らかになる日を待った。

さて，大方の結果が明らかになる朝がやってきた。私は布団から飛び起きると，急いで動物遺体処理室に向かった。震える手で巣を裏返して写真を撮り，さっそく卵数を数えてみる。1つ目の巣には，ほとんどの卵が生き残っていた。どきどきしながら，手元の実験ノートを見てみる。この巣の持ち主

は… かなり速い流れにも耐えて求愛できた雄だ！　幸先のよいスタートである。2つ目はどうだろう？　この巣には，卵はほとんど残っていなかった。ノートを見ると，この水槽に入っていたのは流れを少し上げただけですぐに求愛できなくなった雄である。よしっ，もらった！　私は一気にすべての巣の卵を数え上げた。そして，雄の最大耐久流速と卵の生残率との関係を見てみると，私の予想どおり，速い流れの中で求愛できた雄ほど卵の生残率が高かった（図3-16）。最大耐久流速の遅かった雄の中には，雌が産んだ卵をすべて食べてしまったものもいた。そして，雄の全長や背鰭の長さ，雌が最初に産み付けた卵数と卵の生残率との間には関連性がまったく見られなかった。これも予想どおりである。この結果から，雄が耐えることができる流速は雄の保護能力の手がかりになることが，自信をもっていえるようになった！

それでは，雄の流水中の求愛能力と生理的コンディションとの関連はどうだろうか？　今回は，以前に野外で調べた肥満度ではなく，より直接的な生理的コンディションの指標となる肝臓の状態を見てみることにした。まず，雄の最大耐久流速を測定し，その後，雌とつがわさずにすぐに雄を解剖して，肝臓重量を体重で割った肝量指数を計算した。肝量指数と最大耐久流速との関連性を調べてみると，ここでも私の予想どおり，両者の間には有意な正の

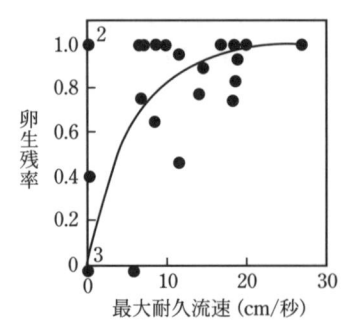

図3-16 雄の最大耐久流速と，孵化までの卵の生残率との関係。曲線式は $Y = 1 - e^{-0.17x}$ （$r = 0.56$, $n = 25$）。数字はデータの重複数を示す（Takahashi & Kohda, 2004より改変）

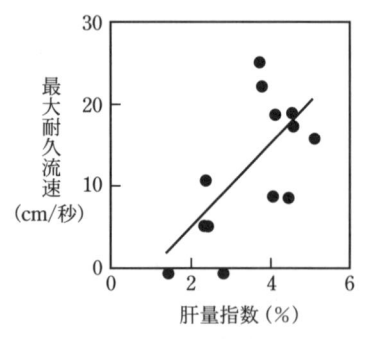

図3-17 雄の最大耐久流速と肝量指数との関係。直線は回帰直線（$Y = 0.54X - 4.94$, $r = 0.67$, $p < 0.05$, $n = 13$）（Takahashi & Kohda, 2004より改変）

相関関係が見られた（図3-17）。つまり，速い流れに耐えて求愛できる雄ほど生理的コンディションがよいことが，明らかとなった。逆にいえば，流れの中で求愛することは雄にとってエネルギー的にコストとなるため，本当にコンディションのよい雄しか流水中で求愛できないのである。これらの実験結果が明らかになった後，私は一息つくために実験棟を出て，近くのベンチに腰掛け，夕暮れの中，煙草に火を付けた。日が落ちると，思いのほか涼しいことに少し驚く。いつのまにか夏も終わりかけていた。私は深く吸い込んだ煙をゆっくりと吐き出した。これまでの苦労も吹き飛んだ瞬間だった。クロヨシノボリの雌が，なぜ流れの速い場所で求愛する雄を好むのかという謎の全容がようやく解明されたのだ。

3-11 巣場所での選り好み

3-11-1 雌の好みは1つだけ？

　以上のように，雌雄が最初に遭遇する淵では，雌は流水中の求愛能力に基づいて保護能力の高い雄を選び出すことが明らかとなった。では，雌が配偶者選択に利用する手がかりは，これだけなのだろうか？　というのは，雌は複数の基準によって雄を選んでいることが，しばしば報告されている (Møller & Pomiankowski, 1993など)。雌が複数の形質に基づいて雄を査定する理由はいくつか考えられる。例えば，1つの指標よりもいくつかの手がかりによって雄を多角的に評価するほうが，より雄の質をはっきりと知ることができるのかもしれない。

　魚類では，産卵場所に対する雌の選り好みがしばしば報告されている (Hastings, 1988; Bisazza et al., 1989)。クロヨシノボリの雌も，雄の巣について何らかの選択性を示すかもしれない。ぜひこちらも野外観察をして調べてみたかったが，以前述べたように，淵でペアとなった雌雄が瀬に入ってしまうと，それ以降追跡するのが不可能であり，行動観察から雌の巣場所に対する選択性を調べることはできなかった。しかし，あきらめるのもシャクに障るので，まず野外で巣のデータを集めてみることにした。

　繁殖期に，瀬にある石を手当たりしだいに裏返して巣を探し，巣が見つかったら雄が保護していた卵群を採集した後，巣の特徴として，(1) 巣石の底面積，(2) 巣石の高さ，(3) 巣場所の水深，(4) 流速，を計測し，保護卵数

との関係を調べてみた。すると，巣石の底面積が保護卵数を説明する要因であり（表3-2），大きな石を巣にしている雄ほど多くの卵を保護していることがわかった（図3-18）。雄は同時に複数の雌とつがうので（Takahashi & Yanagisawa, 1999），おそらく多くの卵を保護している雄ほどたくさんの雌とつがっていると思われる。以前に述べたように，卵を1層に産み付けるヨシノボリ類にとって，石のサイズは，雄が保護できる卵数の制限要因となる。もしかすると，この表3-2や図3-18の結果は，雄が巣の天井がいっぱいになるまで頑張って雌とつがったことを示しているだけなのかもしれないが，雌が大きな石に産卵するのを好んだためであるのかもしれない。ハゼの仲間で，雌は大きな巣を産卵場所として好むことが報告されているので（Bisazza et

表3-2 保護卵数と巣の特徴との関係。数字は重回帰式に取り込んだ場合の標準回帰係数（t値）を示す（Takahashi & Yanagisawa, 1999; Takahashi et al., 2001および高橋大輔，未発表資料より作成）

	すべての変数を重回帰式に取り込んだ場合	ステップワイズ回帰分析によって採用された変数のみを取り込んだ場合
水深 (cm)	$-0.19\,(-1.43)$	
底層流速 (cm/秒)	$0.05\,(0.39)$	
石の高さ (cm)	$-0.13\,(-0.82)$	
石の底面積 (cm^2)	$0.58\,(3.50)$ *	$0.50\,(3.84)$ **
自由度調整 r^2	$0.22\,(4.30)$ *	$0.23\,(14.76)$ **

*: $p<0.01$, **: $p<0.001$。

図3-18 保護卵数と巣石の底面積との関係。直線は回帰直線（$Y=3.3X+2807.1$, $r=0.50$, $p<0.001$, $n=46$）（Takahashi et al., 2001より作成）

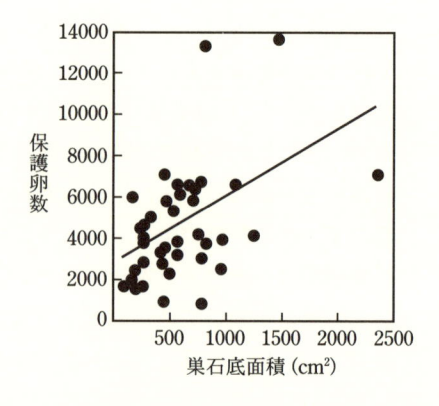

al., 1989)，クロヨシノボリでも雌が大きな巣石に好んで産卵する可能性は十分にある。

3-11-2　またもや実験

これ以上は野外で調べるのは難しいと考え，巣石のサイズに対する雌の選択性については水槽で調べてみることにした（飼いやすい魚でほんとによかった）。先述の流水と雌の選択性を検証する実験に比べると，こちらのほうは断然簡単だった。実験には60 cm水槽を使用し，2つの雄区画と1つの雌区画を不透明の塩ビ板と透明の塩ビ板で区切った（図3-19）。雄同士は互いを見ることができないが，雌は両方の雄を見比べることができる。そして，雄と雌とを仕切る塩ビ板の下には細いスリットを空けた。基本的に雄よりも雌のほうが体が小さいので，このスリットを通じて雌だけが雌雄の区画を自由に行ききして，雄および巣を査定することができる。巣材には，風呂場などにはる正方形のタイルを利用することにした。1枚のサイズは10 cm×10 cmで，小巣は1枚のサイズ，大巣はタイルを2枚張り合わせたもの（つまり20 cm×10 cm）を使用し，それぞれのサイズの巣を1つずつ雄区画に設置した。実験の手順は非常に単純で，2匹の雄を水槽に入れて1日水槽の環境に慣らした後，雌区画に雌を入れて，彼女がどちらの巣に産卵するのかを調べただけである。結果は図3-20に示したように，多くの場合，雌は大きなタイルに産卵した。この結果から，雌は大きな巣に好んで産卵するといえるだ

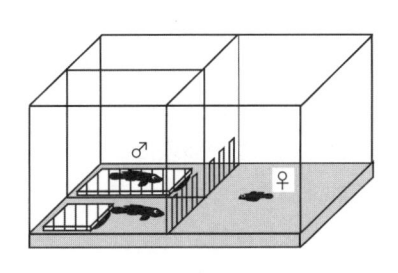

図3-19　巣選択実験に使用した水槽

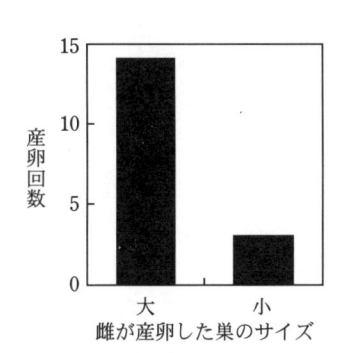

図3-20　巣選択実験の結果（Takahashi & Kohda, 2002より改変）

ろう。

3-11-3 大きな家の利点

このように，クロヨシノボリの雌は大きな巣石を好むようである。それはなぜだろうか？　考えられる理由の1つは，大きな石ほど卵の生存率が上昇するというものである。雄は保護卵数が多いほど頑張って保護を行う傾向があるので (Coleman et al., 1985)，多くの雌が産卵する可能性のある広い産卵スペースをもつ石に，雌は産卵したがるのかもしれない。他の説明としては「薄めの効果 (dilution effect)」があげられる。魚類の多くで，雌はすでに卵が産み付けられている巣を好むことが報告されている (Rohwer, 1978など)。なぜなら，雄が保護卵を食べてしまう場合，他の雌が産卵している巣に自分も卵を産み付ければ，自分の卵が食べられる確率が低くなるからだ。保護能力を調べた実験で明らかになったように，クロヨシノボリの雄は，生理的コンディションが低下すれば保護卵を食べてしまう。もし，雄がある程度の保護卵を食べてしまうのが避けられないのであれば，雌はたくさんの雌が産卵する可能性のある大きな石に産卵したほうが得策だろう (Takahashi & Kohda, 2002)。

3-12　シビアな雌の選り好み

以上のように，野外調査と室内実験の結果から，クロヨシノボリの雌は，流水中の求愛能力と巣石の大きさに基づいて雄を選択することがわかった。雌雄の遭遇から産卵に至るまでを通して観察できたわけではないのだが，私は，おそらく図3-21に示したようなステップで，雌は雄を選び出しているのではないかと考えている。まず，最初に雄と雌が出会う淵では，雌は流れに耐えて求愛できるかどうかによって雄の生理的コンディションを評価し，なるべく健康状態のよい雄を選び出す。次に，巣場所では多くの雌と産卵する可能性のある大きな巣石をもっている雄を選び出しているのだろう。つまり，健康面のチェックを受けて第1次審査に合格した雄のみが，次のステップに進むことができ，第2次審査では家の善し悪しを評価される。このように，少なくとも2段階の選抜を経て雄を選択することにより，雌はよりよい雄を厳しく選び出しているのだろう。

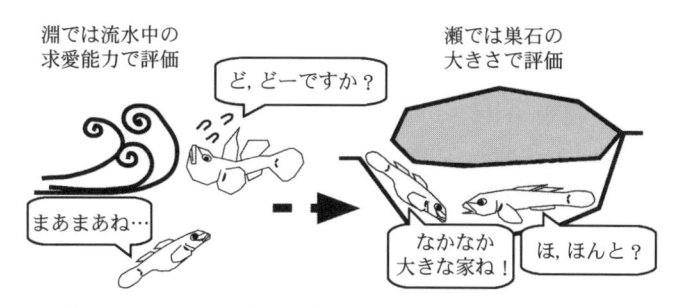

図3-21 クロヨシノボリの雌が配偶者を決定するまでの流れ

3-13 おわりに

　私の野外調査で得られたデータから立てられた仮説は，室内実験によって検証された．クロヨシノボリの雌は，雄の父親としての能力を査定するために水の流れを利用するという，今までに聞いたこともないような配偶者選択を行うことが明らかとなった．また，求愛場所と巣場所で少なくとも2段階の選抜が行われているようであった．ここまで読み進んでくれた読者の方は，何かがひらめく瞬間の快感や，自らが立てた仮説を検証する緊張感，そして実験が成功したときに得られる満足感という，研究の醍醐味の一端がいくらかでもわかっていただけたのではないかと思う．そして，野外調査の面白みとして私が強調したいのは，予想がしばしば外れる点である．調査を始める前に考えていたことが，実際に調べてみるとまったく実態にそぐわないことがよくある．このように予想が外れると，私はがっかりすると同時に，いつもわくわくする．なぜなら，事前の予想はこれまでの理論や報告例に基づいて立てられるため，予想が外れるということは新しい何かと出会えるチャンスを意味するからだ（もちろん自分の勉強不足が原因であることも多々ある）．

　これまで，さまざまな生物群で雌の配偶者選択の研究が精力的に行われてきたのだが，依然としてまだわかっていないことがたくさんある．例えば，同種の雌でも，個体によって好みの雄が異なる可能性が指摘されている（Widemo & Sæther, 1999）．また，これまでの配偶者選択研究では，なぜ雌

は配偶者選択を行うのかという設問のみに注目が集まっていたが，最近はいったい雌はどのようにしてたくさんの雄の中から特定の相手を選び出すのか，つまり，雌のmate sampling戦術についても関心が集まっている(Gibson & Langen, 1996)。このように，配偶者選択研究は，いまだ終わりの見えない学問領域であるといえるだろう。

　研究者ではない人たちに配偶者選択の話をすると，「そんなことを研究してもよいのですか？」と不思議そうな顔で尋ねられることがたびたびある。その人たちに，なぜそう思うのかと逆に尋ねると，どうも，(1) 性にかかわる問題はなんとなく不謹慎な事柄のような気がする，(2) 一方，研究というものは真面目なものであるべきである，(3) よって，性に関する配偶者選択を研究することは適切ではない，という意識からそんな質問につながるようだ。しかし，冒頭でも述べたように雌の配偶者選択は生物の性的二形の進化を説明し，また最近は，雌の配偶者選択によって同所的種分化が促進されるとも考えられており(Sætre et al., 1997など)，配偶者選択は生物の進化を考えるうえで非常に重要なテーマの1つである。今後，もっと多くの若い人たちが配偶者選択の研究に取り組んで，「そんなアホな！」と，あっと驚くような理論や現象を発見してほしいと思う。そして，私も人を唖然とさせる研究ができるよう頑張っていきたい。

4 なわばり型ハレムをもつコウライトラギスの性転換

(大西信弘)

　私たち人間を含め，動物は他の個体とさまざまな社会関係をもちながら暮らしている。私たちの性は，それぞれの個体がもつ遺伝子の組み合わせによって決まる。しかし，魚類の中には，自分のおかれた社会的立場によって性が決まるものが知られている。このような魚では，社会的立場が変化すると性が変わることがある。コウライトラギスを含め，多くの一夫多妻型ハレム魚類で雌から雄へと性転換することが知られている。ところが，なわばり型ハレムの見られるコウライトラギスの性転換の起こり方は，従来知られている行動圏重複型ハレムの場合とは異なっていた。本種を材料に，なわばり型ハレムの魚の性転換について考える。

4-1　はじめに

　魚の研究を始める以前から，生きものが好きで，いろいろな生きものを飼ったり，いろいろな所に生きものを見にいったりしていた。カブトムシやクワガタムシを飼うことに始まって，水生昆虫や淡水魚，熱帯魚などいろいろな生きものを飼ってきた。なかでも小学生のころから飼い始めて10年も生きたイモリとは長いつきあいだった。このイモリと出会っていなければ，これほどまでに生きものの暮らしに関心をもつこともなかったかもしれない。高校に入ると生物部に入って，ムササビなど野外で暮らしている生きものを見に出かけるようになった。初めてムササビが滑空するのを見たときは，闇の中を白い座布団が飛んでいるかのように見えた。野生の動物を目の当たりにした驚きと感動で夢中でムササビを追いかけたものだ。

　大学に入って，海中という新たな世界を知ることになる。それまでは，海

といっても磯遊びが楽しいくらいにしか思っていなかったが，水中マスクとシュノーケルを付けて入ると，まったくの別世界が広がっていた。一面青い世界の中で，海底には海藻が揺らめいて，その陰に大きな魚たちが見え隠れしている。ボラの群れが目の前まで近づいてきたかと思うと，驚いたようにこちらをよけて泳ぎ去っていく。当時は名前も知らなかったたくさんの魚たちに囲まれた数日は，今思い出してもわくわくする経験だった。南の島へいったらもっといいことがあるのではないか。そう思って，たどり着いたのは西表島のサンゴ礁だった。サンゴ礁には，数えきれないほどの魚たちが，あたりまえのようにそこかしこで暮らしていた。毎日，図鑑を見ては潜り，潜っては図鑑を見ることを繰り返してだんだんと魚を覚えることから始め，やがてはサンゴ礁の中で，どこにいけばどの魚に会えるかくらいはわかるようになっていった。うまく潮さえ選んでいけば，1mを越えるようなナポレオン（メガネモチノウオ）にさえ出会うこともできるようになった。

　当時，私のいた大学には，動物の生態や行動を扱っている研究室はなかった。大学を選ぶ時点では，分子の世界から生命現象を明らかにしていくことにも興味があったからだ。動物の生態や行動を研究したくなったら，大学院から始めればいいだろうと気楽に考えていた。結局，卒業論文では「ニワトリの胚の網膜色素上皮細胞内のシグナル伝達」に関する研究をした。しかし，海の中で暮らす魚たちと出会った感動が忘れがたく，大学院では海に潜って魚に囲まれながら研究することにした。

4-2　研究テーマが決まるまで

4-2-1　コウライトラギスとの出会い

　大学院のときに調査で潜っていた海は，愛媛県の南西にある御荘町の室手海岸という，海水浴場にも使われる所だった（図4-1）。室手海岸は，これまでにさまざまな魚の行動や生態の調査がされてきた場所で，このシリーズでもいくつか研究が紹介されているので記憶にある読者もいることだろう。こ

図4-1　調査地全景

4-2 研究テーマが決まるまで　　　　　　　　　　　　　　　　　　　　119

図4-2 コウライトラギスの雄 (a) と雌 (b)。雄は頬に黒い線があり胸鰭の基部に黒斑があるが、雌の頬は褐色の斑点があり胸鰭基部も黒くない。第1背鰭にも差が見られる

こでは水深3〜10mにかけて、石が転がっている砂地にコウライトラギスを見ることができる。コウライトラギスは、ハゼのように海底に座って暮らしている10cm程度の魚だ。雌雄で体色が異なり、雄は頬に黒い筋があるのに対して雌は小さな褐色の斑点がある（図4-2）。雄は数個体の雌を防衛し、ハレムを形成する。また、雌から雄へと性転換することが知られている (Nakazono et al., 1985; 大田, 1986; Ohnishi et al., 1997)。コウライトラギスは温帯域沿岸でよく見られるので、伊豆や紀伊半島、四国の太平洋岸、九州の沿岸域でダイビングをしたことのある人はこの魚を見かけたことがあるのではないだろうか。コウライトラギスに限らず、トラギスの仲間は大変好奇心が強く、ダイバーが砂を巻き上げたりすると近寄ってきて、「何してんの？」という顔をしてダイバーのことをしげしげと見つめている。ダイバーに近寄ってくるし、あんまり動き回らない魚なので、水中写真の被写体とされることも多いようだ。インターネットで検索すると、きれいな水中写真を掲載したページをたくさん見ることができる。

　海の中での魚の観察はとてもやりやすい。陸上の動物では逃げてしまうような距離に近づいても、魚であれば、餌を食べたり、なわばり争いをしたり、産卵したりするのを見ることができる。ただ、陸上動物に比べて観察しやすいとはいえ、無数に群れているような魚は観察するのがいかにも難しそうだ。観察している個体を見失うこともあるだろうし、他の個体との関係も観察するのが難しいだろう。かといって、あまり少ないのも観察例数が少なくなったりして研究対象としては不適当だろう。その点、コウライトラギスは、いつ潜っても必ず観察できるほどたくさんいるけれど無数に群れているという

わけではなかった。これなら調査しやすそうだと考え、観察してみることにした。

　調査を始めたころは、性転換のような性にまつわる問題よりも、種間関係に興味をもっていた。自然界には多様な種が見られる。サンゴ礁や南日本の沿岸は、魚類の種数が多く、似たような暮らしをする複数の魚種が同じような場所で暮らしている。このような魚たちが、どのような関係をもちながら共存しているのかという問題に興味をもっていた。コウライトラギスは、同種の他個体に対してなわばりを張っているだけでなく、周りにいるクロサギ（魚）やダテハゼを追っていることもある。クロサギは海底付近を泳ぎ回っているので、コウライトラギスがクロサギを追うときには、海底から浮き上がって追い払う。ダテハゼはニシキテッポウエビと共生しているハゼで、エビが砂地に掘った穴で暮らしている。コウライトラギスがダテハゼを追うときには、この巣穴に頭を突っ込むくらいに激しく追うこともあった。これならば種間関係を調査できるのではないかと思い、コウライトラギスとその生息場所周辺に生息している魚たちを観察していた。

　しかし、同じ個体同士でも、今、追いかけたかと思えば、次の瞬間には、互いにまったく無関心に通りすぎたりと、ずいぶんあいまいな行動しか見ることができなかった。あいまいな行動というのは、観察者、つまり私自身がその行動を理解できていなかっただけで、実は一見あいまいに見えることこそが大事なことだったのかもしれないのだが、どうにも手がかりがつかめなかった。種間関係を調べるにしても対象とする生物の生活史を明らかにしておくことが必要だろうと考え、まずはコウライトラギスの暮らしを見始めることにした。しかし、その後も種間関係についての手がかりを見つけることはできず、結局、これをきっかけにコウライトラギスの社会を詳しく調べることになっていった。

4-2-2　はじめの半年

　調査対象も決まり、実際に調査を始めるにあたって、調査区の設定をしなければならない。当時、大学院での指導教官だった柳沢康信さんに、50m×50m程度の区域を調査区としてはどうかとアドバイスを受けた。柳沢さんは御荘を調査地として長い間使っていたので、コウライトラギスのことも知っ

4-2 研究テーマが決まるまで

ているだろうから，調査にはそれくらいの大きさが必要なのだろうと思い，あまり深く考えずにアドバイスにそのまま従った。ただし，調査地では，生息場所が帯状に広がっていたので，同じ面積くらいの調査区を作ろうと考え90m×30mの範囲に位置関係が把握できるよう碁盤目状にロープを張って調査区域とした。ところが，この調査区内をセンサスしたところ，雄だけでおよそ90個体も生息していた。コウライトラギスの雄が維持しているハレムには，2～3個体の雌が見られる。とすると，調査区全体では300個体ほどが暮らしていることになる。いくらなんでも，これらをすべて個体識別して追跡するのはとても無理だというくらいの判断はついた。そこで，この調査枠の中の30m×30mの区域を調査することにした。結果として周囲にどれくらいのコウライトラギスがすんでいるのかわかってよかったのかもしれないが，今から思えば，もう少し考えて行動できなかったのか我ながら情けない。しかし，この後経験する個体識別の苦労に比べれば，こんなことはたいしたことではなかった。

　動物の暮らしを調べるには，それぞれの個体がどのような振る舞いをするのかを明らかにしていく必要がある。特に，繁殖相手やなわばり争いの相手など，個体間の関係を明らかにするには，観察しているすべての個体をそれぞれ識別することが必要になる。調査の下準備で一番苦労したのが，この個体識別だった。このために半年も費やしてしまった。なかなかよい方法に巡り会えなかったので，そのとき知りえた個体識別方法をすべて試みるはめになった。初めに個体ごとの色彩変異で個体識別できないかと調べてみた。雄については，頭の後ろの模様で個体識別できそうだったが，雌については，いまひとつはっきりした模様を見つけることができず，他の方法を考えなければならなかった。そこで次に試したのは，アクリル絵具を皮下に注射して個体識別する方法だ。絵具をうまく皮下注射できたら，ちょうど入れ墨をしたようになって，絵具の色や注射する場所の組み合わせを使って標識することができる。しかし，私のやり方では，色素を注射した部分の組織が大きく脱落して色素が残りにくく，脱落した部分が再生すると標識前の状態に戻ってしまい，標識できなかった。実はコウライトラギスでも絵具の希釈度合いによってはうまく標識できるのだが，それを知ったのは，ずっと後になってからのことだった。

その次に，さまざまな色のビーズを背鰭に付けることで個体識別を試みた。うまくいけば棘に付けるビーズの色の組み合わせで個体を識別することができるはずだった。捕獲した個体をいったん岸辺に持ち帰り，第一背鰭の棘にさまざまな色のビーズを瞬間接着剤で止め，標識した個体は捕獲した場所に放した。しかし，翌日いってみると，調査区内は取り返しのつかない状態になっていた。標識したはずの個体がまったくいない。よく探してみると，ビーズを付けた個体のうちの何個体かが物陰に隠れるようにじっとしていた。おそらく，標識に使ったビーズでは，コウライトラギスには負担が大きすぎて，カサゴなどの魚食性の魚に捕食されてしまったのだろう。個体識別ができないだけなら，個体識別の方法を改良すればよいのだが，調査の影響で調査区内の個体がいなくなってしまったのでは，同じ場所で調査を続けるわけにはいかない。そこで新たに調査区を選び直さなければならないはめになってしまった。

これらの個体識別方法を試し終えたころ，同じ調査地で研究を進めていた松本一範さんの指導教官で，その後，私自身も学生としてお世話になった幸田正典さんが調査地にきていた。標識がうまくいっていないという話をしていると，セダカスズメダイの調査をしたときには，背鰭の棘を抜いて標識していたので，この方法を試してみてはどうかとアドバイスを受けた。背鰭の棘が多ければ，棘を抜く場所の組み合わせを工夫すればたくさんの個体を識別することができる。また，棘は根本まできちんと抜けば再生してこないから，標識が消えることはないという。

そこで，背鰭の鰭条を抜いて標識をしてみた。魚の鰭を櫛で例えると，櫛の歯が鰭条で，櫛の歯を膜でつないだら鰭になる。鰭条を抜いた鰭というのは，歯の欠けた櫛を想像してもらうとわかりやすいだろう。この方法だと鰭がずたずたになってしまうかのように思えるが，鰭条を抜いた所は鰭膜が再生して鰭条だけが抜けた鰭になる。これなら魚の行動には大きな影響はなさそうだ。実際試してみると，魚が弱ったりすることもなく，標識の確認も大変簡単だった。そもそも好奇心が強く，人からあまり逃げない魚なのだが，海底に座っているコウライトラギスにゆっくりと顔を近づけていくと，逃げるどころか，緊張してすべての鰭を広げてくれるので，どの鰭条が抜けているのか簡単に数えることができた。また，この方法なら性転換に伴う体色の

4-2 研究テーマが決まるまで

変化でも個体を間違えることもない。一度付けた標識は，その個体が生きている間ずっと有効だからだ。実際，性転換に伴う移動で何ヵ月かぶりに現れる個体に対しても，引き続いて個体識別できた。この生涯にわたって有効な標識方法は，コウライトラギスの性転換を3年にわたって継続的に調査するうえで大きな力となった。

　潜水調査で利用できる標識方法は，私が試したほかにもいろいろある。個体識別くらいのことで，半年も費やすことなどないよう，これから調査を始めようという方は，材料の魚にふさわしい識別方法を十分に下調べしておくことをお勧めしたい（桑村，1996）。

　このように，潜水調査を始めてからいろいろと試行錯誤を繰り返した。最終的に20m四方の調査区を作り直し，行動観察のために調査区内の詳細な地図を作成し，個体の標識も終わって，実際に継続的なデータを取り始めたときには，大学院修士1年の秋も終わろうとしていた。

4-2-3　性転換の観察

　最初に性転換を観察することができたのは，調査を始めた2回目の夏だった。1年目の夏は，個体識別を試行錯誤していた最中で，性転換を確認するどころではなかった。そもそもそのころは種間関係に関心があって，性転換を調べようとも思っていなかったし，性転換が簡単に見られるとも思っていなかったので，注意が及ばなかったのだろう。

　個体識別もできて観察を続けていたある日，産卵を観察していると，それまで雌だった個体が，自分のハレムから出て，他の雄がなわばりとしていない場所で，すっかり雄の体色をしているのを見つけた。繁殖相手だった雄がいるのに，ハレムから離れて性転換していたのである。

　何の前ぶれもなく性転換が起こったので，舞い上がっていたのだろう。早速，捕まえて体色の変化に伴って生殖腺が卵巣から精巣へと変化したかどうかを確認しようと考えた。しかし，生殖腺を詳しく調べるには，観察個体を殺さなければならない。生殖腺を調べようかどうか迷ったあげく，再び柳沢さんに相談したところ，自分たちの研究は，性転換の生理的な変化の過程を調べているのではないのだから，継続して観察を続けるようアドバイスを受けた。結局，性転換した個体を捕まえるのは思いとどまり，観察を継続する

ことにした。野外で生きものの暮らしを見るという研究をしているのに，それを中断しようとは，なんとセンスのないことか。後日，コウライトラギスの体色変化と生殖腺の変化に対応関係がある（小林ほか，1993b）ことを知ることになる。

　簡単には見ることができないと思い込んでいた性転換だったが，その後観察を続けていると，繁殖期が終わる8月末ころから12月にかけて，雌から雄へと性転換する個体が次々と現れた。ほとんどの場合，最初の確認例と同様に，繁殖相手がいるにもかかわらず性転換していた。なかには，性転換した個体の繁殖相手だった雄が他の雌とまだ産卵を続けていることもあった。このようなコウライトラギスの性転換は，これまでに知られているハレム型一夫多妻の魚類の性転換とは事情が異なるようだ。どう異なるのか，まずは，これまで知られている性転換について説明しておこう。

4-3　魚類の性転換

4-3-1　ハレム型一夫多妻の魚類の性転換

　これまでに300種を超える魚類で性転換が起こることが知られている（余吾，1987）。魚類の性転換には，雌から雄（雌性先熟），雄から雌（雄性先熟），どちらでも（双方向性転換）というように，あらゆる方向への性転換が知られている（中嶋，1997）。性転換する個体は，特定の体長・年齢になったからといって性転換するというものではない。いつ性転換するのかは，個体の社会的地位によって決まることが知られており，「性転換の社会的調節」とよばれている（Robertson, 1972）。個体のおかれた社会的地位は，その配偶システムによってさまざまなので，性転換の方向性やタイミングはその配偶システムと密接にかかわっている（詳しくは柳沢，1987；中嶋，1997を参照のこと）。

　コウライトラギスの配偶システムは一夫多妻で，ハレムが形成される。ハレムというのは，雄が他の雄から複数の雌を防衛する集団をいう。雄は他の雄に対して，配偶相手となる雌を防衛するので，雄のなわばり内に雌の行動圏が含まれるようになる。このようなハレムを維持している雄をハレム雄とよぶ。ハレムのような一夫多妻の配偶システムでは，雌から雄への性転換が見られる。大型の雄が雌を独占するような配偶システムでは，小型の雄は配偶者の獲得が難しく，その結果繁殖できないことが多い。このような状況で

も，雌であれば，小さいとき（若いとき）にも繁殖できる。一方，成長して（年をとって）複数の雌を独占できるような大きさになったら雄として繁殖したほうが，雌でいるよりも多くの子を残すことができる。雌だと自分の産む卵数が受精可能な配偶子数になるが，雄であれば，複数の雌の産む卵を受精させられるからだ。したがって，生涯雄として繁殖を続ける個体や生涯雌として繁殖を続ける個体よりも，小さなときは雌として，大きくなれば雄として繁殖した個体のほうが，より多くの子どもを残せることになる。このため，ハレムのような一夫多妻の配偶システムの魚類では，雌から雄への性転換が進化したと考えられており，その理論は「体長有利性モデル」(Warner, 1984)としてよく知られている。

　ここでハレムと一括りにしたが，魚類のハレムにはハレム内の雌の社会関係の違いから3つのタイプが知られていている。ハレムのタイプによってどのような社会状況で雄が雌を独占できるのかが異なるので，性転換のタイミングを検討する場合，ハレムのタイプに注目する必要がある。この3タイプのハレムは，(1) なわばり型ハレム，(2) 行動圏重複型ハレム，(3) 群れ型ハレムとよばれる（桑村, 1988; 坂井, 1997）。なわばり型ハレムでは，雌は単独生活し，ハレムの雌同士がなわばり関係にある（図4-3a）。それに対し，行動圏重複型ハレムでは，雌は単独生活しているが，その行動圏が重複する（図4-3b）。これら2つはハレムとして理解しやすいが，群れ型ハレムでは少し様子が異なる。群れ型ハレムでは，雌が群れあるいは群がりを作って生活している。ただし，群れ型ハレムの見られるキンギョハナダイでは複雄群を形成することがあり，この場合，1つの群れに複数の雄と雌がいる。このことを考えると，キンギョハナダイのような社会は基本的には複雄群で，群れ型ハレムは，その雄が1個体の場合ととらえるのが妥当かもしれない。こうした事情から，群れ型ハレムは，なわばり型ハレムや行動圏重複型ハレムと

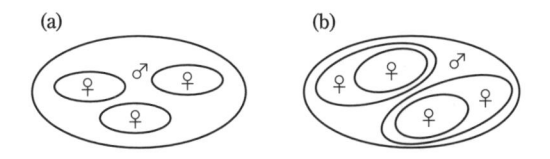

図4-3　なわばり型ハレム (a) と行動圏重複型ハレム (b) の模式図

同列に扱うことが難しいので，この章では，なわばり型ハレムと行動圏重複型ハレムを中心に話を進めていくことにする．

4-3-2 行動圏重複型ハレムにおける性転換

コウライトラギスではなわばり型ハレムが見られるので，なわばり型ハレムでの性転換の起こり方をはじめに紹介したいのだが，なわばり型ハレムの見られる性転換魚類についての研究はわずかしかない．また，ハレム型一夫多妻の魚類の性転換についての詳細な研究は，ホンソメワケベラやキンチャクダイ類などの行動圏重複型ハレムの魚類を中心にして行われてきたので(坂井，1997)，こちらから先に説明しよう．

行動圏重複型ハレムでは，ハレム内の雌の行動圏は重複し，ハレム内の雌間に順位関係が見られる(図4-3b)．すべての雌が重複した行動圏をもつわけではなく，体長の異なる雌同士では行動圏が重複するが，体長が同じくらいの雌は互いになわばり関係になるという体長差の原理が知られている(Kuwamura, 1984; 桑村，1987)．このため，ハレム内に雌集団が複数存在することもある．

行動圏重複型ハレムが見られる魚類での性転換の起こり方には，(1) 後継性転換，(2) 独身性転換，(3) ハレム分割性転換が知られている(坂井，1997)．ハレム内の社会状況，ハレムの密度の違いによってどのタイプの性転換が起こるかが変わる．後継性転換は，ハレム雄が消失した後，ハレムにいる最大で順位が最も高い個体が性転換し，ハレムを引き継ぐという性転換である(図4-4a)．ハレム雄が消失したのだから，残された最大の個体にとっては競争相手がいなくなり，雄として雌を獲得できる状況になったといえる．坂井 (1997) も指摘しているように，ハレム型一夫多妻の魚類では，ハレムのタイプにかかわらず後継性転換が一般的だと考えられてきた．

後継性転換ではハレム雄の消失後に性転換が起こるのに対し，残りの2つのタイプではハレム雄がいるにもかかわらず雌が性転換する．独身性転換は，ハレムの密度が高い状況で見られる．大型の雌が繁殖を中断してハレムをいったん抜け出し性転換する．そして単独雄として近隣のハレム雄の消失を待ち，ハレム雄の消失後にそのハレムを引き継ぐという性転換である(図4-4b)．ハレムが高密度に分布している場合，近隣のハレム雄が消失する可能性が高

4-3 魚類の性転換

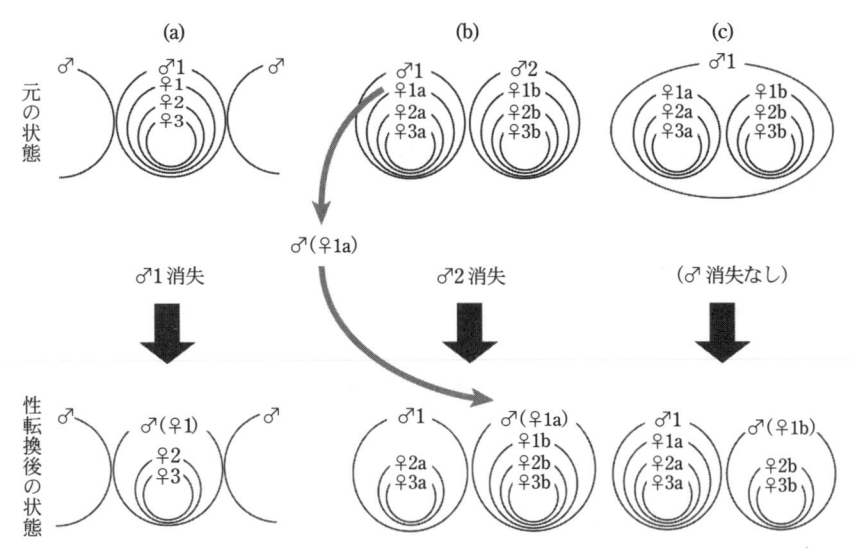

図4-4 行動圏重複型ハレムで知られている性転換の起こり方。(a) 後継性転換，(b) 独身性転換，(c) ハレム分割性転換。♂(♀1a)は，♀1aが性転換したことを示す。♀1，♀2，♀3は雌の順位を示す

くなるので，このような性転換をしてもハレム雄になる機会がある。ハレム分割性転換は，ハレム内に雌集団が2つ以上存在しているときに起こる。ハレム内の大型の雌が，雌集団の1つを獲得してハレムを形成することで，元のハレムを分割するという性転換である (図4-4c)。

このように，行動圏重複型ハレムに見られる3つのタイプの性転換は，どの場合も，性転換した個体が既存のハレムの雌集団を獲得してハレムを形成している。どの雌集団を獲得できそうかによって，違ったタイミングで性転換が起こるのである。

4-3-3 なわばり型ハレムに見られる性転換

先にも触れたように，なわばり型ハレムは，雌が他の雌に対してなわばりを維持し，雄は複数の雌のなわばりを防衛するというタイプのハレムだ (図4-3a)。そのため，雄のなわばりが雌のなわばりで分割されたように見える。なわばり型ハレムが見られる性転換魚類については，コウライトラギスを含

むトラギス科 (Stroud, 1982; Nakazono et al., 1985; 大田, 1986; Clark et al., 1991)，ベラ科テンス属 (Nemtzov, 1985; Victor, 1987)，キツネアマダイ科 (Baird, 1988)，モンガラカワハギ科 (Takamoto et al., 2003) などで調査されている。しかし，これらの論文で性転換の起こる社会的状況については十分に議論されてはいない。

　コウライトラギスでは，雌だけを水槽に入れると性転換が起こることが確認されている (Nakazono et al., 1985; 小林ほか, 1993b)。しかし，性転換が起こる状況を個体識別して詳しく調査したものはなく，サンプリングや短期の調査に基づく例しかない (Nakazono et al., 1985; 大田, 1987; 小林ほか, 1993a)。このうち，鹿児島県坊津で行われた調査 (Nakazono et al., 1985) を紹介しておく。坊津の個体群は，1歳の雌と2歳の雄とで構成されている。繁殖期は5〜9月で，繁殖期後11月になると2歳雄たちが消失し，1歳の個体が性転換していた。このことからNakazono et al. (1985) は，コウライトラギスでは繁殖期後に何らかの原因で雄が消失し，それが引き金となって雌が性転換しているのだろうとしている。しかし，これはサンプリング調査から推測された議論なので，実際に雄の消失が性転換のきっかけになっているかどうかは不明である。

　なわばり型ハレムでの性転換の起こり方について，なかでも詳細な記載があるのはダンダラトラギスの例だろう。Stroud (1982) は，オーストラリアのグレートバリアリーフで，ダンダラトラギスの性転換について野外で追跡調査とハレム雄の除去実験を行い，性転換の起こり方を記載した。この論文では深く掘り下げた議論はしていないのだが，性転換の起こる状況について他に詳しい情報もないので，このダンダラトラギスの性転換の事例を詳しく見ておくことにする。

　ダンダラトラギスでは，繁殖期 (8〜3月) にも非繁殖期にも性転換が観察された。自然状態で観察された5例の性転換のうち4例では，雄の消失が性転換のきっかけとなっていた。この4例の内訳は以下のとおりである。周囲に他のハレムがない孤立ハレムで，雄の消失後に1個体の雌が性転換してハレムを引き継いでいるのが，繁殖期と非繁殖期に1例ずつ。ハレムが隣り合って存在する隣接ハレムで，雄の消失後に，元のハレムの一部または全部を引き継ぐ形でハレムが形成されるのが繁殖期に2例あった。雄の消失を伴わ

ない1例は，非繁殖期に雌が性転換し，ハレムを分割して新たにハレムが形成されていた。また，Stroud (1982) はハレム雄の除去実験も行っている。除去は，非繁殖期に，孤立ハレムで3例行われた。2例ではハレムの中の最大の雌が1個体だけ性転換し，1例ではハレム内の雌が2個体性転換して，元のハレムを分割する形でハレムが形成された。

　Stroud (1982) は，ハレム雄の除去実験によって雌の性転換を引き起こすことができることから，ダンダラトラギスでも雄の存在が大型の雌の性転換を妨げていると考えた。つまり，行動圏重複型ハレムでの後継性転換と同様なものと考えているのだ。また，雌同士の社会関係についても，体長依存の優劣関係があることから，行動圏重複型ハレムのようにハレムの個体間に順位が見られ，雄の消失に伴って最高位の雌が性転換をするとStroudは考えた。しかし，ハレムの個体間に優劣関係があるからといって，それだけで順位関係が成立しているとは簡単にはいえないだろう。ダンダラトラギスでは，雌間に優劣関係はあるが，劣位の雌でもなわばりを維持しており，大型の優位な雌であっても劣位個体のなわばりに侵入することはできない。つまり，劣位個体であっても，自分のなわばり内では，優位個体よりも強いのである。それに対し，行動圏重複型ハレムでの順位関係では，優位な雌と劣位な雌の行動圏は重複しており，劣位な雌は常に劣位である。雌間の闘争で体長に準じた優劣関係があるからといって，それが順位関係であると議論するのは早計といえよう。この点を十分考慮できなかったことが，ダンダラトラギスの性転換についての議論の発展を妨げてしまったようだ。

　もう1例，なわばり型ハレムの見られるベラ科テンス属のヒラベラについて，野外での雄除去実験と水槽実験 (Nemtzov, 1985) を紹介しておこう。隣接ハレムでハレム雄を1個体除去しても，どういうわけか，雌は性転換しなかった。そこで，コロニーの雄すべてを除去したところ性転換が見られた。また，水槽に雌だけを複数入れると最大の雌が性転換した。Nemtzov (1985) は，これらの結果からヒラベラでも性転換の社会的な調節がきいているだろうと議論している。しかし，なぜハレム雄の除去に対して性転換が見られないのかとか，なぜコロニーのすべての雄を除去したら性転換が起こるのかについては言及していない。

　なわばり型ハレムでの性転換の起こり方を見ると，行動圏重複型ハレムの

後継性転換と同じように見える例も多い。後継性転換はハレムで起こる性転換の基本と考えられてきたことからすれば，なわばり型ハレムでも，同様の性転換が起きていると結論づけてしまうのもやむを得なかったのかもしれない。

しかし，これらの議論だけでは，私の調査で見られたような，ハレム雄が存在するにもかかわらず繁殖期の終わりころから次々と雌が性転換するような状況は理解できない。また，ダンダラトラギスやヒラベラでも説明のつかない性転換例もある。そこで，コウライトラギスの配偶システムと性転換個体の出現状況を検討し，なわばり型ハレムという社会状況ではどのような性転換が起こるのか考えてみることにする。

4-4 コウライトラギスの配偶システム

4-4-1 なわばり型ハレムとなわばり行動

コウライトラギスにはなわばり型ハレムが見られ，それは調査地でも同様だった (Nakazono et al., 1985; 大田, 1986; Ohnishi et al., 1997)。雌は互いになわばり関係にあり，行動圏は重複しない（図4-5）。雌のなわばり防衛はそれほど頻繁ではないが，侵入してきた雌に対して，横並びになって，鰭を広げて尾を振って体側誇示 (lateral display) をして侵入者を追い払う。雌のなわばりの機能ははっきりしないが，特定の産卵場所やねぐらをもたないので，おそらく餌なわばりだろう。コウライトラギスは砂地や石の上にいるヨコエビやゴカイの仲間などを食べているので，餌生物の棲み場所を防衛すること

図4-5 コウライトラギスの行動圏の分布。白抜きが雄の行動圏，グレーが雌の行動圏を示す。雄の行動圏は産卵時刻のものなので，隣接するハレムへの侵入が見られ，隣接する雄の行動圏，隣接するハレムの雌の行動圏と重複している。しかし，配偶相手は繁殖期を通じて安定している (Ohnishi et al., 1997より改変)。

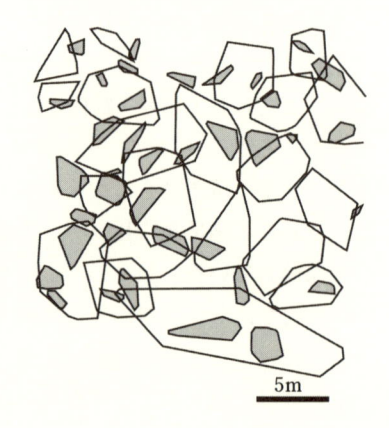

で餌の確保になっているだろう。トラギス科魚類 (Stroud, 1982; Nakazono et al., 1985; 大田, 1986; Clark et al., 1991; Ohnishi et al., 1997) だけでなく，このような底生生物を餌にするキツネアマダイ科の1種 *Malacanthus plumieri* (Baird, 1988)，ツマジロモンガラ (Ishihara & Kuwamura, 1996)，シマキンチャクフグ (Gladstone, 1987) でもなわばり型ハレムが見られる。

　ハレム雄は複数の雌のなわばりを囲むようにしてなわばりを守る (図4-5)。ハレムは互いに隣接しており，20m四方の調査区内はほぼ全域がハレムで埋め尽くされた状態だった。雌は，すべて，いずれかのハレム雄と産卵していた。雌を獲得できない雄もまれにいたが，なわばりを維持している雄は，ほとんどが配偶相手を確保していた。

　雄のなわばり防衛行動は雌よりも頻繁に見られる。雄は，なわばり防衛に2タイプのディスプレイを使っていた。侵入個体が近くにいるか遠くにいるかでディスプレイを使い分けているようだ。侵入個体が近くにいる場合，雄は侵入してくる個体に対して，腹鰭で腕立て伏せをしているように体を上下させる。この段階で侵入してきた雄が自分のなわばりに戻ることもあるが，そのまま侵入してくることもある。すると，侵入された側は侵入してきた雄の所までいき，互いに正面を向き合って鰓蓋を広げ，さらに体に直角になるように胸鰭も広げて，正面から見たときの自分の大きさを誇示するようにしてにらみ合う。それでも侵入した雄が戻らない場合，今度は横に並んで，背鰭，臀鰭，尾鰭をめいっぱい広げて尾鰭を震わせ，体側誇示をする (図4-6)。侵入が長引けば，最後には直接つつくこともある。しかし，ほとんどの場合，直接攻撃になる前に侵入者は自分のなわばりに戻る。

図4-6　コウライトラギスの雄の体側誇示 (lateral display)。奥の個体が手前の個体に対してディスプレイをしている (写真提供：平田智法氏)

侵入個体が遠距離にいる場合には、遠くにいても見やすい方法でディスプレイをする。このディスプレイは「しゃちほこ」のように逆立ちするような格好なので、私はしゃちほことよんでいた。魚が実際にしゃちほこ立ちしている写真を載せたいのだが、この行動は産卵時間帯に見られる行動だったので、その時間、産卵行動を観察していて残念ながらこの写真はもっていない。初めてこの行動を見たときは、いったい何をしているのか見当もつかなかった。雄を観察していると、突然しゃちほこの姿勢になる。何かのディスプレイだろうと思っていたのだが、その周囲には雄も雌も他の個体は見当たらず、何をしているのか理解できなかった。ところが、ある日観察していると、雄がこの行動をしているときに遠い所で雄が侵入していた。やはりこの行動は、侵入してくる雄に対するディスプレイだったのだ。ハレム雄は、他の雄が侵入してきたことに気づいたときに、その距離によって警告のディスプレイを使い分ける。腕立て伏せにしてもしゃちほこにしても体を垂直方向に動かすディスプレイなのは、平面に暮らす彼らにとって垂直方向に動作することがわかりやすい信号だからなのだろう。そしてより遠方の個体に信号を送るためには、より大きな上下の動きが必要なのだろう。

4-4-2 産卵行動

調査地ではコウライトラギスは5月から8月にかけて産卵していた。ハレム雄はハレムの各雌とペア産卵をする。繁殖期中、雌は1週間に5～6日く

図4-7 生殖腺指数（生殖腺重量/（体重－消化管内容量）× 100）の月別変化。毎月約30個体の採集標本から算出した平均値と標準偏差を示す（Ohnishi, 1998より改変）

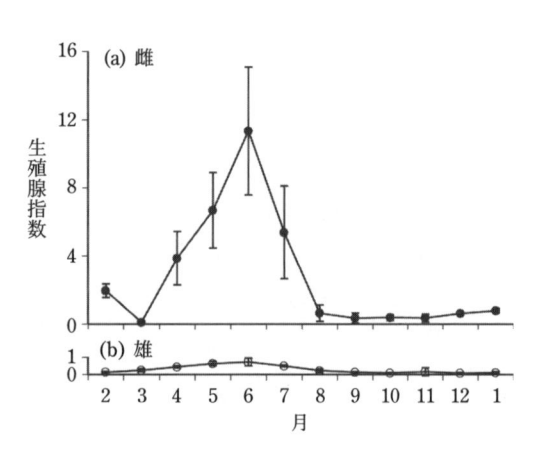

4-4 コウライトラギスの配偶システム

図4-8 コウライトラギスの求愛・産卵行動。雌に求愛する雄 (a) と，ペアが産卵のジャンプをする瞬間 (b)（写真提供：平田智法氏）

らいのペースで産んでいた。調査区とは別の場所で毎月30個体を捕獲して生殖腺重量の変化を調べたところ，雌の生殖腺は4月くらいから肥大し始め6月にそのピークを迎える。繁殖期終わりになると急激に小さくなり，8月には非繁殖期と変わらない程度の大きさになってしまう（図4-7）。野外で観察していても，5～7月は産卵前の雌の腹は卵ではち切れんばかりに膨らんでいるが，8月ころになると，産卵は続いていても産卵前の腹部はほとんど膨らまなくなる。これらのことから雌の産卵数は5～7月に多く，8月には減少していることがわかる。

　雄の求愛行動は，日没2時間前ころから始まる。雌が産卵するまで，雄は雌を追いかけたり，上に乗ったり，雌と並んだ状態で体を震わせたりという求愛行動を繰り返す（図4-8a）。この行動に対して雌は雄からちょっと離れたり，体をS字に曲げてはち切れんばかりに膨らんだ腹部を雄に見せたりする。雄は1個体の雌だけに求愛をし続けるわけではなく，ハレムの他の雌の所に求愛にいったり，近隣のハレムに侵入したりしながら，何度も同じ雌の所に戻ってきては求愛を繰り返す。求愛行動は平均して14分ほど続く（Ohnishi et al., 1997）。いよいよ産卵となると，ペアで海底から垂直にジャンプ（平均約70cm）して（図4-8b）。，その頂点で放卵放精する。産卵場所は，何か特徴的な石や構造物があるわけではなく，雌のなわばり内だったらどこ

でもかまわないようだ．産卵が終わると，雌は普段と同じように餌を食い，雄は他の雌の所にいったり隣接するハレムに侵入したりする．産卵が終わった雌に対して，その日，雄は二度と求愛を行わない．

　コウライトラギスのハレムでは，雄がハレムの雌の繁殖を完全に独占できるわけではない．隣接するハレムの雄にスニーキングされることがあるからだ (Ohnishi et al., 1997)．スニーキングとは，ペアで産卵している所に他の雄が飛び込んできて同時に放精する行動を言い，スニーキングする個体をスニーカーとよぶ．スニーキングはさまざまな魚類で見られ，報告例は，これまでに100種を超える (Taborsky, 1994)．

　コウライトラギスではハレム雄が雌との産卵を終えた後に，隣接するハレムのペア産卵にスニーキングしていた．御荘ではコウライトラギスが高密度で生息しているため，ハレム雄が隣接するハレムに侵入してスニーキングしやすい環境であることが一因となっているようだ．もし特定のハレム雄がスニーキングしやすいというのであれば，性転換を考えるうえで考慮していかなければならない．しかし，雄の体長や年齢，ハレムの雌の数などを比較しても，どの雄がスニーキングしやすいとか，スニーキングされやすいとかいった傾向も見られなかった．また，その頻度も1割にも満たない．ハレム雄は自分のハレムの産卵が終わった後に，近隣のハレムで産卵が続いていてスニーキングするチャンスがある場合に，スニーキングによって少しでも多くの子を残しているのだろう．

4-4-3　ハレムの構成

　コウライトラギスのハレムの特徴を，ハレムを構成する個体などについて詳しく見てみよう．繁殖期についてみると，雌は1～2歳（まれに3歳も見られる）で体長60～93 mm (TL)，雄は2～5歳で93～105 mm (TL) で，雄のほうが大きい (Ohnishi, 1998)．雄の体長に近い大きさの雌もいるが，そのような個体はごくまれで，調査地全体で見ても，雄のほうが雌よりも大きい．ここで年齢の調べ方について簡単に説明しておこう．コウライトラギスの場合，鱗を調べると年齢を知ることができる．コウライトラギスでは，木の年輪と同じような年輪が，年に1本，鱗に形成される．個体識別するために捕獲したときに，数枚鱗をはがして持ち帰り実体顕微鏡で観察し鱗の年輪を数え，

4-4 コウライトラギスの配偶システム

年齢も査定した。ただし，大型の個体では年輪が不明瞭になり判別しにくくなる。

ハレムには1〜5個体，平均すると2.5個体の雌が見られた。繁殖期中は，ハレムを構成するメンバーの入れ替わりはほとんどなく，あるとしてもハレム雄が消失したときくらいだった。ハレム雄が消失した場合，残った雌が性転換することはなく，周辺のハレムに加わり雌のまま繁殖を続けた。ハレムのメンバーに変化がないのは繁殖期内だけで，次の繁殖期に同じメンバーでハレムが構成されることはない。2年続けて雌として繁殖した41個体のうち，同じ雄と繁殖したのはわずかに4個体だけだった。コウライトラギスでは年間の消失率が6割あり，さらに大型の雌は繁殖期が終わると性転換してしまうので，雌の大部分(59.5〜78.3％)は新たに定着した1歳の個体が占めることになる。このため，翌繁殖期にはハレムのメンバー構成は一新されるといってよい。このように，繁殖期にはハレムの構成メンバーの変化が少ないのに対し，次の繁殖期にはハレムの構成メンバーは大きく変化するという特徴が見られる。これとは対照的に，行動圏重複型のホンソメワケベラやキンチャクダイの仲間では，翌繁殖期でもハレムは同じメンバーで構成されがちである(Kuwamura, 1984; Sakai, 1997)。

ハレムの雌の数は1〜5と大きくばらつく。ハレム雄はより多くの雌を獲得できれば，その分たくさんの卵を受精させることができるので繁殖成功が高くなる。では，どのような特徴をもった雄がより多くの雌を獲得しているのだろうか。いろいろと検討したところ，大きな雄ほどたくさんの雌を防衛していた(図4-9)。雄のその他の特徴とハレムの雌の数との相関は見られなかった。例えば，雄として長い間繁殖を続けていたらたくさんの雌を獲得できるかと考えたが，雄として繁殖期をすごした回数とハレムの雌の数に相関はない。広い範囲を防衛することは必ずしも重要ではないようで，雄の行動圏の面積とハレムの雌の数にも相関は見られなかった。また，大型の雄が大型の雌を獲得しているというようなこともなく，ハレムの雄の体長と雌の体長にも相関は見られない(図4-10)。

ハレム型一夫多妻の魚類で，このように大きな雄がたくさんの雌のいるハレムを維持することができる例は，ツマジロモンガラ(Ishihara & Kuwamura, 1996)，キンチャクフグの仲間(Sikkel, 1990)，アフリカのタンガニイカ湖の

カワスズメ科魚類 (Yanagisawa, 1987; Matsumoto & Kohda, 1998) などで知られている。これらのハレムはいずれもなわばり型ハレムである。これに対して，よく研究されている行動圏重複型ハレムでは，ハレム雄の体長とハレムの雌の数との相関が報告されていない (坂井, 1997)。行動圏重複型ハレムについてのすべての論文で相関がないと明言されているわけではないが，研究論文の多さと精度の高さからいって，この相関がないことは行動圏重複型ハレムに共通の特徴と考えてよさそうだ。この違いに気づいたのは，野外調

図4-9 ハレム雄の体長とハレムの雌の数の関係。●が1992年，○が1993年のデータ。大型の雄ほどたくさんの雌を防衛している (Spearmanの順位相関，両年ともに $p<0.05$) (Ohnishi et al., 1997より改変)

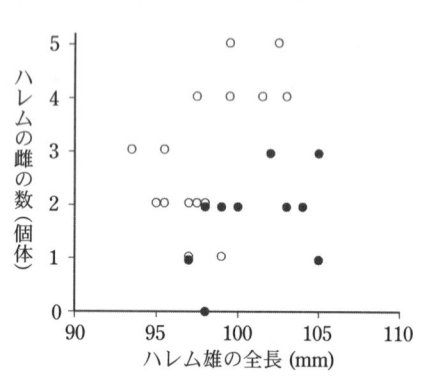

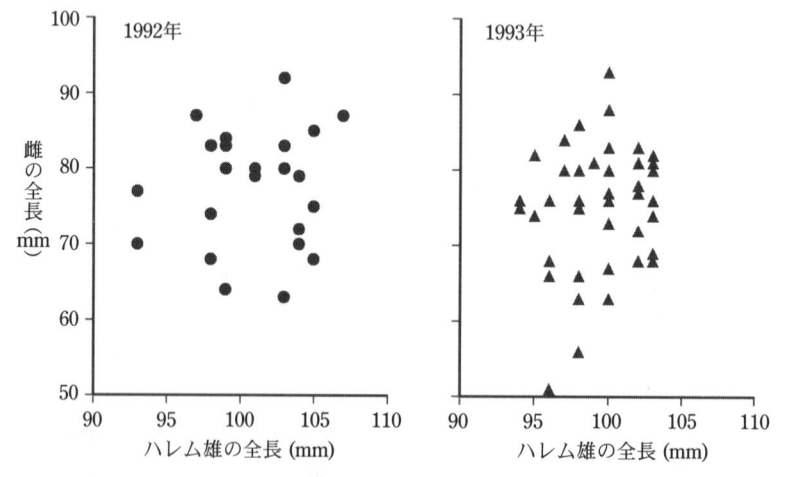

図4-10 ハレム雄の体長とハレムの雌の体長の関係。各ハレムのすべての雌を示した。両年ともに相関は見られない (Spearmanの順位相関，$p>0.05$) (Ohnishi, 1998より改変)

査を終えて大学で論文をまとめている最中のことだった。このことに気づくまでは，なわばり型ハレムと行動圏重複型ハレムの違いを，ハレム内に順位関係があるかどうかだと考えていた。しかし，なわばり型ハレムでは，大きな雄ほどたくさんの雌を獲得できる社会であるという理解が必要だったようだ。この社会状況の違いは，なわばり型ハレムに見られる性転換を考えるうえでの鍵となっていく。

　なわばり型ハレムと行動圏重複型ハレムに，このような違いが生じるのはなぜだろうか。なわばり型ハレムの雌には，ハレム内の雌間にのみ生じる順位のような個体間関係はない。雌は互いになわばり関係にあり，空間的にも独立して暮らしている。同じハレムに属していようが，別のハレムに属していようが，雌間の関係には差が見られない。雌がどのハレムのメンバーになるかどうかは，どの雄のなわばりに含まれるかによって決まるにすぎない。このため，雄は周辺の雄との力関係に従って，個々の雌を奪い合うことが可能になる。例えばコウライトラギスでは，繁殖期にハレム雄の消失した雌は，なわばりを拡大した隣の雄のハレムに所属するようになる。このような雌の獲得過程はテングカワハギ（小北，2001）でも知られている。雌が空間的に他の雌から独立して暮らしているため，雄は雌を個々に獲得することができるのである。実際には，雄の獲得する資源（ここでは雌）から得られる利益（ここでは繁殖成功）と，なわばり防衛コストとの兼ね合いでハレムの雌の数が決まっているのだろう。このようにして，なわばり型ハレムでは，雄の力関係を反映して，ハレムの雌の数が決まってくるのだろう。コウライトラギスでは，体長の大きな個体がより強く，大きな雄ほど多くの雌を獲得できていたと考えられる。

　それに対して，行動圏重複型ハレムでは，ハレム内の雌の行動圏が重複しており，行動圏の重複する雌間には，体長に従った順位関係が見られる（桑村，1987；坂井，1997）。雄が隣のハレムの雌を1個体獲得するために行動圏を拡張したとしたら，それは，隣のハレムのすべての雌の行動圏と重複してしまいかねない。これはハレム雄が隣のハレム全域にまでハレムを拡大した状況に等しい状況で，普通には見られない。隣接するハレムの雄が消失した場合に，このような形でハレム雄が雌集団を獲得することがある（Sakai & Kohda, 1997; Sakai, 1997）。しかし，この場合でも雄が2つの雌集団を安定して維持

することは困難である (Sakai, 1997)。

　また，行動圏重複型ハレムでは，体長が同程度の個体がいた場合は，雌は互いに排他的な関係となり行動圏を重複することができない (桑村, 1987; 坂井, 1997)。このため仮に，隣のハレムから1個体の雌を自分のハレムに連れてくることができたとしても，自分のハレムに同程度のサイズの雌がいた場合，この雌同士がなわばり関係になり，ハレムに雌を加えることは困難だろう。

　このように，行動圏重複型ハレムの社会は，ハレム雄が個別の雌を奪い合うということが困難な社会といえる。ハレム雄の消失後のハレムの再形成の過程を見ても，雌集団の獲得が基本となっている。先に説明した，後継性転換，独身性転換，ハレム分割性転換のいずれにおいても，性転換した個体は，既存の雌集団を獲得することでハレムを形成していたことを思い出してほしい（図4-4）。ハレムを構成する雌集団の獲得という形でハレムが形成されるならば，どの雌集団でハレムを形成するかによってハレムの雌の数が決まることになるだろう。このため雄の体長と獲得できる雌の数に相関が生じないのだと思われる。

　なわばり型ハレムでは，大きな雄ほど多くの雌を獲得できていたが，これはハレムが連続的に分布している場合においてのことである。なわばり型ハレムでも，いくつかのハレムが集まったコロニーがあちこちに離れて分布しているような場合には，雄の形質とハレムの雌の数との間に相関は見られない (Stroud, 1982; Baird, 1988)。ただ，これにはデータの解析方法もかかわっているようだ。

　Baird (1988) が調べたなわばり型ハレムのキツネアマダイ科の1種 *Malacanthus plumieri* には，雄の体長とハレムの雌の数に相関は見られない。Bairdはこの論文で，ハレムがいくつか集まったコロニーが離散的に分布しているのにもかかわらず，すべてのデータを合わせて解析していた。ハレムの雌の数が体長差から生じる雄の力関係によって決まるのなら，この力関係は，直接出会う雄同士でだけ見られるはずだ。ハレムがいくつか集まったコロニーが離ればなれに分布している場合，各コロニー内の雄同士の闘争の結果としてハレム内の雌の数が決まるだろう。それはあくまでコロニー内での出来事で，もしコロニーごとに雄の体長組成が異なれば，個体群全体では雄

の体長とハレムの雌の数の相関がなくなることも起こりうる。個体間関係にどのような傾向があるのかということが問題なのだから、関係の生じていない個体をいっしょにして解析しても意味はない。これは空間的に離散的でも時間的に離散的でも同じことだ。コウライトラギスで雄の体長とハレムの雌の個体数の相関を検出することができたのは、年ごとのデータの解析からである。試しに、1992年と1993年のデータをまとめて解析してみると相関は見られなくなってしまう。

4-5 コウライトラギスの性転換

これまで見てきたように、調査地のコウライトラギスは、連続した生息場所に分布していて、なわばり型ハレムがたくさん隣接した状況にあった。このため、大きな雄ほどたくさんの雌を獲得していた。このような状況で、雌は繁殖期が終わると雄が存在しているなか、次々と性転換をしていた。ではいったいどんな雌が性転換をしていたのか、コウライトラギスの雌が性転換する社会的な状況を検討してみよう。

4-5-1 性転換個体の出現

コウライトラギスでは、体色変化と生殖腺の変化に対応関係が見られるので（小林ほか，1993b）、体色変化をもとにして性転換を判断したのは先に述べたとおりである。実際に観察するまでは、簡単には見ることができないかと思っていた性転換だったが、3年間継続調査をした間に80個体の雌が性転換をした。これは標識した雌の約1/3にあたる。調査地では、繁殖期が終わるころから性転換が始まっていたが、繁殖期であっても水槽に雌だけを入れて飼育すると性転換することが知られている（小林ほか，1993b）。コウライトラギスでは、生理機能の問題から繁殖期に性転換できないのではなく、繁殖期には性転換する状況が生じていないだけだろう。

行動圏重複型ハレムの魚類では、雄の消失後に最上位の雌が性転換する後継性転換が性転換の起こり方の基本と考えられてきた。しかし、調査地のコウライトラギスでは、雄の存在下で性転換していたので、この点を確認しておく。1992年8月から1993年3月の間に性転換した雌は24個体だった（Ohnishi, 1998）。履歴のはっきりしている17個体のうち、16個体（94％）は

ハレム雄の存在下で性転換していた。1個体については，性転換前にハレム雄が消失していたが，体長，性転換時期などについてみても，この個体が他の個体と特に違う点はなさそうだった。また，近隣のハレム雄が消失することで性転換したという雌も見られなかった。

　繁殖期中についてみても，ハレム雄の消失は性転換のきっかけにはならず，雌は性転換せずに繁殖を継続した。1992年の繁殖期中に3個体のハレム雄が消失し，合計6個体の雌が配偶相手を失った。しかし，これらの雌は性転換することなく雌として繁殖を継続していた。なわばりを移動して隣接するハレムに加わった雌が3個体，なわばりを移動せずハレム雄の消失後に移入してきた雄とハレムを形成したのが2個体，不明なのが1個体だった。

　このようにコウライトラギスでは，雄の消失は性転換のきっかけとして必要なく，たとえ雄が消失しても性転換のきっかけにはなっていなかった。性転換の起こる時期や体長を見てみると，繁殖期が終わるころから性転換する個体が現れ始め（図4-11），8〜10月に集中し，その後も続く。性転換したのは，1〜2歳（1例だけ3歳）の80〜93mm (TL) の個体だった（図4-11）。性転換した直後の個体は雌としては大型だが，雄よりはずいぶんと小さい（図4-12）。ハレム雄と闘争になることもあるが，追われる一方で，まだ雄として繁殖に参加することはできない。他のハレムの乗っ取りや引き継ぎも見られない。

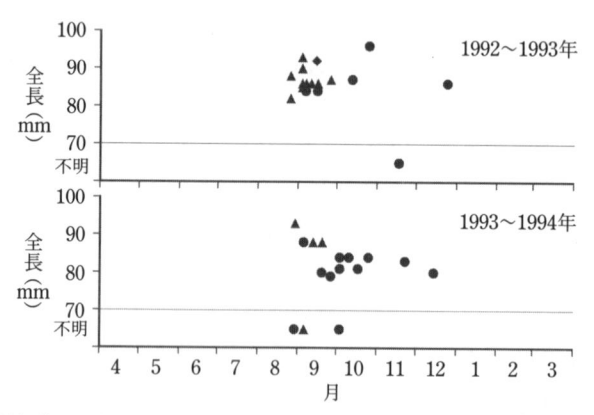

図4-11　性転換した個体が，性転換した日と性転換した体長。●は1歳，▲は2歳，◆は3歳を示す。繁殖期の終わる8月から性転換個体が出現し始め，それは12月ころまで続く。性転換した体長と性転換した日には特に関係は見られない（Ohnishi, 1998より改変）

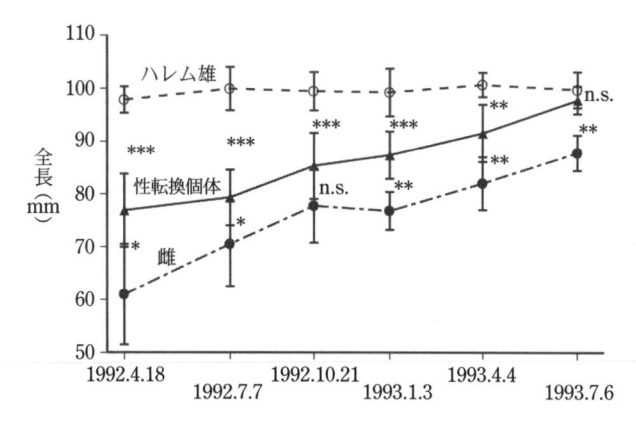

4-5 コウライトラギスの性転換

図4-12 ハレム雄（○），性転換個体（▲），雌（●）の体長の比較。平均値と標準偏差を示す。図には，各測定時のハレム雄と性転換個体，性転換個体と雌の体長の比較結果を示す（Mann-WhitneyのU検定）。*，**，***は有意差が見られた所，それぞれ$p<0.05$，$p<0.01$，$p<0.001$を示す。n.s.は有意差なし。図には示していないがハレム雄と雌は，すべての測定時に$p<0.01$（1992.7.7は$p<0.001$）の有意差が見られた（Mann-WhitneyのU検定）。性転換個体は，性転換の見られる8〜12月にはハレム雄の体長より小さいが，翌繁殖期には同程度にまで成長する。それに対して，性転換個体と雌に成長率に差はないが，雌は翌繁殖期になってもハレム雄や性転換個体より小型である（Ohnishi, 1998より改変）

性転換が起こった時期にまだ産卵している雌がいることもあったのだが，そこにスニーキングすることもなかった。繁殖期中には，すべてのハレム雄が雌よりも大きいため，性転換した時点では，ハレムは獲得できない。

性転換した時点では，ハレム雄よりも小型だった性転換個体たちだが，冬の間成長を続け，翌繁殖期にはハレム雄と同程度にまで成長してハレム雄として繁殖していた（図4-12）。これら性転換した24個体のうち，翌年まで生き残り，ハレムを獲得したのは半分の12個体で，それ以外の個体は消失してしまった。性転換した個体のうち，翌繁殖期まで生き残った個体はすべてハレム雄として繁殖していた。調査区を設置した所は連続的な生息場所であったので，雄の移出と移入は同程度と仮定できる。1993年の繁殖期に移入してきた雄はわずか3個体だったので，消失した12個体の大部分は死亡したと見なしてよいだろう。これらのことから，性転換した個体は翌繁殖期まで生きていれば，成長してハレム雄として繁殖することができるといえそうだ。

4-5-2 性転換のきっかけ

　繁殖期が終わった後に，雄の存在下，大型の雌が性転換し，その後成長して次の繁殖期にハレム雄として繁殖していた。しかし，いったい何がきっかけとなって性転換するのかについては，なかなか見当がつかなかった。大型の雌が性転換するのなら，体長の大きな雌から順番に性転換するのかとも考えてみたが，そのような傾向は見られない（図4-11）。また，1歳の雌には性転換する個体としない個体がいたが，これらの個体間にも体長に有意差はない（性転換しなかった個体の体長77.4mm（TL）±6.6SD, $n=5$, 性転換した個体の体長83.5mm（TL）±3.5SD, $n=8$, Mann-WhitneyのU検定, $p>0.05$）。

　性転換した時期や性転換した体長だけでは，性転換した個体の社会関係を検討しているとはいえない。なぜなら，その個体を社会から独立に扱ってしまっているからだ。性転換が社会状況の変化に対応して起こるのであれば，やはり性転換個体がおかれた社会状況，つまり他の個体との関係を検討する必要があるだろう。

　コウライトラギスでは，雄として繁殖したほうが有利なのはどのような状況なのだろうか。大きな雄ほどたくさんの雌を獲得できる社会なのだから，どの程度の体長なら雄としてハレムを獲得できるかどうかは，周辺にいる雄の大きさとの相対的な関係で決まるはずだ。雌は性転換した時点では雄よりも小さいが，翌繁殖期までに平均的な雄の体長に成長できるのであれば，平均的な雌の数（2.5雌）のハレムを獲得することが期待される。この場合，雌として繁殖を続けるよりも，性転換したほうが，その個体の繁殖成功は高まることになる。もし翌繁殖期の雄の体長の指標があるのだったら，それをもとにして性転換をするかどうかの判断ができるのではないだろうか。

　では，その指標となるのは何だろうか。性転換に踏み切るかどうかを，雌は何に基づいて判断しているのだろうか。それは，やはり雄の体長なのではないだろうか。雄の体長を指標として，自分の相対的な大きさを比較して性転換するかどうかを判断しているのではないだろうか。そのとき，比較の相手となるのは，周辺にいる雄，つまり自分のハレム雄や隣のハレム雄だろう。雌は互いになわばり関係にあり，自由に動き回れるわけではない。そのような状況では，自分の配偶相手の雄か，時折侵入してくるハレム雄としか出会うことはないからだ。この予想は，新たな観察をしたり実験をしたりしなく

ても，既にあるデータで検討することができる。もし，雌が自分のハレム雄との相対的な体長を基準に性転換をするかどうかを決めているならば，雌とハレム雄の体長には何らかの関係が見られるはずである。

4-5-3 なわばり型ハレムでの相対的な体長に基づいた性転換

そこで，雌が性転換したときの体長を，ハレム雄や周辺の雄の体長と比較してみた。1歳の雌と2歳の雌では体長が異なるので，これを分けて分析した。その結果，ハレム雄の体長と雌の体長に相関がないにもかかわらず（図4-10)，予想どおり1歳で性転換した個体では，性転換時の体長はハレム雄の体長と相関が見られた（図4-13）。つまり小さめの雄のハレムの雌はやや小さな体長で，大きな雄のハレムにいる雌は大きな体長で性転換していたのである。

それまでコウライトラギスの性転換については，繁殖期が終わると大きな雌が性転換するという漠然とした印象しかなかった。しかし，大きな雄ほどたくさんの雌を獲得できるという社会状況に対応し，雌はハレム雄の体長を基準にして性転換していることが明らかになり，コウライトラギスの性転換の解明に見通しがついたように思われた。コウライトラギスの社会関係，つまり彼らの個体間関係が理解できたように思えた瞬間だった。

性転換したときの体長は所属していたハレム雄に対してだけ相関が見られ，隣接ハレムの最大の雄や最小の雄の体長とは何ら関係が見い出せなかっ

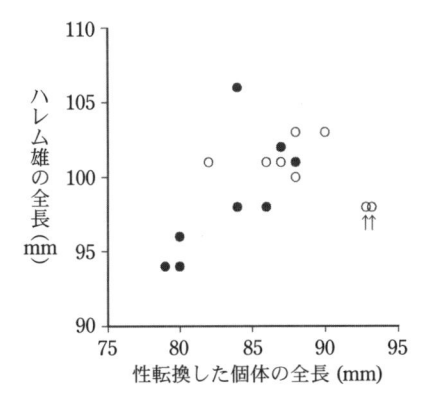

図4-13 性転換した個体の体長とハレム雄の体長との関係。●は1歳で性転換した個体，○は2歳で性転換した個体。1歳で性転換した個体の体長には，ハレム雄の体長と相関が見られた（Spearmanの順位相関，$p<0.05$）。矢印については本文参照（Ohnishi, 1998より改変）

た (Ohnishi, 1998)。また,性転換した1歳雌と,性転換しなかった1歳雌のハレム雄の体長を比べても,雄の大きさに有意差は認められない (性転換した雌のハレム雄の体長100.8 mm (TL) ± 4.0, $n=5$, 性転換しなかった雌のハレム雄の体長98.6 mm (TL) ± 4.2, $n=8$, Mann-Whitney の U 検定 $p>0.05$)。性転換したかしなかったかで体長に有意差はなく,ただ,性転換した雌とハレム雄の体長差と,性転換しなかった雌とハレム雄の体長差にのみ有意差が見い出される (性転換した雌の体長差15.1 mm ± 3.0, $n=8$, 性転換しなかった雌の体長差23.4 mm ± 7.1, $n=5$, Mann-Whitney の U 検定 $p<0.05$)。雌が性転換するかどうかの基準としているのは,自分自身の体長でも,ハレム雄の体長でもなく,自分の体長とハレム雄の体長の差なのである。1歳で性転換した個体では,繁殖期の終わりもしくは繁殖期が終了した時点で,ハレム雄の体長を基準にして,自分が相対的にある基準より大きくなった場合に性転換していたと考えられる。この基準で性転換するなら,雄の消失が性転換のきっかけとはならないことも理解できる。コウライトラギスでは,このような形で性転換が社会的に調節されていたのだ。

　コウライトラギスの場合,雌が性転換に踏み切るハレム雄との体長の相対値 (相対体長閾値) は,幅はあるもののハレム雄の約86％であると思われる。ハレム雄との体長の相対値で性転換を判断するこのプロセスを,性転換の「相対体長閾値仮説 (relative size threshold hypothesis)」とよぶことにしたい。

　これですべて説明がつけばいいのだが,1歳より大きい2歳で性転換した個体には,性転換したときの体長とハレム雄の体長との相関が見られなかった。2歳で性転換した個体は,ハレム雄に対する体長閾値とは違った基準で性転換しているのだろうか。1歳の個体と2歳の個体では何が違うのだろう。

　2歳で性転換した個体には大型の雌が含まれている (図4-13矢印)。しかし,雌としては大型であっても,ハレム雄よりは小さい。この体長の個体が繁殖期に性転換したとしても,ハレム雄として雌を獲得することは期待できそうにない。コウライトラギスでは大きな雄ほどたくさんの雌を防衛することができた (図4-9) が,この図4-9を見ると,性転換の起こっている80〜93 mmという体長の雄では,複数の雌を防衛することは困難だろう。つまり2歳の大型雌は,繁殖期中に性転換してしまうと雄としても雌としても繁殖できな

い状態に陥ってしまう。このため，大型雌といえども繁殖期中には性転換しないのだろう。このような個体は，すでに相対体長閾値を超えているので，繁殖期が終わるころに性転換を始めるのだろう。実際，性転換したなかで最大の個体は，8月30日，9月7日と，比較的早い時期に性転換を開始している。

このように考えれば，雌の大型個体のなかに，相対体長を超えた個体が含まれることが理解できる。このことを考慮すれば，2歳雌でもハレム雄との相対体長閾値を基準に性転換していると考えてよいだろう。2歳の個体では性転換した体長が大きくばらつくため，性転換した体長とハレム雄の体長に相関が見られなかったのだろう。

それに対して，1歳雌で性転換した個体の体長とハレム雄との体長に相関が見られるのは，小さい雌は繁殖期が終わった秋ごろまで成長した結果，相対体長閾値に達して性転換をしているからだろう。

相対体長閾値は，ハレム雄の体長だけを基準にしていた。より多くの雄を評価したほうが雌の相対体長の査定はより正確になるはずなのに，なぜハレム雄だけを相対体長閾値の基準にして，周辺の雄の体長は査定しないのだろうか。調査地では雌のなわばりが隣接しているため，自分のなわばりから出て他のハレム雄に出会うためには，他の雌のなわばりに侵入しなければならない。しかし，雌同士は排他的な関係にあるので，自分のハレムから出て周辺の雄を査定することは難しいだろう。また，自分のなわばりから出て見知らぬ場所をうろつくことは，捕食圧が高くなったりするのかもしれない。このため，雌にとって周りのハレムにどのような雄がいるのかを評価するコストは高くつくのではないかと思われる。このような状況では，体長比較の対象となるのは，自分の繁殖相手であるハレム雄だけになってしまうのだろう。自分の配偶相手のハレム雄しか基準にすることができなかったとしても，そのハレム雄も，その生息場所でハレムを維持して繁殖を続けることができた個体なので，相対体長閾値の基準として有効なのだろう。

性転換した個体は，性転換した時点ではハレム雄よりも小さいのだが，翌繁殖期には他のハレム雄たちと大差ないまでに成長していた（図4-12）。なぜなら，性転換した個体はハレム雄として繁殖を始めるまで成長を続けるのに対して，すでに繁殖しているハレム雄はほとんど成長しないためである。大きな雄ほどたくさんの雌を防衛できるのに，なぜハレム雄は成長しなくなる

のだろうか。一般に，魚類は性成熟後も成長を続けるが，無限に成長するわけではなく，ある程度で成長は頭打ちになるので，コウライトラギスでもそうなのだろうが，確かな理由は不明である。性転換しなかった個体（雌）の成長は，性転換した個体と差はない（図4-12）。このため繁殖期の体長差がそのまま翌年の繁殖期に持ち込まれ，性転換しなかった個体はハレム雄になれる大きさにまで成長できないのである。

ところで，性転換して翌繁殖期にハレムを獲得できるかどうかに影響する要因は，地域個体群内での相対的な体長だけではない。翌繁殖期の雌の数も重要な要因だ。雌の数は，ハレム雄の体長と獲得できる雌の数の関係に影響するだろう。このため，秋の性転換の時期に，雌が定着個体の数もしくは密度を査定している可能性がある。残念ながら，本種の定着個体は転石の隙間に入ってしまうため，個体数の評価が十分にできなかった。この点は，今後の課題である。

4-5-4 他のトラギス類の性転換の再検討

コウライトラギスでの相対体長閾値仮説で，他のなわばり型ハレム魚類の性転換を説明することができるだろうか。残念ながら，この仮説を検証できる情報を示した論文はほとんどない。唯一，なんとか検討が可能なダンダラトラギスの除去実験の結果（Stroud, 1982）を再度見てみよう。

実験は，いずれも孤立したハレムでなされている。ハレム雄を除去すると，最大の雌1個体が性転換したのが2例，2雌が性転換しハレムを分割したのが1例だった。これらの性転換は，まるで行動圏重複型ハレムでの後継性転換やハレム分割性転換のように見える。しかし，ハレム分割性転換は分割型ハレムでのみ起こるのに対し，なわばり型ハレムの場合は，最大雌だけ性転換した場合とハレムが分割される場合を比べても，分割型ハレムと共存型ハレムのようなハレム内の社会的状況の差は見られない。また，雌の数が多いハレムほど分割しやすそうだが，ハレム分割の場合で雌の数が多いというわけでもない。

この実験結果を，相対体長閾値に基づいて雌が性転換した結果であると考えることはできないだろうか。コウライトラギスではハレム雄に対する相対体長を基準に性転換していたが，ここでは，雄除去後，残った雌の相対体長

を考える必要があるだろう。雄除去後，最大の雌は集団内の最大個体になるので，周辺個体との相対体長閾値があるならば，この個体は閾値を超えていることになり，性転換に踏み切るだろう。問題となるのは2番目に大きな雌だ。相対体長閾値に基づいて性転換しているなら，この雌は，最大個体との相対体長を基準にして性転換するかどうかを決めているはずだ。そうならば，雌の体長差を比較してみれば，相対体長に基づいた性転換かどうかを検討できるだろう。

　最大雌1個体だけが性転換した2例では，最大雌と2番目に大きな雌の体長差が5mm, 20mm（体長比では94％, 79％）だった。それに対して，2匹の雌が性転換した1例では，最大雌と2番目の雌の体長差は1mm（99％）と小さく，2番目の雌と3番目の雌の体長差は5mm（94％）だった。さらに雄を除去する前の状況についてみれば，2番目に大きな個体，つまり最大雌が性転換しない状況を知ることができる。ハレム雄と最大雌の体長差は，それぞれ20mm, 16mm, 6mm（体長比83％, 83％, 93％）だった。この差は，最大雌だけが性転換したときの最大雌と2番目に大きな雌との体長差とよく似ている。この程度の体長差がある状況では，ハレムの雌たちは相対体長閾値に達しておらず，性転換せずに雌として繁殖するのだろう。ダンダラトラギスでは例数も少なく，相対体長閾値もはっきりしないが，相対体長閾値に基づいて性転換が起こっていると考えると，ハレム雄除去後，最大の雌だけが性転換したり，雌が2個体性転換してハレムが分割される現象を理解できるのではないだろうか。

　コウライトラギスでは，性転換は主に非繁殖期に起きていた。しかし，ダンダラトラギスの場合，繁殖期にも性転換は見られる。コウライトラギスの繁殖期は5〜8月と4ヵ月だったのに対し，ダンダラトラギスでは，8〜3月と8ヵ月繁殖していた。繁殖期が長期であれば，その間に雌が成長してハレム雄との体長差が小さくなり，繁殖期に性転換してもハレムを分割，防衛できるような状況が生じるのだろう。

4-5-5　なわばり型ハレムと行動圏重複型ハレムでの性転換の比較

　魚類の性転換を個体の適応度の観点から最もうまく説明する理論が，体長有利性モデルである（Warner, 1984）。ハレム型一夫多妻の魚類での性転換の

進化は，このモデルによって説明されてきた．議論を進める前に，もう一度説明しておこう．

　大型の雄が雌を独占するような配偶システムでは，小型の雄は配偶者の獲得が難しく，その結果繁殖できないのが一般的である．このような状況でも，小さいとき（若いとき）に雌であれば繁殖できる．一方，成長して（年をとって）雌を独占できるような大きさになったら雄として繁殖したほうが，雌でいるよりも多くの子を残すことができる．雄であれば，複数の雌と配偶できるからだ．したがって，生涯雄として繁殖を続ける個体や生涯雌として繁殖を続ける個体よりも，小さなときは雌として，大きくなれば雄として繁殖する個体のほうが生涯により多くの子どもを残せることになり，性転換することが進化的に有利になる．

　コウライトラギスは，大きな雄ほどたくさんの雌を獲得できる傾向があり，繁殖は大型の雄に独占された状況で，小型の個体は雌として繁殖していた．コウライトラギスで，雌から雄への性転換が進化したことについても，体長有利性モデルでよく説明できる．一方，相対体長閾値は，具体的にどのような基準で性転換することで，「成長して（年をとって）雌を独占できるような大きさ」で雄として繁殖を始めているのかを議論したものだ．体長有利性モデルは進化のうえでの有利性についての議論であるのに対し，相対体長閾値仮説は性転換を引き起こす直接のメカニズムについての議論であり，双方とも矛盾なく成り立っている．

　コウライトラギスとダンダラトラギスの例について見れば，なわばり型ハレムに見られる性転換は相対体長閾値で説明できそうだ．それに対して，行動圏重複型ハレムでは，社会状況に応じて後継性転換，独身性転換，ハレム分割性転換という3つのタイプの性転換が見られる．なわばり型ハレムと行動圏重複型ハレムの違いは，雌の社会関係にあった．性転換の起き方の違いをこの雌の社会関係のあり方の違いで整理してみよう．

　なわばり型ハレムでは，ハレム内に雌集団が形成されないため，雄間の力関係で個々の雌を個別に獲得してハレムが形成される．このため，直接出会うことのある個体を基準に相対体長閾値を超えれば性転換し，個々の雌を獲得してハレムを形成することが可能となっていた．コウライトラギスの場合は，この基準となるのが自分の繁殖相手であるハレム雄であり，繁殖期後に

性転換した個体は，非繁殖期に成長して翌繁殖期にはハレム雄として繁殖していた。ダンダラトラギスの雄の除去実験では，雄の消失したハレムで残された雌間の相対体長が重要だった。最大の雌がハレムを引き継ぐことになるか，2番目に大きな雌も性転換してハレムを分割することになるかは，集団を構成する個体の体長組成によって決まることであり，行動圏重複型ハレムの後継性転換とハレム分割性転換に見られるようなハレム内の雌集団のあり方の違いから生じるものではなかった。

それに対して行動圏重複型ハレムでは，後継性転換，独身性転換，ハレム分割性転換の起こる状況が，それぞれハレム内の雌集団の数やハレムの隣接度合いなどと対応した関係にあった。Aldenhoven (1986) はソメワケヤッコでハレムの密度が高いと独身性転換が増えることで後継性転換の頻度が低下することを指摘し，Sakai (1997) は，アカハラヤッコでハレム分割性転換は分割型ハレムで起こり，後継性転換に対して次善の策となっていることを指摘している。このように独身性転換も，ハレム分割性転換も，後継性転換の代替的な性転換戦術であり，性転換した個体がどのようにして雌集団を獲得するのかが3つのタイプの性転換戦術の違いだった。つまり，行動圏重複型ハレムでの性転換は，性転換する個体がハレムを形成するために雌集団を獲得する過程と理解できる。また，このような性転換戦術分類は，雌集団の獲得が必要な行動圏重複型ハレムに対して適応するのが妥当だろう。

4-6 おわりに

今回，コウライトラギスに見られた相対体長に基づく性転換について，他のトラギス類の性転換についても同様の議論が成り立つか検討してみた。なわばり型ハレム魚類は，ほかにもさまざまな分類群で知られている。これらの種で相対体長閾値仮説が適用できるのか興味のあるところだ。

性転換魚類の進化については，体長有利性モデルによって説明されてきた。このモデルは，体長によって繁殖の有利性に性差がある状況で性転換が進化することを説明している。そうならば，体長有利性モデルの適応可能な性転換現象一般についても，相対体長閾値仮説が有効かもしれない。体長以外に相対的な体長の指標となる形質があるならば別だが，体長依存の社会関係を評価するには，相対的な体長が最も簡単かつ正確な基準となるのではないだ

ろうか．例えば，行動圏重複型ハレムにおいて独身性転換に踏み切る雌は，性転換後に空きのできたハレムを引き継ぐ．このとき，周辺のハレム雄よりも小さかったり，ハレムに残された最大雌と同程度の大きさだったりすると，そのハレムを引き継ぐことは困難だろう．そうならば，独身性転換に踏み切る雌もハレム雄や周辺の雌の体長を基準に自分の相対的な体長を評価している可能性があるかもしれない．

　今後，相対体長閾値仮説が，どの範囲まで適用可能なのかどうか，さまざまな性転換魚類で検証されることが待たれる．

5 サケ科魚類における河川残留型雄の繁殖行動と繁殖形質

(小関右介)

　大きな体サイズ，立派な角，鮮やかな色彩など，その「表現方法」は個々に違うが，一般に雄は派手で目立つ姿をしている。そうした雄の形態は配偶相手を獲得するのに有利なため進化してきた。しかし，魚類を含めた多くの分類群で，配偶者獲得に有利な形態をもつ雄とそうでない雄とが個体群内に共存している例が見られる。ある雄のもつ形態が明らかに配偶者獲得に役立つにもかかわらず，他の雄が異なる形態をしているのはいったいなぜだろう。この章では，サケ科魚類に見られる「雄らしくない」雄の形態進化を検討するとともに，そこで明らかとなった彼らの隠れた繁殖形質について述べる。

5-1 はじめに

　多くの動物において，雄と雌は異なる姿をしている。この雌雄の形態の違い，すなわち性的二形は，主に性成熟にともなう二次性徴として，雌にはないさまざまな形態的特徴（形態形質）が雄に現れることにより生じている。例えば，シカやカブトムシにおいて頭に立派な角がついているのは雄であり，クジャクやグッピーで美しい色彩に身を包んでいるのも雄である。このような雄特有の形態形質の多くは，生存上何の役にも立たないばかりか，捕食者に見つかりやすいため不利でさえある。さらに，その発達と維持にはおそらく多大なエネルギーを必要とするので，生存・繁殖を行ううえでどこかにしわ寄せを生じるかもしれない。自然淘汰は，生物の形質を，その生息環境のもとでより高い確率で生き残り，その結果より多くの子孫を残せるものへと進化させるはずである。雄の生存の妨げとなるような形質が自然淘汰によって進化したとは考えられない。

そうした一見自然淘汰上不利に見える雄の形質の進化を説明するのが，性淘汰という考えである。個体間の繁殖成功の差，すなわち次世代に残す成体の数の違いを通じて形質を進化させるという点では，性淘汰も自然淘汰と変わらない。いずれの淘汰の場合も，有利な形質をもった個体が高い繁殖成功を収め，彼らの子もまた親から受け継いだ有利な形質をもっているため，高い繁殖成功を得る。この過程（すなわち淘汰）が毎世代繰り返されることによって，集団全体の表す形質が選び抜かれたものへと置き換わる，その進化の原理はまったく同じである。ただし，繁殖成功の個体差をもたらす要因が自然淘汰と異なっている。自然淘汰ではその個体自身，あるいは子の生存確率の違いによって繁殖成功の個体差が生じるのに対し，性淘汰では獲得する配偶者，あるいは繁殖機会の数の違いによってそれが生じるのである。そうして，結果的に得られる繁殖成功が高くなるのであれば，性淘汰は自然淘汰に逆らうような形質をも進化させる。雄自身の生存にとって不利にみえる形質とは，そうした自然淘汰上の不利益をも打ち消す強い性淘汰の産物なのである。

でも，なぜ性淘汰は雌ではなく，雄に働くのだろうか。そう思われた方もいるだろう。この点についてもう少し説明しておこう。そもそもの原因は，雄が雌に比べて圧倒的に多くの配偶子（すなわち精子）を作ることにある。雄のもつ精子は，1個体の雌がもつ卵のすべてを受精しても，なお余る。そのため，一般に雄は複数の雌とつがうことで繁殖成功を増やすことができ，雌をめぐって互いに争うこととなる。これを雄間競争とよぶ。一方，雌は多くの雄と配偶したからといって，自らのもつ卵の数以上の繁殖成功は見込めない。むしろ，雌は言い寄る多くの雄の中から，受け入れるべき優れた雄を注意深く選ぶようになる。これを雌の配偶者選択とよぶ。この雄間競争と雌の配偶者選択こそ，雄間に繁殖機会の個体差をもたらし，角や飾り羽根などの二次性徴を進化させる性淘汰の主体なのである。

こうした性的二形とそれを説明する性淘汰という考えを私が初めて知ったのは，学部3年生の終わりころだったと思う。大学生協の書籍部でたまたま手に取った『行動生態学』（Krebs & Davies, 1987; 山岸・巌佐訳, 1991）の中の性淘汰に関する章に目が止まり，夢中で立ち読みしたのを覚えている（もちろん，後でちゃんと買って読んだ）。その当時，上に解説したような仕組

5-1 はじめに

みや意味をきちんと理解していたかどうかはかなり怪しいが,「繁殖をめぐる個体間のやりとり (相互作用) によって進化が起こる」という点に興味を覚えた。決して正しい認識ではないけれども,「環境という圧倒的な力による無機的な作用」という印象の強かった自然淘汰に比べて, 性淘汰ははるかに生き生きとした魅力的なものに思えた。その後も性淘汰に関する興味は薄れるどころかますます強くなり, 4年生となった私は, 行動生態学とはおよそ異なる分野の研究室に所属しながら, 性的二形が見られるメダカを使って性淘汰研究のまねごとのような卒業研究を行ったのだった。

性淘汰は, 私のような入門者だけでなく, その分野の研究者の興味をも引き付けて止まない話題であった。特にこの20年間には, 魚類を含むさまざまな分類群で性淘汰に関する研究が盛んに行われ, 実証例が豊富にもたらされた (Andersson, 1994)。その結果, 今では性淘汰による性的二形の進化は自然淘汰による進化と同様に行動生態学者の間で広く理解されるところとなり, 普及書を通じて一般の人も知ることができるようになってきた (例えば, 狩野, 1996)。

ところが, 生物が見せる進化の姿はさらに複雑で面白い。というのも, 二型という現象は性間だけでなく, 時に性内にも見られるのである (Gross, 1996)。この性内二型 (intra-sexual dimorphism), あるいはより一般的に性内多型 (intra-sexual polymorphism) ともいえる現象こそ, この章で述べたいテーマである。まずはいくつかの具体例をあげよう。

雌が地面に掘った穴の中で共同で子育てを行うという繁殖様式をもつヒメハナバチの1種 *Perdita portalis* には, 大きな頭をした雄と小さな頭をした雄が存在する (Danforth, 1991)。大きな頭の雄は, 強大なあごをもつと同時に飛翔筋が失われてしまっているため, まったく飛ぶことができず, 生まれた巣の中で雌とつがう。この雄同士の闘いは非常に激しく, どちらかが死ぬまで続くらしい。一方, 小さな頭の雄は飛ぶことができ, 巣を離れ, 採餌に訪れた雌と花の上で交尾するという。

また, コガネムシの仲間である糞虫 *Onthophagus* spp.には, 立派な角をもつ大きな雄ともたない小さな雄が見られる (Emlen, 1997; Moczek & Emlen, 2000)。雌は哺乳類の糞の下に地下トンネルを掘り, そこで交尾・産卵を行う。角あり雄はこのトンネルの入り口をガードし, 他の雄がやってくると角

を突き合わせて激しく闘う。この勝者はトンネル内の雌と繰り返し交尾できるらしい。それに対して，角なし雄は，なんと横穴を掘って雌のトンネルに侵入し，ガード中の雄に隠れて雌と交尾を行うのである。

さらに，海産の等脚類*Paracerceis sculpta*では，α（アルファ）雄，β（ベータ）雄，γ（ガンマ）雄という，体サイズの異なる3タイプの雄が個体群内に共存していることが報告されている（Shuster & Wade, 1991）。大きなα雄はカイメンの内部で複数の雌を囲うハレムを防衛し，交尾を独占しようとする。ところが，小さなβ雄は形態や行動を雌に似せる（擬態する）ことで，α雄の攻撃を受けることなく雌と交尾するらしい。また，いっそう小さなγ雄はハレム内に密かに侵入し，他の雄に見つからないように雌と交尾するのだという。

これらの例に代表されるように，性内多型はもっぱら雄に見られる。そして，それら雄内多型，特に雄内二型は，二次性徴の発達した，いわば「雄らしい」形態と，二次性徴の発達がほとんど見られない，およそ「雄らしくない」形態からなっている。ここまで見てきたように，前者が配偶者の獲得に有利であるのは間違いない。では，なぜ後者，すなわち競争上不利に見える形態は性淘汰によって排除されてこなかったのだろうか。もうお気づきの方もいるだろう。それには，どうやら繁殖行動が深く関与しているようである。競争に向かない形態の雄は，競争相手の排除や配偶者のガードといった方法とは明らかに異なるやり方で繁殖成功を得ているのである。そうした，繁殖のために個体がとる，異なる行動様式のことを代替繁殖行動とよぶ。

とはいっても，代替繁殖行動の存在がそのまま競争に不向きな形態の進化，そしてその結果生じる性内多型の進化を説明するかというと，そうではない。それはなぜか。それは，行動が，形態や生理的状態といった形質に比べてはるかに高い可塑性をもつからである（West-Eberhard, 1989）。言い換えると，ある形態をもつ個体は，普通，状況に応じていくつかの異なる行動を「柔軟」に使い分けられるものなのだ。だから，2つあるいは3つの繁殖行動が存在するからといって，常にそれに対応した数の形態パターンが生じるとは限らない。性内多型は，とりうる繁殖行動が2つ以上存在し，かつ，それら異なる行動に対して異なる形態が有利な場合に初めて進化するだろう。この性内多型の進化を説明するメカニズムは，分断淘汰とよばれる（図5-1）。

5-1 はじめに

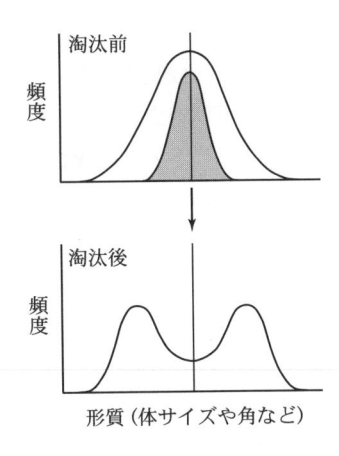

図5-1 性内多型を生じる分断淘汰の模式図。淘汰前の形質分布は、中間的な値の頻度が高い単峰形をしている。そこに、中間的な形質（網かけで示した部分）よりも極端な形質のほうが有利となるような淘汰圧が作用することにより、形質分布は多峰形となり、その結果、性的多型が進化する。注意したいのは、実際の多型の進化はこうした分断淘汰が積み重なって生じ、この図のように1世代の間に起こるわけではないことである。また、図は性内二型を表しているが、性内多型の場合でも、ただ1つの形質値が有利とはならないという点で淘汰の様式は同じである（Endler, 1986より改変）

　しかし、実際のところ、分断淘汰が性内多型進化のメカニズムであるという証拠は不足している。つまり、それぞれの繁殖行動に対してそれぞれの形態が有利であるという予測は十分に確かめられていない。もちろん、再三述べているように、二次性徴のよく発達した形態が競争的な繁殖行動に有利なものであることは疑うべくもない。問題は、二次性徴の発達しない形態が競争的でない繁殖行動に対して有利なのかどうかがはっきりしないことである（Moczek & Emlen, 2000）。これに対する唯一の検証例は、前に述べた糞虫の1種 *Onthophagus taurus* から得られている。Moczek & Emlen (2000) は、ほぼ同じ体長をした角あり雄と角なし雄に、自然のものを模して作ったトンネル内を走らせ、その移動能力を比較してみた。その結果、角あり雄よりも角なし雄のほうが同じ距離をすばやく移動することが確かめられた。こうした高い敏捷性は、角あり雄に見つからないようにトンネル内の雌に接近して交尾するという繁殖行動にとっては有利かもしれない。しかし、著者らも認めているように、敏捷性が本当の意味で有利なのかどうか、すなわち繁殖成功を高めているのかどうかについてはいまだ不明である。このように、「雄らしくない」形態とその繁殖成功との関係こそ、性内多型の進化を理解するための重要な鍵なのである。

　ただ、ここでひとつ断っておかなければならない。それは、性内二型は生活史とも無関係ではないということである。生活史という言葉は、個体が誕

生してから，成長，繁殖を経て，死亡に至るまでの過程全般を指す。つまり，二型を示す雄は，形態とその繁殖行動だけが異なっていて，成長や生存に関する特性がまったく同じというわけではないのである。再び糞虫の例をあげれば，大きな角を作るためには長い発育期間が必要であり，その間の死亡率が上昇することが報告されている (Hunt & Simmons, 1997)。このことから，角なし雄には，角を作らないことで生存確率が高まるといった利点があるといえよう。このように，二次性徴の発達しない形態には，性淘汰以外の場面での有利さ，すなわち自然淘汰上の利益もあるかもしれない。言い換えれば，性内多型の進化には自然淘汰も関与しているかもしれないのである。

とはいえ，それら自然淘汰上の利益だけで性内多型が進化したとは考えにくい。どのような自然淘汰上の利益も，最終的に，二次性徴の発達した強力な競争相手に混じって繁殖成功を収めることができなければ意味がない。やはり，代替繁殖行動が性内多型進化の重要な要因であることに変わりはない。

さて，本章でとりあげるサケ科魚類は，雄に性内二型が見られる分類群のなかでも最も大きなものの1つだが，このサケ科魚類の性内二型もまた，ここまで述べてきたような研究上の課題を抱えている。本章では，私が行ったサクラマス *Oncorhynchus masou* の研究を紹介し，そうしたサケ科魚類の性内二型進化の課題について検討する。

5-2 サケ科魚類の性内二型

5-2-1 生活史変異と性内二型

すでに述べたように，程度の差こそあれ，性内二型は代替繁殖行動だけでなく，生活史の変異とも結びついている。特に，サケ科魚類の場合，回遊という際立った生活史の特徴から，性内二型は代替繁殖行動と関連した形態変異というよりも，むしろ生活史変異の結果生じる形態変異という文脈で理解されてきた。こういった背景を考慮して，ここではまずサクラマスを中心としたサケ科魚類の生活史変異について触れ，性内二型と生活史変異がどういった形で結びついているのかを説明しておこう。

サクラマスを含めたサケ科魚類のほとんどは，分類体系のうえでは，海に下って成長し，繁殖のために川に戻る遡河回遊魚と定義される (塚本, 1994)。しかし，実際には，その生活史はとても変異に富んでいる。まず，個体群レ

5-2 サケ科魚類の性内二型

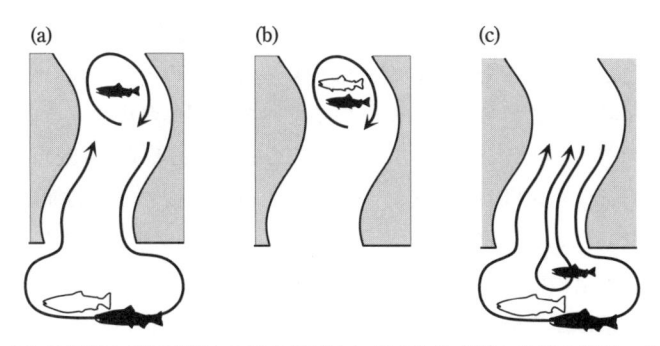

図 5-2 サケ科魚類の個体群間または個体群内に見られる多様な生活史変異。白い魚は雌を，黒い魚は雄を表す。(a) 回遊型個体群 I。すべての雌と，ある割合の雄（回遊型雄）は海または湖に下るが，雄の一部（河川残留型雄）は河川にとどまり，雌や他の雄よりも早く成熟に達する。(b) 河川型個体群。雌雄ともにすべての個体が回遊生活期をもたず，河川で成長・成熟する。(c) 回遊型個体群 II。いくつかの種では，雌雄ともにすべての個体が海に下るが，雄のなかには早く河川に戻る早熟個体（ジャック）が出現する

ルの変異として，定義どおりの生活史をもつ回遊型個体群（図5-2a）のほかに，完全な淡水生活を送る河川型個体群が見られる（図5-2b）。サクラマスの場合も，北海道と北日本の個体群が生活史の一部を海ですごすのに対して，北日本を除く本州と九州の個体群は海とは無縁の生活を送る。このサクラマス河川型個体群が，実は渓流釣りで人気のある魚ヤマメにあたることは意外に知られていない。

さらに，海に下る，川にとどまるという生活史の変異は，回遊型個体群の中にさえ見られる。この個体レベルの生活史変異は，普通，雄だけに見られ，それぞれ回遊型雄，河川残留型雄とよばれる（図5-2a, 5-3）。同様の生活史変異は，人為的移植やダムの建設などによって湖に陸封された個体群にも見られる。よく知られるように，回遊型はすべての個体が繁殖後死んでしまうが，一方の残留型は繁殖後も生き残る個体がいる。また，残留型は，回遊型に比べて1年，またはそれ以上早く成熟に達するという特徴ももっている。そして，こうした違いによって特徴づけられる雄内の生活史変異こそが，まさにこの章で性内二型とよぶものの別側面なのである。こうした生活史変異は，サクラマス以外では，アトランティックサーモン *Salmo salar*，ブラウントラウト *S. trutta*，ミヤベイワナ *Salvelinus malma miyabei* などで知られて

いる(前川, 1989)。また、サクラマスと近縁のギンザケ *Oncorhynchus kisutch* やベニザケ *O. nerka* でも、その様式は少々異なるものの、やはり雄内生活史変異が存在する。これらの種では、雌雄すべての個体が海に下るのだが、雄の一部は回遊を1年早く終えて川に帰ってくるのである(図5-2c)。この雄はジャック(jack)とよばれている。ジャックとは少し変わった名前に聞こえるかもしれない。これはあくまでも一説だが、トランプを思い出してほしい。キングの下の階級は？　そう、ジャックである。どうやら彼らが産卵集団内でキング的には振る舞えないことにちなんでの命名らしいのだが、その具体的な繁殖行動については、もう少し後で詳しく見ていくことにしよう。回遊型と同様、ジャックは繁殖を終えると死ぬ。

　さて、こうした個体群内の生活史変異と結びついた性内二型とは、具体的にどのようなものだろう。最も顕著な特徴は、やはり体サイズだろう(図5-4)。図5-4に示したサクラマスの回遊型と残留型の体長は、それぞれ35～

図5-3　サクラマスの雄に見られる性内二型。右側の大きな個体が回遊型で、その他に複数いる小さな個体が河川残留型。ただし、左下の白点をもつ魚体はアメマス(写真提供：森田健太郎氏)

図5-4　サクラマス性内二型の特徴。回遊型(中段)と河川残留型(下段)では体サイズが大きく異なる。また、回遊型に見られる二次性徴として、鼻曲がりや、婚姻色といったものがあげられる。一方、河川残留型ではそうした顕著な二次性徴は見られない。上段は雌(写真提供：玉手剛氏)

5-2 サケ科魚類の性内二型

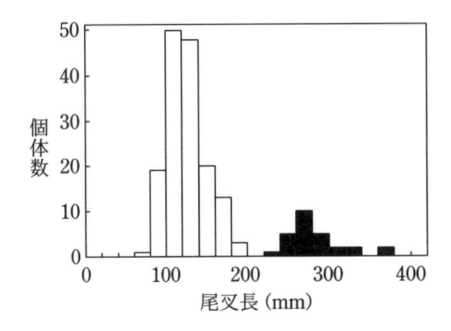

図5-5 北海道然別湖における二型の体長分布。サケ科魚類では，体長の測度として尾叉長（吻の先端から尾鰭の切れ込みまでの長さ）が用いられるのが普通である。残留型（白）と回遊型（黒）のサイズ分布は重複しない

36 cm，12〜13 cmと，実に3倍もの違いがある。これは極端な例だろうと思われるかもしれない。しかし，少なくとも，残留型の体長分布が回遊型のそれとまったく重ならないのは事実で（図5-5），こうした二型間の体長分布の違いは他の種にも見られる（前川，1989）。さらに，回遊型には，残留型やジャックには見られないいくつかの二次性徴が発達する（図5-4）。なかでも特徴的なのは，鉤状に曲がったあご（いわゆる鼻曲がり）だろう。Darwinが性淘汰を提唱した著書 "The Descent of Man, and Selection in relation to Sex" の中でも，性的二形の具体例として，アトランティックサーモンの回遊型の発達したあごが挿絵付きで紹介されている（Darwin, 1871）。また，鮮やかな婚姻色も回遊型の二次性徴の1つである。例えばサクラマスの場合，図5-4からはわからないのが残念だが，黒地に赤い縞模様の婚姻色が現れる。こうした回遊型の形態には力強さと繊細さを兼ね備えた魅力があり，何度見ても飽きることはない。

さて，ここまで回遊型と残留型，あるいはジャックについて，生活史と形態の特徴を説明してきたが，理解していただけただろうか。このように念を押すのは，実はそこに性内二型の進化を考えるうえで重要なヒントが隠されているからである。すなわち，ジャックと残留型は，回遊生活期の有無という違いはあっても，どちらも回遊型とともに個体群内に性内二型を生じさせているのである。このことから，性内二型の進化には必ずしも回遊・残留という生活史の違いが必要なわけではないことがうかがえる。つまり，どうやら性内二型の直接の進化要因は，生活史変異にではなく，これから述べる代替繁殖行動にあるといえそうである。

5-2-2 分断淘汰？　代替繁殖行動と性内二型

5-1節で書いたように，理論的には，性内多型は繁殖における分断淘汰，すなわち代替繁殖行動に対して異なる形態が有利となるような淘汰によって進化してきたと説明される．では，サケ科魚類に見られる代替繁殖行動，そしてそこで生じる分断淘汰とは，具体的にどのようなものだろうか．

回遊型から見てみよう．回遊型は産卵を控えた雌をめぐって互いに激しく争う．そして，その争いに勝った個体はペア雄として雌と産卵することができる（図5-6）．負けた個体にも，主に残留型やジャックがとる繁殖行動（後述）によって産卵に参加できる可能性がないわけではないが，その確率は極めて低いと思われる．こうした配偶者獲得競争において，大きな体サイズや二次性徴が有利だろうことは容易に想像がつくだろう．これまで行われた実証研究でも，この予測は強く支持されている（Fleming & Gross, 1994; Quinn & Foote, 1994）．例えば，実験河川におけるギンザケの産卵行動を観察し，形態形質に働く淘汰を測定した研究では，体サイズ（体重）とあごの長さが繁殖成功に貢献することが示されている（Fleming & Gross, 1994）．同様に，ベニザケでは，体サイズ（体長）とあごの長さ，そしてこの種で顕著な性的二形を示す背中のこぶ（hump, いわゆる背っぱり）の高さと繁殖成功との間にそれぞれ正の相関が見られることがわかっている（Quinn & Foote, 1994）．婚姻色については，その定量化が難しいためか，これまでのところ繁殖成功との明瞭な関係は見られていない．とはいえ，以上の研究から，回遊型の大きな体サイズと二次性徴は，闘争–ペア行動，またはそれによって生じる熾烈

図5-6　サケ科魚類の産卵集団の模式図．一連の産卵行動は，雌が尾鰭を使って川底に産卵床とよばれるくぼみを作ることから始まる．産卵床作成中の雌には回遊型（ペア雄）が付き添う．ペアの下流には，たいてい複数の残留型，またはジャックがスニーカーとして集まり，産卵集団を形成する．また，ペア雄以外の回遊型（劣位雄）が産卵集団に加わることもある

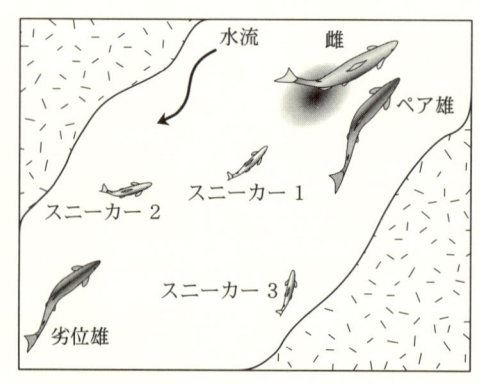

な配偶者獲得競争によって進化したと考えてまず間違いないだろう。

一方，残留型やジャックの繁殖行動，そしてそこで生じる淘汰とはどのようなものだろうか。彼らは，ペアからやや離れた場所に位置し，産卵のときを待つ（図5-6）。そして，まさに産卵という瞬間，すばやくペアに飛び込んで放精する。これが彼らの典型的な繁殖行動である。この，なんとも巧みな（ずるい？）繁殖行動はスニーキング（sneaking）とよばれる。Gross（1985, 1991）は，このスニーキング行動には小さな体サイズが有利だろうと考えた。スニーキングの成功率，つまり産卵の瞬間にペアに侵入できる確率は，その個体と雌との距離が近いほど高くなる（Hino et al., 1990; Maekawa et al., 1994）。残留型やジャックの小さな体サイズは，回遊型に気づかれずに雌の近くにとどまるのに都合がよいのかもしれない。実際に，Gross（1985）のギンザケにおける野外観察データでは，闘争-ペア行動をとる個体（主に回遊型）の場合，体サイズが大きければ大きいほど雌に近づけるのに対して，スニーキング行動をとる個体（主にジャック）では，小さければ小さいほど雌に接近できることが示されている。つまり，体サイズに分断淘汰が働くことが強く示唆されているのである。

「それでは，サケ科魚類の性内二型進化については一件落着では？」と思われるだろう。そう，一件落着である。ただし，研究がここで終わっていれば…と，少しもったいぶった言い方をしたが，実はその後の研究において，Gross（1985）の観察結果と異なる結果がいくつも報告されている。例えば，実験河川におけるベニザケの産卵行動では，ジャックの体サイズ，またはその定位置から雌までの距離と受精率との間にはっきりとした関係は見られていない（Foote et al., 1997）。また，ミヤベイワナやアトランティックサーモンの産卵実験では，産卵集団に加わった残留型のなかで一番大きな個体が雌に最も近い位置を占めることが報告されている（Maekawa, 1983; Myers & Hutchings, 1987）。この観察結果は，大きな個体ほどスニーキング行動に有利であり，Gross（1985）の結果と矛盾する。もっといえば，アトランティックサーモンでは大きな残留型ほど多くの卵を受精させるという，正反対の実験結果も得られているのである（Thomaz et al., 1997）。

このように，当初，分断淘汰からの予測に見事にあてはまるかに見えた残留型やジャックの体サイズと繁殖成功との関係は，いまや混迷の様相を呈し

ている。これに加えて，回遊型とは違い，残留型やジャックでは体サイズ以外の形態形質と繁殖成功との関係に関しては何もわかっていない。性内二型の進化をより正確に理解するためには，さまざまな形質について，体サイズと同様，繁殖成功との関係を評価しなければならないだろう。次節では，こうした課題に対して私がサクラマスで行った研究 (Koseki & Maekawa, 2000) を詳しく見ていくことにしよう。

5-3　残留型の形態と繁殖行動

5-3-1　繁殖行動を観察するためのアプローチ

「サクラマスの残留型の繁殖行動にはどういった形態が有利なのか」，それを調べる方法はいたって簡単なものと思われるかもしれない。例えばこうだ。サクラマスの産卵する河川にいき，あらかじめすべての残留型個体に標識を付け，その繁殖行動・成功を残らず観察する。形態形質の測定は，個体標識の際に行うか，あるいは繁殖期終了後にでも再捕獲して行えばよい。なんと簡単なことだろう。実は私も始めはそう思い，大学院1年目の1996年秋，道北の朱鞠内湖水系の小河川で，上で述べたものと基本的に同じ研究計画を実行に移した。朱鞠内湖とその流入河川は，北海道大学農学部附属演習林（現北海道大学北方生物圏フィールド科学センター）の雨龍演習林に囲まれているため，産卵環境は自然のままに保存されているように思われた。ところが，このような好条件にもかかわらず，野外調査はものの見事に失敗に終わってしまった。繁殖期に先立ち，500mほどの調査区内で200個体を超える残留型に個体標識をしたまではよかったのだが，その後遡上してきた回遊型はなんと数個体，観察できた産卵はたったの1例だけだったのである。今思い出しても苦い経験である。

この研究1年目の失敗はやや極端な例ではあるが，サクラマスをはじめ，サケ科魚類の繁殖行動の野外調査はなかなか難しいというのが，その後現在に至るまでの研究から私が達した結論である。それは，次のような理由による。まず，前述の調査河川を含め多くの河川では，サクラマスの産卵個体（回遊型）密度はとても低く，産卵のほとんどは短期間（数週間）に集中して行われる (Koseki, Y., unpublished data)。したがって，大学院生個人の研究で多量の産卵データを得るのは，かなり無理がある。仮に多くの産卵が観察

5-3 残留型の形態と繁殖行動

163

できたとして，別の困難もある。例えば，かなりの労力を割いて個体の捕獲・標識を行ったにもかかわらず，必ず少なからぬ数の無標識個体が出現する（Maekawa et al., 2001を参照）。そして，すべての標識個体の再捕獲もまた限りなく不可能に近い。道理で，先行研究の多くが実験河川で行われてきたわけだ。とにかく，2年続けて失敗するわけにはいかない。私は翌年（1997年），野外調査ではなく，実験というアプローチをとることにした。

しかし，一口に実験といっても，これまた容易なことではない。なにしろ回遊型の体長は40cmにもなる。トゲウオやグッピーなどの小型魚を使った室内実験とはわけが違う。正常な繁殖行動をとらせるためには，十分な広さの産卵場が必要だ。海外の研究の多くは，大きな水路に石を敷き詰め，ポンプなどで水流を起こして作った「人工河川」を用いていた（例えば，Hutchings & Myers, 1988; Fleming & Gross, 1994; Thomaz et al., 1997）。しかし，国内でそうした研究設備は見込めそうになかった。さて，どうしたものだろう。

打開策は意外に身近な所にあった。前に登場した北海道大学の演習林は苫小牧にもあり，そこでは当時林長だった中野繁さんとその大学院生たちが大規模な群集生態学的研究を展開していた。彼らは，河川内の生物間相互作用を操作してその影響を調べるために，林内を流れる幌内川にエンクロージャー（enclosure）とよばれる大きな実験囲いをいくつも作っていた。「これを使えば自然に限りなく近い状態でサクラマスを産卵させることができる」。エンクロージャーという光明を見い出し，私のやる気は，がぜん高まった。私はすぐに苫小牧演習林に研究の場を移した。エンクロージャーの作り方を熟知した頼もしい院生たちがいて，幌内川が湧水を起源とする水位の安定した川で，サクラマスを含めたサケ科魚類の自然産卵も行われるとなれば，これ以上望ましい環境はほかになかった。

1997年7月，私は幌内川でのエンクロージャー作りにとりかかった。エンクロージャーの基本的構造はいたって単純で，川を横切る上下1セットの仕切り網と，それを支える支柱，それだけである。しかし，それを川の中に設置し，維持するのは並たいていのことではない。釣りなどで川を歩いて渡った経験のある方はご存じだろうが，流れる水の圧力というのは想像以上に強い。この強力な水圧に耐えうるエンクロージャーを作るために，前の院生たちは私に次のような方法を伝授してくれた。まず，仕切網には強靭なプラ

チック製のネットを，それを支える支柱には鉄パイプを使用する。ただし，そのままエンクロージャーを設置すると下流の川底が掘れてたちまち大きな淵になってしまうので，あらかじめその部分をビニールシートで覆う。さらに，そのビニールシートの固定には土嚢を用い，同様に川底が掘れるのを防ぐため，川底と平らになるように埋め込むのである。ほかにも，土嚢を使って川岸の浸食を抑える，川の上をビニールハウスで覆って，落ち葉（ネットの目詰まりの原因となる）の侵入を防ぐなど，教わった作業項目はたくさんあった。しばらくはこれらの作業を精一杯こなす日々が続き，作った土嚢の数は600個にものぼった。その間，演習林職員の方や院生（時にはその従兄弟！）など，多くの人が手伝い，また励ましてくれた。そして，1ヵ月以上に及ぶ作業の末，ついに6基のエンクロージャーが完成した（図5-7）。

　さあ，実験の舞台が整った。次なる課題は，実験に用いるサクラマスの調達である。苫小牧にほど近い洞爺湖に，比較的大きな降湖型個体群があることは知っていた。そこで，北海道大学水産学部附属（現北海道大学北方生物圏フィールド科学センター）洞爺湖臨湖実験所の許可を得て，産卵のため流入河川に遡上してきた雌と回遊型雄を捕獲させてもらった。捕獲にはやなとエレクトロフィッシャー（electrofisher）の2つの方法を用いた。やなとは，柵によって魚の行く手を制限して中央の捕獲槽に誘導するわなのことで，一方のエレクトロフィッシャーは，水中に弱い電気を流して一瞬気絶した魚を捕獲する調査用漁具である（図5-8）。

図5-7 完成間近のエンクロージャーとビニールハウス。この状態から，支柱（鉄パイプ）にプラスチック製のネットを渡し，ビニールハウスの骨組みにシートをかぶせれば完成。これらの作業は実験の直前に行った。各エンクロージャーのサイズは4m×4mで，サクラマスの産卵には十分な大きさだと考えられた。川岸には積み上げられた土嚢の列が見える

5-3 残留型の形態と繁殖行動

図5-8 回遊型個体の捕獲に用いた2つの方法。(a) やな。下流に向かって広がる鉄柵の中央に捕獲槽がおかれている。捕獲槽の入り口には返しが付いていて，一度入った魚は出られない。(b) エレクトロフィッシャー。背中に背負っているのが本体部分で，バッテリーを含めた重さは10kg以上になる。本体とコードでつながった棒にはスイッチが付いており，先端に付いたリング状の電極(陽極)と本体から伸びたワイヤーコード(陰極)の間に電流が流れる仕組みになっている（写真提供：小泉逸郎氏）

　実験の主役である残留型については，相当数の個体数が必要だったため，回遊型と同じように野外で捕獲するのは困難だった。別の個体群から集めた残留型をあわせればなんとか必要数がそろわないこともなかったのだが，後の解析を複雑にするような要因はなるべく増やしたくなかった。この状況に対する1つの打開策は，臨湖実験所が洞爺湖産の野生魚から人工孵化させた飼育魚を使用することだった。「野生魚じゃなくていいの？」と思われるかもしれないが，異なる個体群の野生魚を使うよりは断然よかった。いや，それ以上に，この実験にはかえって人工孵化魚のほうがよかったとさえいえる。というのは，人工孵化魚は野生魚に比べて遺伝的背景や成育環境が均一なので，それらが形態や繁殖成功に影響を及ぼす可能性をそれほど考えなくてもよいからである。

　とにかく，臨湖実験所の厚意により，この人工孵化魚を使わせてもらえることになった。しかし，もちろんすべての飼育個体が残留型とは限らない。飼育タンクの中を泳ぐ何百という個体のなかには，将来回遊型となる未成熟の雄や雌も含まれていた。これから行う実験には，間違っても未成熟個体を使うわけにはいかない。私はタンクの中の魚を網ですくい，片っ端からその成熟をチェックした。魚を片手に仰向けにしてもち，もう片方の手で下腹部

を指で軽く押さえてやる。残留型なら，総排泄腔からわずかに精子がにじむ。単純な作業だが，数が数だけに大変である。これに丸2日は要しただろうか。こうして，かき集めるようにして調達した実験魚は，洞爺湖漁業協同組合からお借りした生け簀付きのトラックで苫小牧演習林に運んだ。サケ科魚類は高温や低酸素状態にとても弱い。当然，生け簀には十分にエアレーションをし，氷をどっさりと入れたわけだが，それでも輸送中は不安でたまらなかった。1時間半という移動時間がとても長く感じられた。しかし，結果からいうと，この心配は完全な取り越し苦労だった。サクラマス輸送作戦は1匹の犠牲も出すことなく完了したのだった。

5-3-2 繁殖行動：個体間関係とスニーキング成功の実態

　北海道に秋の気配が漂い始めた9月，さまざまな苦労を乗り越え，ついに実験がスタートした。実験といっても，その目的はごく自然なサクラマスの繁殖行動を観察することなので，何か特別な操作をするわけではない。エンクロージャーに個体を導入し，日の出から日没まで川岸にはりつき，目視とビデオカメラでその繁殖行動を観察した。繁殖行動のなかでも，特に，(1) 個体間（回遊型・残留型を問わず）の干渉行動，(2) 雌と各残留型との距離，そして (3) 各残留型のスニーキング成功，に注目することにした。各エンクロージャーに導入する雌と残留型の個体数は，それぞれ1, 5個体とし，残留型には導入前にリボンタグで個体別の標識を付けた（図5-9）。いっしょに導入する回遊型の個体数（回遊型密度）については，少しだけ実験らしい操作をすることにした。つまり，エンクロージャー間で1, 2, 4個体と変えてみる

図5-9　個体識別のために背中に縫い付けられたリボンタグ（長さ3cm, 幅2mm）。縫い針が接着してある状態で市販されており，それを魚体に通した後，針を切り離す。その数や色の組み合わせでかなりの数の個体標識が可能である

5-3 残留型の形態と繁殖行動

ことにした。もしGross (1985, 1991) がいうように回遊型の攻撃が残留型のスニーキング行動に負の影響を与えるのであれば，実験操作（回遊型密度の違い）の間で観察項目に違いが見られるはずである。

しかし，実際には，この操作はまったく意味をなさなかった。というのも，複数（2または4個体）の回遊型を入れた実験区では，それらの間ですぐに激しい争いが起こり，優位個体に執拗に攻撃された劣位個体は，ただ1例（1個体）を除いて産卵集団から完全に排除されてしまった。また，例外の劣位回遊型個体も，残留型に対して何ら干渉らしい行動をとらなかった。ペア雄以外の回遊型が産卵集団にほとんど加われないのでは，回遊型密度が残留型に影響を与えるかどうか以前の問題である。後でも述べるように，結局，分析では実験操作を区別せず，まとめて取り扱うことにした。

回遊型はさらに予想外の行動を見せた。ペア雄となった回遊型がさぞ激しく残留型を攻撃するかと思いきや，まったくそうではなかったのである。ペア雄は，顔のあたりに近づく残留型に向かって「しっ！」とばかりに素早く頭を振る威嚇行動は見せるものの，追撃や噛みつきといったより激しい行動をとることはほとんどなかった（表5-1）。その結果，回遊型から残留型への攻撃的干渉の頻度は，10分あたり平均1.9回と非常に低かった（図5-10）。こ

表5-1 対戦パターン（回遊型と残留型，および残留型同士）ごとに表した4種類の攻撃的干渉の割合（％）。各産卵集団における10分あたりの回数の合計から算出した。4種類の干渉は左から右へと激しさの順に並べてある (Koseki & Maekawa, 2000より作成)

攻撃側-攻撃相手	威嚇	誇示行動	追撃	噛みつき
回遊型-残留型	79.3	−	19.7	1.0
残留型-残留型	−	8.2	88.6	3.2

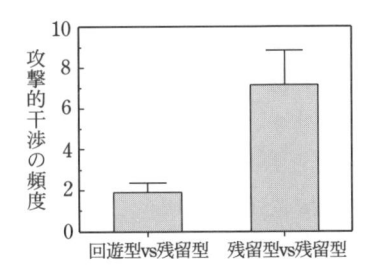

図5-10 対戦パターン（回遊型と残留型，および残留型同士）ごとの攻撃的干渉の頻度。観察された14例の産卵集団から計算した10分あたりの干渉回数の平均値（棒）と標準偏差（線）を示してある (Koseki & Maekawa, 2000より作成)

のようなペア雄の「寛容さ」は，まったく予想していないことだった。これまで報告されているサケ科魚類の繁殖行動から考えれば，ペア雄は他個体を追い払って雌を独占しようとするのが当然であった。「捕獲や輸送で弱っていたのでは？」と思われるかもしれないが，他の回遊型に対しては徹底的に攻撃を加えていたので，コンディションが直接の原因というわけではなさそうである。

この原因が何なのか，残念ながら現時点でははっきりと答えられない。しかし，答えはおそらくコスト−ベネフィット（損失−利益）関係にあるだろう。残留型を産卵から締め出すことで見込まれる回遊型の利益とは，もちろん繁殖成功（厳密には，受精卵数）の増加である。一方，その損失とは，直接的には攻撃行動に費やすエネルギーであり，それは，もしかしたらその後獲得する産卵機会の減少などにつながるかもしれない。したがって，もし見込まれる繁殖成功の増加があまりにも少ないのであれば，「残留型は気にしない」という行動が進化するかもしれない。サクラマスの場合，こうしたコスト−ベネフィット関係は成立しやすいように思われる。サクラマスの回遊型と残留型の体サイズは極端に異なっており（図5-4, 5-5），回遊型は残留型に比べて圧倒的に多くの精子をもっている（これは絶対値での比較で，相対値については次節を参照）。したがって，そもそも残留型が産卵に成功したとしても，その繁殖成功（厳密には，受精卵数）はとても少ないかもしれないのである。もしこの説明が正しいとすれば，サクラマスの回遊型は１回の産卵における受精卵数をいくらか犠牲にして，産卵回数（そしてその結果，総受精卵数）を増やしている，といえるだろう。この問題については，今後改めて検討してみたいと思っている。

回遊型・残留型間と対照的だったのが残留型同士の干渉で，こちらは平均7.2回/10分と高頻度で観察された（図5-10）。導入後，優劣関係がはっきりするまでは２個体が平行に並んで互いに体側を見せあう誇示行動が見られ，個体間の優劣が決した後では追撃行動がよく見られた。特に，劣位個体が雌に近づこうとしたときに，優位個体がそれを「許すまい」といわんばかりに追撃し，これがより激しい噛みつきに発展することもあった。この２つの激しい干渉行動は，全干渉行動の実に90％以上を占めた（表5-1）。

雌の行動についても少しだけ触れておこう。雌の産卵行動自体はこの研究

5-3 残留型の形態と繁殖行動

の焦点ではないが，まずは雌が産卵してくれないことには始まらない。エンクロージャーの出来栄えにはかなり自信があったが，雌が産卵環境として受け入れてくれるかどうかは，正直，観察してみなければわからない。そんなわけで，実験の初日は雌の行動も非常に気がかりだった。だから，導入後少しして雌が産卵床を掘り始めたときは，とてもうれしかった。雌の産卵床作りは豪快かつ繊細である。初めは，ここと決めた川底の1点をひたすら掘る。体を横に倒し，川底に勢いよく尾鰭を打ち付けると，砂利は舞い上がり，下流に流され，そこにくぼみができる。このくぼみが直径数十cmほどのすり鉢状になるころには，雌の掘り行動に変化が見え始める。腹部を産卵床の底に近づけ，臀鰭でその大きさや深さなどを測るようなしぐさを見せるのである。そして，その出来に満足しなければ再び掘る。さらに，掘る，確かめる，の繰り返し。自らの卵のゆりかご作りとはいえ，身重の体をおしての懸命の掘り行動は，実に涙ぐましい。こうした雌の産卵床作りは，短くても数時間，長いときには1日以上続いた。

その雌が頻繁に産卵床の形を確かめるようになると，いよいよ産卵である。雌が産卵床の中央部に総排泄腔を押し付けたまま静止した瞬間，ペア雄が素早くその横に並ぶ。間髪おかずにペアは大きく口を開け，体を震わせながら卵と精子を放出する。ペアの周りは乳白色になる。時間にして数秒だろうか。

残留型にとって，繁殖成功はすべてこの数秒間（実際の受精可能時間は，もっと短いかもしれない）の行動にかかっている。ある者はまんまとスニーキングに成功し，ある者はあえなく失敗する。後でデータをまとめてみると，観察した14例の産卵のうち12例で，少なくとも1個体の残留型にスニーキングのチャンスがあった。ただし，個体数という点から見てみると，産卵の直前に産卵集団に加わっていたのは，全70（14×5）個体中25個体（36％）と，決して多くなく，この時点ですでにスニーキング可能な個体がかなり絞られていたといえる。さらに，実際にスニーキングが起こった産卵は8例で，スニーキングに成功した残留型個体数はたったの12個体（全70個体の17％）だった。どうやらスニーキングという代替繁殖行動はそれほど効率のよい行動というわけではないようだ。

こうして1つの産卵が終わっても，私にはその余韻に浸っている暇はなかった。確かな結論を導くために観察例をできるだけ増やしたかった私は，産

卵終了後，直ちにエレクトリックショッカーでエンクロージャー内の個体を回収し，新たな実験個体を導入した．6つのエンクロージャーは常にフル稼働だった．連日の行動観察に，夜，眠りにつくときもまぶたの裏に産卵の光景が浮かんだ．そして，繁殖期のピークがすぎ，実験個体が尽きたとき，短くも長い1週間の実験が幕を閉じた．

5-3-3 スニーキングに有利な形態とその進化

　いくつかの予測しない出来事はあったが，合計14例の産卵が観察できたことを考えると，エンクロージャーを使った産卵実験はひとまず成功といえた．産卵後の回収時にどうしても見つからなかった1個体を除き，合計69個体の残留型の行動データが得られた．これだけの個体数のデータがあれば，分析結果もかなり信頼できるものになるだろう．皮肉なことに，実験操作が意味をなさなかったことで，すべての個体のデータをまとめて扱うことができ，分析の検出力が増す結果となった．実験操作間で用いた個体のサイズや観察項目については，可能な限り分析を行い，違いがないことを確認した．何はともあれ，いよいよ研究の主要な目的，つまり残留型の形態形質と繁殖行動との関係へと話を進めることができる．さて，どういった形態をもつ個体が繁殖成功を収めることができたのだろうか．

　と，つい先走ってしまったが，分析の前にもう一つだけやらなければいけないことがあった．それは，形態の測定である．産卵後に回収した残留型は冷凍庫に保存しておいたので，それらを室温で解凍した後，図5-11に示した11の形態形質について測定した．これらの形質は，ギンザケの回遊型での研究 (Fleming & Gross, 1994) と共通するものであった．ただし，残留型

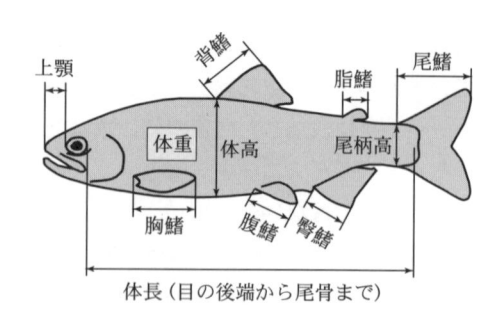

図5-11 11の計測項目．体重は最小単位1gまで，各部位の長さは最小単位0.1mmまで計測した

5-3　残留型の形態と繁殖行動

個体間の形態の違いは回遊型に比べてわずかなように思われたので，体重は電子天秤を用いて1g単位で，各部位の長さはノギスによって0.1mmまで測定した。ところが，ここでもまた私の頭を悩ます問題が生じた。他個体の攻撃によるものなのか，あるいは元からのものなのか，いくつかの個体は，背鰭，脂鰭，または尾鰭に傷を負っていたのである。個体の形質データが不ぞろいになってしまっては後で述べる分析に支障がでるため，残念ながら，これらの形質については分析に用いないことにした。傷を負った個体を分析から除外するという別の選択肢もあったが，個体数はできるだけ減らしたくなかった。

　このようにして測定した形質の値は，そのまま分析に用いたわけではなかった。生物では一般に，ある形態部位のサイズは全体のサイズに強く依存している。だから，例えば，体が大きくなればそれに従って鰭も大きくなる。このような形態の成長特性を，アロメトリー (allometry) とよぶ。私の目的は，体サイズ，およびその他の形質と繁殖成功との関係をそれぞれ独立に評価することだったので，統計学的操作によって各形質に与える体サイズの影響を取り除くことにした。具体的には，体サイズ(体重を採用し，対数に変換した)に対する各形質(同じく対数変換した)の回帰直線を求め，この回帰直線からの予測値と実測値との差(残差)を改めて各形質のデータとした。これによって，絶対値である測定値は，体サイズから予測される平均的な値と比べてどれだけ大きいか(あるいは，小さいか)という相対値へと変換された。

　さて，このあたりは少し込み入った分析手法の話になっているが，もう少しだけ我慢してお付き合いいただきたい。というのも，同じ結果を見るにしても，それだけを単独で見た場合と，分析手法についていくらかの予備知識をもって見た場合とでは，後者のほうがその結果のもつ意味をよりよく理解できるからである。次に，形態形質と繁殖成功との関係を調べるのに用いた淘汰勾配という測度について説明しよう。淘汰勾配 (selection gradient) は，この研究のように，複数の形質それぞれに対して直接働く淘汰を測るために考案された測度である。淘汰勾配の解釈はとても簡単で，それが正の値をとると，より大きな形質が，負の値だとより小さな形質が有利となる淘汰が働いていることを表し，その絶対値が大きいほど作用している淘汰が強いこと

表5-2 2つの繁殖成功成分において残留型の各形態形質に働く淘汰勾配。無作為化検定（Manly, 1997）による有意確率，＊：$p<0.05$，＊＊＊：$p<0.001$（Koseki & Maekawa, 2000より改変）

形態形質	雌への近接度	スニーク成功
体サイズ	0.32***	0.43*
体高	0.04	0.04
尾柄高	−0.03	−0.05
あごの長さ	0.08	0.25
胸鰭	0.11	0.19
腹鰭	−0.03	−0.22
臀鰭	−0.10	−0.02

を意味する。その計算方法自体はここでは重要ではないが，繁殖成功の相対値を目的変数（従属変数），形態形質を説明変数（独立変数）とした重回帰分析の標準偏回帰係数として求めることができる（詳しくは，粕谷，1990を参照）。この淘汰勾配の算出に用いた残留型の繁殖成功（厳密には，繁殖成功の成分）は，(1) 産卵直前における各残留型個体の雌（産卵床）への距離を順位に直した「雌への近接度」と，(2) 文字どおりスニーキングの成否を表す「スニーキング成功」であった。

分析の結果は残留型に作用する淘汰をはっきりと表していた。2つの繁殖成功成分のどちらについても，体サイズに有意な（統計学的に意味のある）正の淘汰勾配が検出され，大きな体サイズが有利となる淘汰が働いていることがわかった（表5-2, 図5-12）。一方で，体サイズ以外のどの形質に対しても有意な淘汰勾配は見られず，それらの形質に対して淘汰は働いていないことが示された（表5-2）。

以上の結果から，どのようなことがいえるだろうか。まずは体サイズ以外の形質から見ていくことにしよう。すでに述べたように，回遊型では，繁殖を通じた淘汰によって鼻曲がりや背っぱりといった二次性徴が進化したことが示唆されている（Fleming & Gross, 1994; Quinn & Foote, 1994）。これに対して，残留型において回遊型の二次性徴部分に対応するあごの長さや体高に淘汰が作用しないという今回の結果は，彼らに回遊型のような二次性徴が発達しないことをうまく説明する。すなわち，役に立たないものは進化しないということである。さらに，厳密な実証研究はないものの，一般に二次性徴

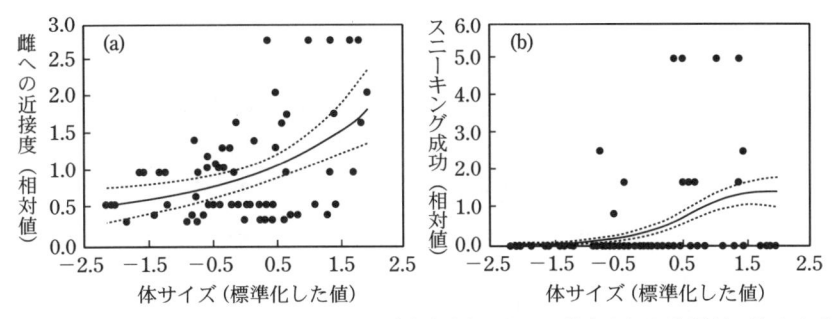

図 5-12 雌への近接度 (a) とスニーキング成功 (b) において検出された残留型の体サイズに働く淘汰の「かたち」．非線形回帰の 1 種，キュービック-スプライン (cubic-spline) 回帰 (Schluter, 1988) によって推定された繁殖成功度曲線（実線）とその標準誤差（点線）(Koseki & Maekawa, 2000 より作成)

を発達させ，維持するためには多くのエネルギー投資が必要だと考えられる (Harvey & Bradbury, 1991)．派手で大きな二次性徴のコストは決して安くないだろう．残留型が暮らす河川は，海と比べて餌資源の乏しい環境である．残留型は，回遊型にも増して獲得したエネルギーを有効利用しなければならないはずである．このような状況は，海での回遊期間が短いジャックにも当てはまると考えられる．こうした理由から，残留型はもちろん，おそらくジャックにも二次性徴を発達させるべき要素は何もないと結論できる．

次に，体サイズについて見てみよう．結果を繰り返すと，大きな個体ほどより雌に近づくことができ，さらにその後のスニーキングにも成功することが示されたのだった．ここで分断淘汰から導かれる予測を思い出していただきたい (5-2-2 項参照)．その予測とは，回遊型に気づかれることなく雌の周りにとどまるためには，小さな体サイズが有利かもしれないというものだった．したがって，今回の結果はこの予測を支持しなかったことになる．

それにしても，なぜこのような淘汰が生じたのだろうか．繁殖行動の観察から思い当たることがあった．残留型は，回遊型からは攻撃されなかったけれども，同じ残留型同士で盛んに干渉し合っていた．この残留型内の攻撃的干渉が体サイズへの淘汰を説明するかもしれない．さっそく，最初の繁殖成功成分である雌への距離と他個体との対戦成績との関係を調べてみた．すると思ったとおり，対戦勝率が高い個体ほど雌に接近できるという関係が現れ

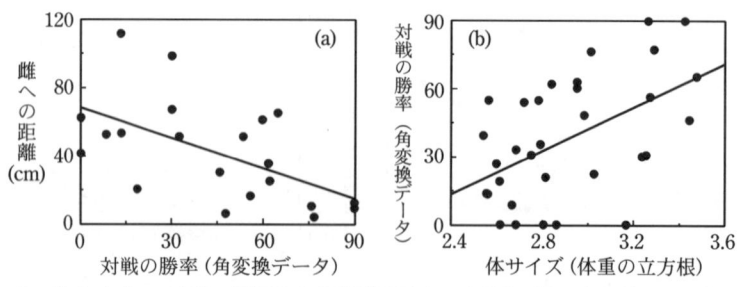

図5-13 体サイズへの淘汰の原因となる残留型同士の攻撃的干渉．(a) 雌への距離と対戦勝率の関係 ($y = 68.2 - 0.6x$, $R^2 = 0.32$, $p < 0.01$) と，(b) 対戦勝率と体サイズの関係 ($y = -100.5 + 47.5x$, $R^2 = 0.27$, $p < 0.01$) (Koseki & Maekawa, 2000より改変)

た (図5-13a)．さらに，この対戦成績と体サイズとの関係を見てみると，体サイズの大きい個体ほど，対戦勝率が高いことも明らかとなった (図5-13b)．これらの結果から，淘汰のメカニズムに関して次のようなシナリオが成り立つだろう．すなわち，まず残留型内の攻撃的干渉によって体サイズ依存的な順位性が生じ，その順位制が次に雌への距離を決めるというふうにして，大きな体サイズが有利となるような淘汰が生じていたのである．

淘汰のメカニズムはわかった．もう1つの疑問は，大きな体サイズへと淘汰が働いているのなら，なぜ残留型は今日見られるような小さなサイズをしているのだろうということである．その理由の1つには，河川という環境が残留型の成長の制限要因となっていることがあげられるだろう．しかし，それ以外の可能性として，今回検出された体サイズへの淘汰圧が，残留型の体サイズがより大きなものへと進化するにつれて変化することも考えられる．確かに現時点では，回遊型は残留型にほとんど無関心であり，回遊型からの攻撃的干渉が残留型への淘汰として作用するようなことはない．しかし前に述べたように，残留型に対する攻撃についての回遊型の意志決定は，スニーキングを防ぐことによって見込まれる繁殖成功の増加がそれによって失うエネルギーに見合うかどうかで決まっていると説明できた (5-3-2項参照)．スニーキングをする個体の体サイズが大きくなり，放出する精子の量が増えれば，回遊型にとってスニーキングは繁殖成功 (受精卵数) を大きく低下させるゆゆしき問題となるだろう (Hutchings & Myers, 1988)．スニーキングを阻止することの利益がその損失を上回るようになったとき，それまでとは異

なり，回遊型の残留型への干渉が強くなるということは十分ありうる。したがって，残留型の体サイズは，その増加につれて，今度は回遊型の攻撃的干渉による負方向の淘汰（すなわち，性内二型全体で見た場合の分断淘汰）の影響を強く受けるようになるのではないだろうか。

　実は，この考えを支持する観察結果を，私と同じ研究室に所属していた山本俊昭さんとその共同研究者の江戸謙顕さんが報告している（Yamamoto & Edo, 2002）。彼らは，私が実験魚を捕獲した洞爺湖の流入河川において，産卵集団内の個体間干渉を2シーズンにわたって観察した。その結果，私の実験結果と同様，ペア雄は残留型に対してほとんど攻撃しない一方で，通常の回遊型と残留型の中間くらいのサイズをした小型の回遊型個体に対しては執拗に攻撃を加えることを明らかにしている。したがって，上記の残留型の体サイズ進化のシナリオはなかなか説得力があるのではないだろうか。もしそうであるならば，残留型の体サイズは，回遊型からの干渉と自分たちの間での相互干渉という，拮抗する2つの社会的条件のもとで維持されているといえるだろう。

5-4　残留型の隠れた形質

5-4-1　精子競争がもたらす「内なる」性内二型

　ここまでは，代替繁殖行動に対する適応という観点から残留型の形態の進化について見てきた。そこで得られた1つの結論は，これまで考えられてきた分断淘汰による性内二型進化の図式は実際には少し単純すぎるもので，スニーキング行動が必ずしも残留型に回遊型と逆方向の淘汰圧をもたらすわけではないというものだった。では，スニーキング行動による分断淘汰は，残留型に対する進化的圧力としてそれほど重要な役割を果たしてこなかったのだろうか。言い換えると，残留型は，スニーキング行動ならではというような形質を進化させてはこなかったのだろうか。いや，そうではないかもしれない。ここでは，そう考える根拠である精子競争という現象を紹介し，それが残留型にどういった形質を進化させると考えられるのかを見ていくことにしよう。

　精子競争とは，異なる雄由来の精子の間で生じる，卵の受精をめぐる競争のことである。精子競争が潜在的に非常に強力な進化的圧力であることは，

さまざまな分類群の雄が見せる生殖器の構造や配偶行動から明らかである。例えば、トンボ類では、雄の外部生殖器の先に鉤(かぎ)状の構造があり、交尾の際に先に交尾した雄の精子を雌の貯精嚢からかき出すのに用いられることが知られている(Krebs & Davies, 1987)。また、昆虫をはじめとする多くの無脊椎動物で広く報告されている交尾栓は、交尾後に雌の生殖口を塞(ふさ)いで、ライバルの雄の精子を締め出す役目を果たしている。さらに、このような機械的な方法ではなく、交尾の前や後に雄が雌を一定期間ガードする、配偶者ガードという「力業」も、動物界にはよく見られる。交尾の前にガードするか後にガードするかは、先に交尾した雄と後に交尾した雄のどちらの精子が受精に使われるかという、種ごとの受精様式による。もっとわかりやすいのは、哺乳類や鳥類など配偶システム上配偶者ガードが難しい種では、精子競争の危険率(雌が複数の雄と交尾する可能性)が高い種の雄ほど、体の大きさに対して相対的に大きな精巣をもつ(Harvey & Bradbury, 1991; Parker et al., 1997)。つまり、単純に精子の量を多くして卵を受精させる確率を高めようというわけだ。以上の豊富な証拠から、精子競争が動物界全般にわたって雄の形質に大きな影響を及ぼしていることがわかる。

　精子競争の影響は、上で紹介したような種ごとの形質進化にとどまらないかもしれない。Parker (1990)は、2個体の雄による精子競争モデルを解析し、精子競争が個体間に不平等に働く場合、雄の生産する精子の量に種内変異が生じうることを示している(Gage et al., 1995も参照)。つまり、ある雄の精子が他の雄の精子よりも常に卵の受精に不利となるような状況があれば、その雄は受精成功の低下を埋め合わせるために他の雄に比べてより多くの精子を作るかもしれないのである。

　さて、ここでサケ科魚類の繁殖を考えていただきたい。ここまで見てきたように、回遊型と残留型は、それぞれ闘争-ペア行動とスニーキング行動によって雌と産卵する。これは、回遊型が雌と単独で産卵することはあっても、残留型が産卵を独占することはないことを意味している。言い換えると、残留型は参加するすべての産卵においてペア雄の回遊型と卵の受精をめぐって競争しなければならない。さらに、雌から離れた位置からのスニーキングには、放精タイミングの遅れによる受精率の低下といった不利さもあるかもしれない(Mjølnerød et al., 1998; しかし, Foote et al., 1997も参照)。つまり、残

留型は，回遊型よりもより高い頻度で，より強く，精子競争の影響を受けているといえそうである。そして，そうだとすれば，「残留型は，精子生産，あるいは精巣の発達により大きな投資を行っているだろう」という重要な予測が導き出される。

　この予測が正しいとすれば，とても面白い。残留型は，実は隠れた所でスニーキング行動に特異的な適応を実現しているかもしれない。少し地味かもしれないが，性内二型は体の外部だけでなく，体の内部にも存在するかもしれないのである。さて，この魅力的な予測は正しいのだろうか。さっそく，その検証研究 (Koseki & Maekawa, 2002) について見てみよう。

5-4-2　残留型と回遊型の精巣投資量の比較

　1999年8月終わりから9月初めにかけて，まずは研究に用いる残留型と回遊型の採集を行った。実は，このタイミングとその後の採集期間についてはかなり神経を遣った。というのは，時期が早すぎると精巣は十分に発達していないし，遅すぎると今度は産卵（放精）を経験した個体が出てきてしまうからである。私が立てた採集計画は，回遊型が産卵場に遡上した直後を狙って，残留型と回遊型を同時に，しかもできるだけ短期間のうちに採集するというものだった。このような計画のため，当然1日の作業量は多くなり，例の重たいエレクトロフィッシャー（図5-8）を背負って1日中川を歩き回ることになった。また，結果の信頼性を高めようと，調査個体群を2つ（前に登場した道北の朱鞠内湖水系，および道央の然別湖水系）にしたため，採集の労力はさらに増した。それでも，研究室の仲間に手伝ってもらいながら，なんとか後の分析に足りるだろうという個体数を集めることができた。また個体の繁殖経験の問題についても，採集の間に尾鰭の傷ついた（つまり，産卵床を掘ったと思われる）雌も産卵床そのものも確認されなかったため，採集された雄はすべて未放精個体と考えられた。

　あっという間の野外サンプリングの後には，数ヵ月に及ぶ実験室での分析作業が待っていた。私は，精巣投資量の推定量として，重量と，エネルギー量の2つを用いることにしていた。重量を量るだけなら時間もそれほどかからないのだが，エネルギー量の分析は本当に手間のかかる作業だった。その手順はおおよそ以下のとおりである。まず，冷凍保存しておいた魚をほどよ

く解凍し，精巣とそれを除いた部分（以下，体組織とよぶ）とに分けて重量を量った．次に，各組織を均質にし，20gほどの分析用サンプルを採取した．この「均質化」のために，実験室は一時水産加工工場と化した．精巣をミキサーで撹拌したり，体組織を出刃包丁でぶつ切りにし，フードプロセッサーですり身にするという作業が，連日連夜続いた．大きな回遊型は，鰭や皮といった軟らかい部分がなかなか細かくならず，均質な体組織を作るのは一苦労だった．組織サンプルができ上がると，今度はその化学成分，つまり水分，灰分，脂質，タンパク質を食品分析法に基づき定量化した．ここでは各分析の方法については詳しく説明しないが，とにかく秤量，秤量，また秤量の日々だった．化学成分の分析が終わり，それらに含まれるエネルギー量を足し合わせると，ようやく組織中のエネルギー量を求めることができた．

さて，得られた精巣と体組織のエネルギー量のデータを調べてみると，前節で説明した体サイズと形質のアロメトリー関係はここでも見られた（図5-14a）．つまり，体組織エネルギー量が増えるにつれて精巣エネルギー量も増加するという関係が見られた．もちろん，これは分析を行う前から想像がついていた．体にもつエネルギー量が多いほど，繁殖に対しても多くのエネルギーを投資できるのはごく自然なことである．同様の関係は，精巣重量についても見られた（図5-14b）．このような関係がある限り，形態形質について

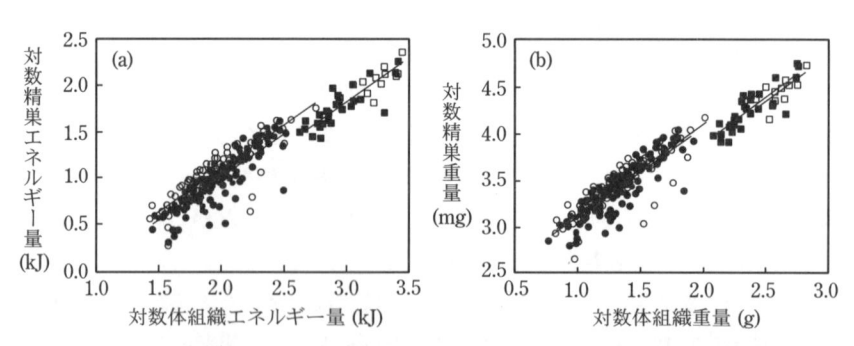

図5-14 体サイズ（精巣を除く体組織）依存的な精巣への投資．投資は，組織内のエネルギー量(a)と，組織重量(b)という2つの点から評価した．黒い丸と四角は，それぞれ然別湖の残留型と回遊型を，白い丸と四角は，それぞれ朱鞠内湖の残留型と回遊型を表す．残留型-回遊型間，あるいは個体群間で，回帰直線の傾きに有意な違いは見られない（共通の傾きbは，エネルギー量で0.93，重量で0.97）（Koseki & Maekawa, 2002より改変）．

5-4 残留型の隠れた形質

もそうだったように，問題とすべきは絶対的な投資量ではなく，相対的な投資量ということになってくる。つまり，体組織エネルギー量に対して相対的な精巣エネルギー量が，残留型と回遊型の間で異なっているかどうかを検定しなければならない。同じことは，精巣重量にもそのままあてはまる。そうした検定を行うために，私は共分散分析という統計手法を用いた。共分散分析とは，検定する変量に関係する変量（共変量とよぶ）の影響を考慮に入れながらグループ間の比較（分散分析）を行う統計手法で，今回のような状況にはうってつけである。

　得られた結果は，予測ときれいに一致するものだった。共分散分析による検定結果は，残留型が回遊型に比べてより多くのエネルギーを精巣に配分していることを示していた。もう少し丁寧に書くと，まず，共分散分析の重要な前提であるグループ間での共変量効果の同一性は満たされていた。つまり，精巣エネルギー量に与える体組織エネルギー量の影響は，残留型・回遊型間，または個体群間で異なってはいなかった（図5-14aにおける回帰直線の傾きに差はなかった）。そのうえで，これが重要なのだが，残留型と回遊型との間で精巣エネルギー量に有意な差が見られ，残留型は，決して体サイズの効果によってではなく，残留型そのものがもつ特性として，精巣に対して回遊型よりも大きな投資を行っていることが示された。同様の結果は精巣重量でも確認され（図5-14b），やはり上の結論を導くことができた。

　残留型が精巣により大きな投資を行っていることはわかった。では，それはどのくらい多いのだろうか。残留型と回遊型の精巣への投資量の違いを量的に評価するために，生殖腺指数を計算してみた。生殖腺指数とは，体組織重量（あるいは総重量）に対する生殖腺重量の百分率（％）で表され，水産学でよく用いられる指標である。ただし，厳密なことをいえば，体組織重量に対して生殖腺重量が常に一定量ずつ（等差的に）増えるのでなければ，生殖腺指数（百分率）は投資量の指標としてふさわしくない。なぜなら，サイズ（体組織重量）の異なる個体に対して，生殖腺重量に与える体組織重量の影響を平等に差し引くことができないからである。しかし，今回のサクラマスの場合，生殖腺重量は体組織重量に対してほぼ等差的に増加していた（図5-14の回帰直線の傾きはほぼ1だった）。したがって，ここでは1つの目安として生殖腺指数を用いても差し支えないだろう。

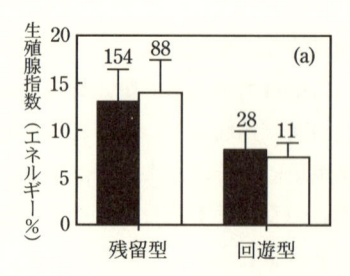

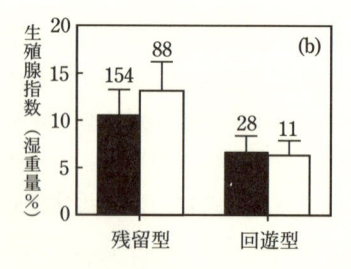

図 5-15 エネルギー量 (a) および湿重量 (b) から計算した然別湖 (黒) および朱鞠内湖 (白) の残留型と回遊型の平均生殖腺指数 (100×精巣の値/体組織の値)。エラーバー (標準偏差) の上の数字はサンプル数を表す (Koseki & Maekawa, 2002 より改変)

　さて，計算によって表された両者の違いは，驚くほどはっきりしたものだった。2つの個体群とも，残留型の生殖腺指数は回遊型のそれの1.6倍から2倍もあった (図5-15)。同様の結果は，精巣エネルギー量に基づく生殖腺指数でも確認され，残留型と回遊型との間にはやはり1.5倍以上の開きが見られた。目に見えない所でなんと明瞭な性内二型が生じていたことか。こうした大きな違いを考えると，残留型がスニーキング時にさらされる精子競争は相当熾烈なもののようである。

5-4-3　精子競争と精巣投資量との関係

　サクラマスの残留型は，回遊型に比べて明らかに精巣への投資を増やしていた。そして，この結果はスニーキングにともなう精子競争から導かれる予測と一致するものであった。したがって，私は，スニーキングによる精子競争が残留型の精巣投資量増大へと導いた進化要因だろうと推察した。しかし，今回の研究ではその直接的な証拠，つまり残留型の高い精巣投資量が精子競争に有利であることを示しているわけではないので，「精子競争が間違いなく残留型の精巣投資量増加の原因である」とまではいえない。そこで，先行研究から，この結論が確かなものなのかどうか，もう少し考えてみよう。

　実は，残留型が高い精巣投資量をもつという結果は，まったくの新知見というわけではない。同様の結果は，アトランティックサーモンの残留型とベニザケのジャックからも報告されていた (Gage et al., 1995; Foote et al., 1997)。この両者とも，回遊型に比べてほぼ2倍の生殖腺指数 (重量に基づく)

5-4 残留型の隠れた形質

を示すので、おおざっぱに見て、サクラマスの残留型と同じような投資パターンだといえよう。しかし、それらとは異なる結果も1つ報告されていた (Jonsson & Jonsson, 1997)。ノルウェーのブラウントラウトについて行われたその研究は、エネルギー量に基づく生殖腺指数に残留型・回遊型間で差はなく、また重量で計算した場合には、むしろ回遊型の生殖腺指数のほうが高い値を示すことを明らかにしていた。さて、他の研究と食い違うこの結果はどう考えたらよいのだろう。ひょっとして、サクラマスを含め、他のサケ科魚類の残留型やジャックに見られた高い精巣投資量は、精子競争が原因ではなかったのだろうか。

いや、そうではない。他のサケ科魚類とブラウントラウトとの間には、ある1つの重要な違いがあった。それは、残留型と回遊型の体サイズ分布である。残留型（ジャック）の精巣投資量の高い種では、回遊型と残留型（ジャック）の体サイズはまったく重ならないのに対して(5-2-1項参照)、ブラウントラウトではそうした体サイズ（体組織エネルギー量）の重複が見られるのである (Jonsson & Jonsson, 1997)。体サイズが重なるとなると、残留型のなかにも、回遊型のようにペア雄として産卵する個体がいてもおかしくない。したがって、常に残留型（ジャック）がスニーキング行動を行い、その結果不平等な精子競争にさらされるという前提条件は、ブラウントラウトでは成り立たないように思われる。こうした条件は、同種個体間に精巣投資量の変異が生じうることを最初に示した Parker (1990) の理論的研究でもはっきりと仮定されている。どうやら、同じ残留型であっても、ブラウントラウトでは2通りの繁殖行動が可能なために、スニーキングへの適応が起こらなかったと考えられそうである。

こうした理由に加えて、著者ら自身も述べているように、ブラウントラウトの結果には個体群特有の環境要因が影響しているかもしれない。研究が行われたノルウェーの河川は、フィヨルドという一次生産力の高い海へと流れ込んでいる。フィヨルドで豊富なエネルギーを得ることのできる回遊型は、生殖腺への投資も余計に行えるのかもしれない。これは、重量で見た場合に、残留型よりも回遊型のほうが生殖腺指数が高いことをも説明する。精巣投資量は、環境要因によっても可塑的に変化するかもしれない。

とはいえ、回遊型と違い、残留型には精巣投資量を増加させる環境要因は

見当たらない。高緯度地方の河川が海よりも生産力が高いということはありえない。したがって，残留型に見られる高い精巣投資量は，やはり精子競争に対する適応の産物だろうと考えられる。

5-5 おわりに

繁殖は，自らの子をより多く残そうとする個体同士が集まり行われるものであり，そこで生じる個体間の競争は強い淘汰圧となって生物にさまざまな形質の進化をもたらす。サケ科魚類に見られる性内二型（残留型と回遊型）は，そうした淘汰圧が二極化する分断淘汰によって進化したと考えられてきた。本章では，この仮説を検討するために，スニーキング行動への適応という観点からサクラマス残留型の形質進化について見てきた。そのなかで明らかとなった主要な結果は，残留型他個体との競争により，体サイズには分断淘汰と異なる方向の淘汰が働くこと，そして，おそらく回遊型との精子競争により，精巣に高い投資が行われていることであった。これらの結果から，残留型の形質進化には，これまで考えられてきた分断淘汰と，残留型同士の競争によって生じる淘汰という2つの進化的圧力が影響を与えていると示唆される。

基本的な繁殖行動が同じであることを考えれば，これらの淘汰圧は他のサケ科魚類の残留型やジャックにも見られるだろう。そして，そうであるならば，この2つの淘汰圧の拮抗状態について種ごとにどう折り合いがついているのか，またその結果，種間で形質進化にどういった違いが見られるのかはとても興味深い問題である。精巣投資量に関して考察したのと同様に，淘汰圧の拮抗状態が，スニーキング行動への依存度によって異なっていることは十分考えられる。もっといえば，そのスニーキング行動への依存度の種間変異は，各種の残留型（ジャック）のおかれた成育環境や繁殖環境などの生態学的差異によって説明できるかもしれない。

また，残留型の形態形質と精巣投資量の進化は，それぞれに独立ではないかもしれない。生物が，さまざまに働く淘汰に対してそれぞれの形質を適応させられるような「万能」なものでないことはいうまでもない。生物は，系統，遺伝，発生，生理，確率変動する環境などのさまざまな制約にさらされている(Stearns, 1992)。そうした制約によって生じる形質間の両立不可能な

5-5 おわりに

関係，すなわちトレード・オフも，各形質の進化に影響を与えてきたはずである。観察された残留型の高い精巣投資量と未発達な二次性徴（反対に，回遊型における低い精巣投資量と顕著な二次性徴）という組み合わせを考えると，どうやらこれらの形質間にはトレード・オフが存在しているように思われる。こうしたトレード・オフのもとで形質進化にどういった「折衷案」がとられてきたのかもまた，今後に残された大きな課題である。

6 シベリアの古代湖で見たカジカの卵
──バイカルカジカたちの種分化機構の謎に迫る

(宗原弘幸)

　バイカル湖は世界最大・最古の淡水湖である。この湖には、固有種ばかり33種のバイカルカジカが生息している。ロシアと日本の国際共同調査により、バイカル湖岸におけるバイカルカジカの繁殖生態が調べられた。産卵基質となる浮き石の密度とカジカの繁殖巣の分布調査で、社会的に優位な種と劣位な種の分布境界域から、優位種が劣位種の卵を保護する異種混合巣（ミックスブルーディング）が見つかった。この巣に秘められたバイカルカジカの激しい種内・種間競争の実態を詳述し、さらにバイカルカジカの進化史についても考察する。

6-1　国際共同調査隊

　シベリアの青い瞳と讃えられ、世界の湖沼水の20％を湛える世界最大の淡水湖がバイカル湖である (Sergeev, 1989; 森野・宮崎, 1994)。3000万年というはるかな太古から長い年月を刻んだ世界最高齢の古代湖でありながら、今もなお、深く、広く成長を続ける、浸食輪廻半ばの壮年地形を誇る一級の地学教材であるという。また、バイカル湖は、湖内に生息する動植物全体のおよそ3/4にあたる約1000種の固有種をつくり出した、生物創生大展覧会の舞台でもある。1997年7月、私は「バイカル湖における種多様性創出機構」のロシア・日本国際共同調査隊のメンバーの1人としてバイカル湖畔に立ち、黒い瞳に青い湖水を映していた。

　バイカル湖には、バイカルカジカと総称されるバイカル固有のカジカ上科魚類が生息している。この湖に生息する魚類の60％以上にあたる3科12属33種がバイカルカジカである (後藤, 2000; Sideleva, 1994, 2001)。バイカル湖

は，まさにカジカ天国，いや，カジカ研究者天国なのだ．私たちは，この年から3年続けて，夏季だけであるが，あわせて約3ヵ月間，文字どおりバイカル湖につかり，カジカ類とともにバイカル固有生物の代表格ヨコエビ類の生態調査を実施した．

調査は，主にスキューバ潜水で行った．面積46,000 km^2，最大水深1637 m，平均でも730 mに達するバイカル湖にあっては，巨象の尻尾の毛の先を虫眼鏡で見る程度の調査に見える．しかし，多くの湖や海がそうであるように，バイカル湖も沿岸域が最も生物の種類が多く，生物量も多い．ここで得られる知見から生物の多様性，種分化機構の一端を知ることは不可能ではないはずだ．すべての雑用を日本に置き去り，バイカル湖にきた私たちは，煩悩から逃れ，ひたすらに潜り，体力の限りカジカを追いかけた．バイカル湖生誕3000万年目に見た，バイカルカジカの夏を紹介したい．

6-2 バイカル湖

新潟空港から約5時間（偏西風のため帰路は4時間余り）でイルクーツク (Irkutsk) に着く．イルクーツクは，バイカル湖の湖水が流出するたった1つの大河アンガラ川のほとりにあり，そこから車でさらに約1時間さかのぼるとアンガラ川の源流，すなわちバイカル湖にたどり着く（図6-1）．戦後50年

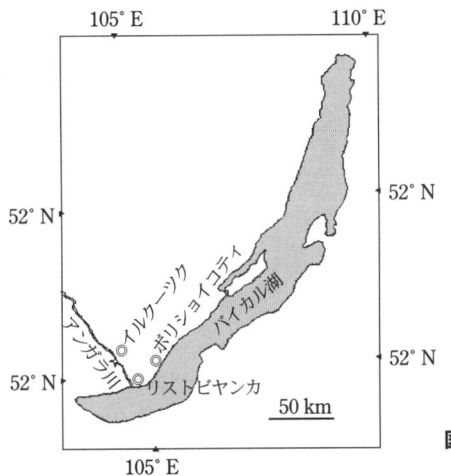

図6-1 バイカル湖と調査地の地図

図6-2 バイカル湖にかかわるさまざまな研究の拠点となったロシア科学アカデミーバイカル博物館。1999年のロシアと日本の国際共同調査は，この博物館前の湖底で行われた

近く日本人の滞在が認められなかったこの地だが，今や通関手続きを除くとわずか6時間でバイカル湖を臨むことができるのだ。

　私たちは，1997年と1998年には，アンガラ川源流のバイカル湖入口から湖岸をさらに20km東に進んだボリショイ・コティ（Bolshye Koty）という集落にあるイルクーツク州立大学の生物学研究所で，また1999年は，バイカル湖入口のリストビヤンカ（Lystovyanka）にあるロシア科学アカデミー・バイカル博物館（図6-2）を拠点に調査活動を行った。メンバーは，カジカ班が日本産淡水カジカ類のスペシャリスト，北海道大学の後藤晃さん，バイカルカジカの研究を30年近く続けてきたロシア科学アカデミーのシドレワ（Valentina G. Sideleva）女史，このカジカの大御所2名のなわばりに，淡水カジカ初体験コンビの成松庸二さんと私が加入した。ヨコエビを中心としたベントス班は，茨城大学の森野浩さん，山内視嗣さん，京都大学の成田哲也さんと野崎健太郎さん，琵琶湖博物館の中井克樹さんである。森野さん，中井さん，シデレワさんと私の4名は，3年連続して調査に参加した。

　バイカル湖は，透明度41mという世界最深の記録をもつことでも知られているが，6月にプランクトンの大増殖（春季ブルーミング）が起こると，北風が吹き秋の気配となる8月中旬までは，沿岸域の透視度は2〜5m程度にまで下がる。その低い透視度に対処し，標本採集地点を明示するためにメジャー

を敷いた。湖岸から沖合に向かって伸ばされたメジャーの目盛りに合わせて深度計を読む。100m地点で水深4m, 150m地点でも水深6mしかなかったが, 200m地点では水深21mを指した。南バイカルのほとんどの湖岸は, 波打ち際に沿ってゴロタ石が帯状に広がり, ここをすぎると, 遠浅の砂底または岩盤が続く。そして, 突然, 急斜面か急峻な峡谷となって湖底が落ち込んでいく。私たちが調査した場所も, おおよそ同様の地形だった。

　こうした急斜面や峡谷まで潜り, そこからさらに眼下を眺めると, どこまでも続く暗い闇のほかは, 何も見えない。えもいわれぬ恐怖感に襲われる。作業前に噴き出た汗はすでにひき, 全身を冷やし始め, 恐怖感を増幅させる。しかし, この静寂な闇の中にもカジカたちはいるのだ。

　バイカル湖岸の年間日照量は, カリフォルニアに次いで世界でも多い地域といわれている。そのため, 夏こそ湖面は暖められ, 湖岸近くでは20℃近くに達する日もあるが, 1年のうち8ヵ月以上は表面水温が4℃以下という日が続く。また, 初夏の穏やかな日を除き強風の吹く日が多い。サルマとよばれる2000メートル級の山々から吹き下ろすシベリアの季節風は, 壮烈である。南北の長さ640km, 東西の平均幅50kmにも及ぶ障害物が何もない湖面をサルマが駆けるたびに, 湖水は大きく揺らされる。こうした気候の変化により, 湖水は毎年必ず深水域まで大規模な鉛直混合を起こすこととなる。これは, 同様の地殻変動により大地の割れ目に出来た深水域をもつタンガニイカ湖やマラウィ湖などアフリカ大地溝帯の古代湖とは対照的である。熱帯地方にあるこれらの湖は, 湖水の鉛直混合が湖の深部まで起こることがなく, 湖水は周年にわたって成層を形成している。このため, 深水域は無酸素状態となり, 厚く湖底に堆積する硫化水素のため, 生物のすめない環境となっている。厳しいシベリアの自然条件が作り出す湖水の対流こそが, バイカル湖の湖底深くまで溶存酸素を運び, 深水域でも生きものたちの生存を可能とし, カジカのみならず, ヨコエビ, カイメン, 巻き貝, ウズムシ, ミミズなど, さまざまな生物群で膨大の固有種を作り出した舞台装置なのだ。

　バイカル湖に生息するバイカルカジカたち。彼らの祖先がバイカル湖に入り込み, 今日まで刻み続けてきたバイカルカジカの歴史を, はたしてどれだけ繙(ひもと)くことができるだろうか。バイカル湖の過去とこれから始まる調査に思いをめぐらしながら, 峡谷の下に広がる深く暗い闇の先を暫(しば)し見つめた。

6-3 浅水域のバイカルカジカの生息場所と食性

　淡水域に生息するカジカは，世界で約75種が知られている。そのうち4割以上がバイカル湖からである。1つの湖の中で，カジカがこれほどたくさんの種類に種分化できた理由はどこにあるのだろうか。そのためには，バイカル湖で多くのカジカたちの共存を可能にしている要因を探し出す必要がある。手始めに，調査水域内で何種のカジカが共存し，それぞれがどのような生息場所にいて，そこには，どんな餌生物がいて，カジカたちは実際に何を食べているのかを調べることにした。つまり，微小生息場所と餌資源の利用状況を種間比較することから，各種のニッチの重複状況を明らかにし，バイカルカジカの共存機構の説明を試みようというわけだ。

　調査方法はいたって簡単で，湖底に敷いたメジャーの上に，一定間隔および一定深度ごとに調査点を設定し，各地点でのベントス（底生生物）とカジカ類を採集する。カジカ類の胃内容物とベントス標本の種査定をした後，種別に個体数を計数し秤量しようというものである。本調査ではヨコエビ類をはじめとして，ベントスのスペシャリストが大勢参加しておられたので，ベントスおよびカジカ類の胃内容物の同定作業については，すっかりお世話になった (Morino, 1998)。

　さて，バイカル湖の浅水域の湖底は，前述したようにゴロタ石帯をすぎて，

図6-3 バイカル湖を彩るカイメン。左下方斜めの白ラインは調査用メジャー

6-3 浅水域のバイカルカジカの生息場所と食性

表6-1 トランセクトで採集された浅水性バイカルカジカの分布と底質 (於, ボリショイコティ)

湖岸からの距離 (m)	0～6.5	20～30	40～45	60～65	90～95	120～125
調査面積 (m^2)	13	20	10	10	10	10
底質	石積帯	礫底	礫底-石積帯	砂底-礫底	砂礫底	石積帯-礫底
ケスレリイ	0	0	0	5	8	0
クネリイ	4	5	7	1	8	1
グルウィチィ	6	0	3	0	1	7
バイカレンシス	0	0	0	1	0	0
グレウィングキ	0	0	0	0	0	2

さらに沖に向かうと，しばらくは遠浅で砂底と岩盤が交互に続く。ゴロタ石は波打ち際に厚く積み重なっているほか，砂底に埋まって敷き詰められていたり，岩盤上に散在し所々で集積しているなど，生息場所の多様性を作り出す。さらに，水深3m以深では，この石の上に枝状サボテンのような濃緑色の奇怪な姿をしたカイメンが生え，巻貝などの小型生物類に二次的な生息環境を提供している。このカイメンが群棲している水中景観は，まるで恐竜時代が到来する前の大古の風景のようで，古代湖を絶妙に演出する (図6-3)。ナイトダイビングで見た，月明かりに林立して浮かぶ幾本ものカイメンの林は，私が異国の古代湖バイカルを最も強く感じた光景だった。3m以浅で伸長したカイメンを見ないのは，氷の影響と強風で生ずる波がカイメンの成長を阻害するためと思われる。氷の厚さは厳冬期でも1m程度であるが，春の融氷期にはドリフトアイスが湖底を擦る。

1997年に行ったボリショイ・コティの調査結果とともに，沿岸域に生息するバイカルカジカの分布と底質を表6-1に示した。これを見て明らかなように，砂底にはレオコッツス・ケスレリイ *Leocottus kesslerii* (図6-4)，礫底にはパラコッツス・クネリイ *Paracottus knerii* (図6-5)，石が積み重なった場所には，クネリイとプロコッツス・グルウィチィ *Procottus gurwiti* が多く見られた。1999年にはリストビヤンカで，メジャーに沿って，ラインから1m以内に分布していたすべてのバイカルカジカと底質を記録する調査を行い，6種205個体を記録した。ここでもこの3種は上記同様の生息場所で見られた。そのほかのバトラココッツス・バイカレンシス *Batrachocottus baicalensis*, プロコッツス・ジェイテレシ *Pr. jeittelesi* およびコットコメフォルス・グレ

図6-4 レオコッツス・ケスレリイ *Leocottus kesslerii*

図6-5 パラコッツス・クネリイ *Paracottus knerii*

ウィングキ *Cottocomephorus grewingki* の3種は石が集積した場所で見つかった。

　一方，食性はというと，個体数が最も多く採集されたケスレリイとクネリイで調べた結果を見ると，両種ともヨコエビ類をもっぱら食べていることがわかった（湿重量で80％以上）。餌となっているヨコエビ類の種組成は，ケスレリイとクネリイともに10種以上にわたり，バイカルカジカがさまざまな種類のヨコエビを捕食していることがわかる。しかし，それでいて，なぜかメニューの重複はほとんどない（表6-2）。これは，2種のカジカで餌の嗜好性が違う結果だ，ということがいえるかもしれないが，そうではなく，ヨコエビ類の分布が種によって異なっていることを反映しているとみることもできる。この点については，ベントス調査によるヨコエビ類の分布から，2種のカジカの餌の嗜好性の違いよりも，ヨコエビの分布の種間での違いを反映していると考えたほうが，もっともらしいことが示唆されている。ただし，「もっともらしい」と書かなければならないのは，実は，まだベントスの解析がまだ十分進んでいないためだ。中井さんが中心になって立てられた採集計画は，さまざまな微小生息地に対し，定性的かつ定量的な解析も可能となるように企画されたもので，すべての作業は微に入り細をうがつように慎重に実行された。そのため，得られた標本の量は膨大である。そのうえ，種査定のよりどころとなる論文のほとんどは，ロシア語で書かれている。「調査方法はいたって簡単」と書いたが，結果を出すまでには，根気と労力を長い

6-3 浅水域のバイカルカジカの生息場所と食性

期間にわたって投資しなければならない大変な作業なのだ。

このような事情から，カジカ類の餌環境に関する調査は十分に進んではいない。しかし，カジカ類の食性調査から得られそうな結果は，私がバイカル湖の生態調査を始めたときに感じた直感を裏づけそうだ。

バイカル湖に初めて潜ったとき，どんな小さな石をひっくり返しても，砂底を軽く掘っても，たくさんのヨコエビが現れることに，私は大変驚いた。いろんな大きさで，いろんな形で，いろんな色をし，いろんな動きをするさまざまなヨコエビ類が，どんな場所にでも，とにかく，うじゃうじゃいた。もし，カジカが餌の種類に対する強い嗜好性をもつなら，どの種のカジカもお好みの餌種の分布に応じ，特定の底質だけを訪れてもよさそうだ。パッチ状に分布している礫底と砂底の移動は，バイカルアザラシが分布しない南バ

表6-2 ボリショイコティで採集したケスレリイとクネリイの胃内容物の重量種組成

餌　種	ケスレリイ (29個体)	クネリイ (27個体)
端脚類（ヨコエビ類）		
Brandtia leta	−	1.5
B. sp	−	1.5
Crypturopus sp.282	10.2	−
C. sp.283	53.0	3.1
C. sp.301	4.2	−
Eurybiogammarus sp.1	−	1.5
E. sp.282	−	0.8
E. sp.301	−	0.8
Eulimnogammarus cyaneus	−	2.3
E. marituji	−	0.8
E. verrucosus	−	0.8
Gmelinoides fasciatus	0.6	33.8
Hyalellopsis sp. 301	4.8	−
Micruropus sp.	−	6.9
M. sp. 301	0.6	−
Pallasea cancelloides	−	3.1
P. sp. 282	0.6	−
その他の端脚類	18.7	18.5
貧毛類（ミミズ類）	1.2	−
ユスリカ類幼生	0.6	16.9
トビゲラ類幼生	0.6	0.8
デトリタス	1.2	3.1
藻類	1.2	3.8

イカル湖沿岸の最上位捕食者の地位にあるカジカ類にすれば、大きなリスクが伴う行為ではないからだ。しかし、ケスレリイとクネリイはともに特定の種類のヨコエビに依存していない。これは、たくさんの種類のヨコエビがどのカジカの生息場所にも、いつも食べきれないほど、たくさんいるためにほかならない。

　それでは、バイカル湖と同じく古代湖であるタンガニイカ湖の場合どうなっているだろうか。タンガニイカ湖には、バイカルカジカの約6倍にあたる180種あまりのカワスズメ科が生息している。ここでは、1つの科でありながら、藻類食、底生動物食、魚食、鱗食など、食い分けが進み、同じ藻類食であっても、単細胞藻類食、糸状藻類食、微細糸状藻類食があり、底生動物食もユスリカ食、トビケラ幼虫食、カイメン食に分かれ、スペシャリスト化が顕著である（川那部・堀、1993）。さらに、同じ生物を食べる近縁魚種間でも、餌の探し方や襲い方を変えることで、まったく同じ食物的地位を共有しながらも、多種共存を成り立たせている。それに対して、バイカルカジカはすみ場という生活資源、特に岩盤や石の集積域では、種間である程度分割利用しているようだが、餌資源となるヨコエビ類は豊富にある。そのため、餌に対するスペシャリスト化が進化しない。ヨコエビをはじめとして目の前にいる餌を食べる「何でも屋」として、生きていけるのだ。餌やすみ場など生態的ニッチの細分化が進めば、資源利用の重複度が下がると生態学の教科書には書かれている（伊藤ら、1992）。しかし、ケスレリイとクネリイについてみると、餌となるヨコエビの種類の重複度が低い理由は、食い分けによるニッチの細分化というより、利用可能な餌資源が豊富であることが主な原因のように思える。

　豊富な餌生物は、捕食者全体の生物量を底上げし、多くの近縁種の共存も可能にするかもしれない。しかし、そのことによって種間競争の証拠をつかみにくくすることもあるようだ。バイカル湖では、餌資源はカジカの分布や個体数密度を規制する要因として、それほど重要ではないのだろう。バイカルカジカの共存機構や種多様性創出機構の謎を解くには、餌種を調べることとは別のアプローチを探すほうがよいのではないか、と思い始めた。調査1年目の終わりころのことである。

6-4 バイカルカジカ

　以上のように，私たちの調査では，5属6種（後述するように，調査後に記載された新種2個体も採集したので，実際には7種）の沿岸域に生息するバイカルカジカと出会えた。しかし，バイカルカジカの多様性を語るには，これだけでは不十分である。なにせ，バイカルカジカは，湖岸から最深部の水深1600 mにまで生息している。そのなかには，湖底から離れ，中深水域で生活している種もいる。さらに，2000年以降になってからも新種の発見や新属への移籍もあり，バイカルカジカの分類系統学はホットな話題を満載している。そこで，まずはバイカルカジカ全種の分布と系統関係について紹介しよう。

6-4-1　分布域

　最新情報によれば，それまでの3科11属29種だったバイカルカジカは3科12属33種に分類されるようになった（Sideleva, 2000, 2001）。全体で見るとバイカルカジカは，バイカル湖全域へ生活領域を拡大することに成功しているが，各種の分布範囲は大きく異なっている。そこで分布域を大まかに区分し，浅い湖底に依存した生活をしている仲間から見ていこう。この項は，表6-3を見ながら読むと理解しやすい。

　カジカ以外のほとんど魚類が分布する水深30 mまでの湖底には，調査時に見かけたカジカ科のケスレリイ，クネリイ，バイカレンシスとアビッソコッツス科のグルウィチィ，ジェイテレシの5種，さらに同科のアスプロコッツス・ヘルツェンステイニ *Asprocottus herzensteini*，リムノコッツス・ゴドレウスキイ *Limnocottus godlewskii*，リムノコッツス属から新たにシフォコッツス属が設けられ，そちらに移籍したシフォコッツス・メガロプス *Cyphocottus megalops* が分布する。このほかに，1998年にボリショイ・コティで発見され，1999年にリストビヤンカで行った調査でも2個体採集されたプロコッツス属の新種が加わり，合計9種のバイカルカジカが浅水域に出現する。このカジカは，国際共同調査隊の成果の1つでもあり，カジカ班長の後藤晃さんにちなんで，シドレワさんによりゴトイ *Pr. gotoi* と命名された（Sideleva, 2001）。いきなり大きな調査成果の披露となったが，まだまだ面白い発見があったので，ここは驚きも中くらいにして読み進めていただきたい。

表6-3 バイカルカジカの分布および生態の一覧表

分布による分類（主な分布水深） 科名　種名		生活様式	繁殖様式
浅水域 (1～30m)			
カジカ科 Cottidae			
ケスレリイ	*Leocottus kesslerii*	底生	雄親による卵保護
クネリイ	*Paracottus knerii*	底生	雄親による卵保護
バイカレンシス	*Batrachocottus baicalensis*	底生	雄親による卵保護
アビッソコッツス科 Abyssocottidae			
グルウィチィ	*Procottus gurwici*	底生	雄親による卵保護
ジェイテレシ	*Pr. Jeittelesi*	底生	雄親による卵保護
ゴトイ	*Pr. gotoi*	底生	雄親による卵保護
ヘルツェンステイニ	*Asprocottus herzensteini*	底生	雄親による卵保護
ゴドレウスキイ	*Limnocottus godlewskii*	底生	雄親による卵保護
メガロプス	*Cyphocottus megalops*	底生	雄親による卵保護
中深水域 (30～400m)			
カジカ科			
マルチラディアツス	*B. multiradiatus*	底生	雄親による卵保護
ニコルスキイ	*B. nikolskii*	底生	雄親による卵保護
タリエフィ	*B. talievi*	底生	雄親による卵保護
アビッソコッツス科			
インターメディウス	*As. intermedius*	底生	雄親による卵保護
パーミフェルス	*As. parmiferus*	底生	雄親による卵保護
プラティセファルス	*As. platycephalus*	底生	雄親による卵保護
プルケール	*As. pulcher*	底生	雄親による卵保護
コルジャコヴィ	*As. korjakovi*	底生	雄親による卵保護
アビッサリス	*As. abyssalis*	底生	雄親による卵保護
ユーリストムス	*Cy. eurystomus*	底生	雄親による卵保護
グリセウス	*Li. griseus*	底生	雄親による卵保護
パリヅス	*Li. pallidus*	底生	雄親による卵保護
バーギアヌス	*Li. bergianus*	底生	雄親による卵保護
エロキニ	*Abyssocottus elochini*	底生	雄親による卵保護
マジョー	*Pr. major*	底生	雄親による卵保護
深水域 (400～1600m)			
アビッソコッツス科			
コロツネフィ	*Ab. korotneffi*	底生	雄親による卵保護
ギボースス	*Ab. gibbosus*	底生	雄親による卵保護
ボウレンゲリ	*Cottinella boulengeri*	底生	雄親による卵保護
ウェレストシャギニ	*Neocottus werestschagini*	底生	雄親による卵保護
沿岸表中層 (0～500m)			
カジカ科			
グレウィングキ	*Cottocomephorus grewingki*	漂泳	雄親による卵保護
イネルミス	*Cotto. Inermis*	漂泳	雄親による卵保護
アレクサンドラエ	*Cotto. alexandrae*	漂泳	雄親による卵保護

表6-3 （続き）

分布による分類（主な分布水深） 科名 　種名	生活様式	繁殖様式
沖合中深層（150～1600m）		
コメフォルス科 Comephoridae		
バイカレンシス　　*Comephorus baicalensis*	漂泳	卵胎生
ディボウスキイ　　*Com. dybowskii*	漂泳	卵胎生

　浅水域から続く急斜面沿いの水深30～400mを主な分布域とする中深水性種には，カジカ科ではバトラココッツス属3種と，アビッソコッツス科ではアスプロコッツス属6種，シフォコッツス属1種，リムノコッツス属3種，アビッソコッツス属1種，プロコッツス属1種が含まれる．合わせて15種にのぼり，この水深帯には，最も多くの種類のバイカルカジカが生息していることになる．

　水深400～1600mにのみ生息する深水適応種は，カジカ科にはおらず，アビッソコッツス科のコロツネフィ *Ab. korotneffi*，ギボースス *Ab. gibbosus*，コッティネラ・ボウレンゲリ *Cottinella boulengeri*，ネオコッツス・ウェレストシャギニ *Neocottus werestschagini* の4種のみである．アビッソコッツス科はバイカル湖固有の科である．「アビッス（abyss）」は「底知れぬ深い所，深海」という意味で，文字どおり，深度ともに，バイカル湖底はアビッソコッツス科のカジカたちで占められていく．

　次に，湖底から離れ，沖合で生活する仲間を見てみよう．水面下から500mまでの表中層には，カジカ科のコットコメフォルス属の3種が分布する．この属は上記の28種と同様に，雌が基質に産んだ卵を雄が保護するため，繁殖期だけは，浅水域で底生生活を送る．浮き袋をもたないというカジカ類の形質を共有するものの，カルシウム分が少なく比重の小さい華奢な骨格と大きな胸鰭をもつため，カジカの一般的なイメージからかけ離れた外見をしている（図6-6）．しかし，これらの特化形質によって浮力が生じ，遊泳生活が可能となるのだ．

　この属は，私たちの調査前まで，繁殖期以外ではもっぱら沖合にのみいるものと考えられてきた．しかし，夜間に，たくさんのグレウィングキの未熟

な雄が浅水域の石の上で休息することを発見した。これらの個体は，簡単に捕まえられ，解剖すると，胃袋は昼間に捕食したと見られるケンミジンコ類など沖合に生息するプランクトンで膨満していた。このことから，夜間に水温の高い湖岸の浅水域にくるのは，昼間に捕食した餌の消化と栄養の吸収を早める，いわばエネルギーボーナスを得るためであろうと推察された。休息のたびにボーナスがもらえるなんて羨ましいと思ったが，よいことばかりでもないようだ。夜間の浅水域の湖底では，魚食性の大きなバイカレンシス B. baicalensis に捕食されるリスクもあるからだ。危険はあるが，グレウィングキの雄は，雌よりも成長が早く大きくなれる (Zubin et al., 1994)。ボーナスのおかげであろう。

　コットコメフォルス属の分布域よりさらに沖合の，水深150〜1600mの中深層では，カジカの仲間でありながら生涯遊泳生活を送るコメフォルス科のコメフォルス・バイカレンシス *Comephorus baicalensis* (図6-7) とディボウスキイ *Com. dybowskii* の2種が生息する。アビッソコッツス科と同様に，本科もバイカル湖固有の科である。

図6-6 コットコメフォルス・グレウィングキ *Cottocomephorus grewingki* のなわばり雄と卵塊

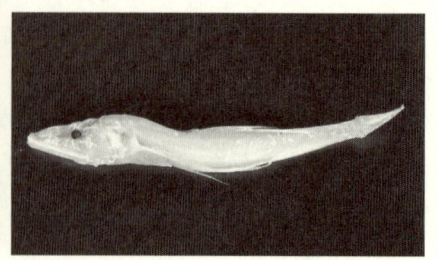

図6-7 通称ゴロミャンカ。コメフォルス・バイカレンシス *Comephorus baicalensis*

コメフォルス科は最も特異なカジカ類である。いくつも特徴があるが，何といっても最大の特徴は，カジカ上科のなかで本科だけが卵胎生［Wourms (1981) が母体から栄養供給があると推測して以来，コメフォルス科は胎生と紹介されることが多いが，本科の魚類を直接調べたロシア人研究者 Chernyayev (1971; 1974) の観察に従い，本稿では卵胎生と表記する］の繁殖様式をもつことである。このため，彼らは，繁殖のための巣石を必要としない。つまり，生活史のどの段階においても，湖底に依存することはない。こんなカジカは，バイカル湖以外に世界中どこを探してもいない。

さらに，もう1つ。コメフォルス科の体内には，多量の脂質が蓄積されている。胸鰭を伸長させるだけでなく，比重が水より軽い脂質の蓄積により，浮遊生活への適応を完璧にしているのだ。コメフォルス科のカジカを手にすると，人の発する体温の熱で，筋肉中の脂質が溶け出し，手がべとべとになるという。ロシアでは，バイカル湖のカジカを「ブチキ」とよぶ。耳障りな濁音と破裂音から予測されたが，残念ながら蔑称（べっしょう）に近いようだ。しかし，真珠色を帯び透き通った奇妙なコメフォルス科の魚たちは，自然への畏敬（いけい）の念を込めてブチキに含めず「ゴロミャンカ」と称される。脂質に富み，胸鰭が伸長し威厳に満ちた魚という意味だそうだ。

6-4-2 系統関係

バイカルカジカは，深水性さらには遊泳性で卵胎生という，淡水カジカの枠にとどまらない特徴をもつ種まで含み，カジカ上科全体を俯瞰（ふかん）しても，著しく多様な魚たちといえる。それでは，彼らの系統関係はどうなっているのか，最新情報をもとにたどってみよう。

Berg (1945) およびTaliev (1955) の報告以来，バイカルカジカの系統・進化研究の焦点は，(1) カジカは，いつの時代にバイカル湖に入ったのか。(2) 祖先種は，どんな魚であったのか。(3) バイカル湖への侵入は，何回繰り返されたのか。さらに，(4) バイカルカジカがこれほど多様に進化しえた要因は何か。この4点に尽きるといってよい。側線感覚器官系，骨格系など，外部形態を形質としたSideleva (1982) による研究もあるが，1989年のペレストロイカ以後に始まった外国への開放政策転換で，日本はもちろん，イギリスやフィンランドなどヨーロッパ諸国の研究者による分子系統の研究成果も出

されている。それらの中でも12属22種のバイカルカジカとアウトグループとしてバイカルカジカ以外の淡水カジカ8種・系群と海産カジカ2種のミトコンドリアDNAの約2800塩基対を比較したKontula et al. (2003)の報告は，先に掲げた4つの焦点のうちの初めの3点について多くの示唆を与えている。

図6-8にKontula et al. (2003)が提唱したバイカルカジカの分子系統を示した。この図から示唆されるバイカルカジカの種分化のストーリーは，ユーラ

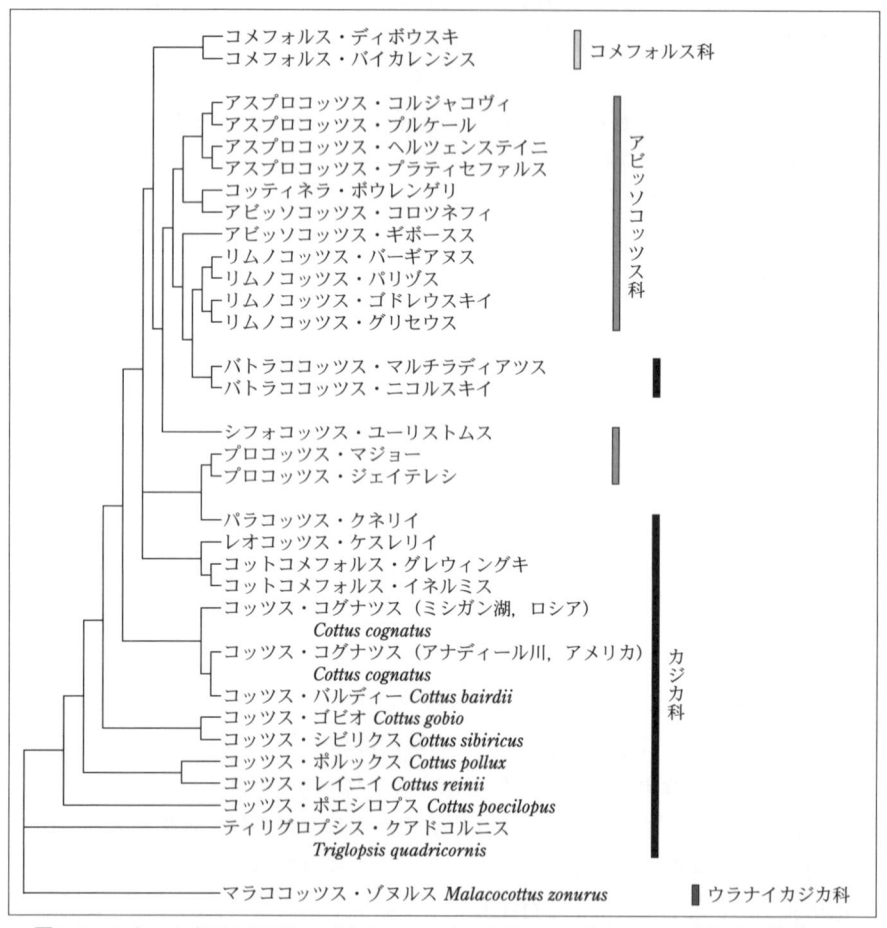

```
┌─コメフォルス・ディボウスキ
└─コメフォルス・バイカレンシス                   コメフォルス科

   ┌─アスプロコッツス・コルジャコヴィ
   ├─アスプロコッツス・プルケール
   ├─アスプロコッツス・ヘルツェンステイニ
   ├─アスプロコッツス・プラティセファルス
   ├─コッティネラ・ボウレンゲリ
   ├─アビッソコッツス・コロツネフィ
   ├─アビッソコッツス・ギボースス           アビッソコッツス科
   ├─リムノコッツス・バーギアヌス
   ├─リムノコッツス・パリゾス
   ├─リムノコッツス・ゴドレウスキイ
   └─リムノコッツス・グリセウス

   ┌─バトラココッツス・マルチラディアツス
   └─バトラココッツス・ニコルスキイ

     ─シフォコッツス・ユーリストムス
   ┌─プロコッツス・マジョー
   └─プロコッツス・ジェイテレシ

   ┌─パラコッツス・クネリイ
   ├─レオコッツス・ケスレリイ
   ├─コットコメフォルス・グレウィングキ
   ├─コットコメフォルス・イネルミス
   ├─コッツス・コグナツス（ミシガン湖，ロシア）
   │  Cottus cognatus
   ├─コッツス・コグナツス（アナディール川，アメリカ）   カジカ科
   │  Cottus cognatus
   ├─コッツス・バルディー Cottus bairdii
   ├─コッツス・ゴビオ Cottus gobio
   ├─コッツス・シビリクス Cottus sibiricus
   ├─コッツス・ポルックス Cottus pollux
   ├─コッツス・レイニイ Cottus reinii
   ├─コッツス・ポエシロプス Cottus poecilopus
   └─ティリグロプシス・クアドコルニス
       Triglopsis quadricornis

   ─マラココッツス・ゾヌルス Malacocottus zonurus   ウラナイカジカ科
```

図6-8 ミトコンドリアDNAのチトクロームb，ATPase8，ATPase6の遺伝子の塩基配列から推定した32種のカジカ類の系統関係（Kontula et al. (2003)より改変）。バイカルカジカの分類はSideleva (2001)による

6-4 バイカルカジカ

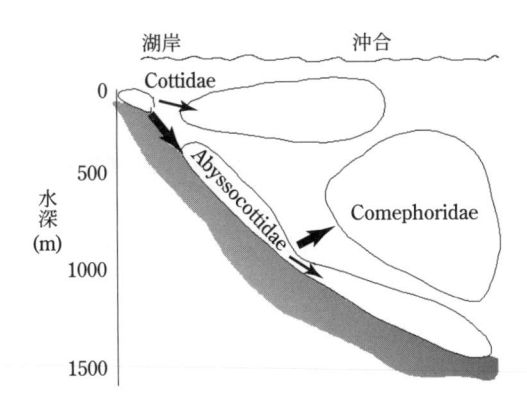

図6-9 Kontula et al. (2003) の分子系統と，バイカルカジカの分布域から推定したバイカルカジカの科の進化とバイカル湖内の生息環境への進出過程を表す模式図

シア大陸のみならず北アメリカ大陸にも分布するカジカ属のコグナツスあるいはコグナツスの近縁種がバイカル湖に侵入し，その種が祖先種となって，バイカルカジカ33種すべてが単系統的に種分化したという説である。この系統図をもう少し詳しくたどると，祖先種は浅水性種で，初期の種分化は著しく大きな形態変化を伴わず，カジカ科内にとどまる範囲のものであったが，沖合に侵出したコットコメフォルス属の出現は，種分化のかなり早い時期だったことが示されている。その後，深水域に侵出するとともに，アビッソコッツス科が分化し，この科の仲間がさらに深水域へと侵出する途中で，遊泳性卵胎生種であるコメフォルス科が出現したことになる（図6-9）。そして，分子時計から現存するバイカルカジカが分化した年代は，誤差を含んでいるものの120〜310万年前と推定される。祖先種から最初のバイカルカジカが分化し，その後すべての属が出現するまで，比較的短期間に適応放散が起こったということだ。推定された分化の時代は鮮新世である。この時代は，それまで比較的温暖だった北半球が大氷河時代となったころである。バイカル湖の深水域は，2000万年前くらいには，すでに出来ていたと考えられている。しかし，湖水の鉛直対流が始まり，深水域にも生物がすめる環境になったのは，氷河時代以降であろうとされる。バイカルカジカは，真っ先に深水域に進出した魚類であろう。そして，今もそこには追随する魚類はいない。バイカルカジカは，暗黒と冷水の世界である深水域を征服した，地球の歴史上，唯一無二の淡水魚に違いない。

さて、遺伝子の塩基配列を形質として用いる分子系統学的解析のほうが、信頼性が高いとしても、形態形質による系統関係との整合性は検討しなければならない。なぜなら、形態形質の進化は生態と密接に関係しているはずで、形態と分子の両面から検討することにより、バイカルカジカの進化過程の真相に近づくことができるからである。

分子による系統 (Kontula et al., 2003) と形態に基づく系統 (Sideleva, 2000) を比較すると、いくつかの不一致もあるが、合点のいくことも多い。この2つの系統関係は、ともに湖底を離れ遊泳生活を始めたカジカ科のコットコメフォルス属とコメフォルス科が、それぞれ別々に進化したこと示唆している。カジカ類は浮き袋をもたないため、遊泳生活するには体全体の比重を下げなければならない。先に触れたが、カジカ科の3種は胸鰭を伸長させ、骨密度を下げることで浮力を得たが、コメフォルス科は、大量の脂肪を体内に蓄えることで完全な遊泳生活を実現させた。さらに、コメフォルス科の2種は、底生のカジカが底に着地するときに脚立のようにして体を支える腹鰭も退化させている。

一方、不一致点の1つは、バトラココッツス属が形態形質に基づく系統関係ではカジカ科に含まれているが、分子系統ではアビッソコッツス科に含まれる結果となっていることである。Kontula et al. (2003) が分子形質として用いたミトコンドリアDNAは、母系遺伝し、どの個体にも1セットしかない。そのため、交雑などにより、集団内に異種のミトコンドリアDNAの移入が起きた場合、遺伝子の置き換わりが生じやすい。これを遺伝子浸透とよぶ。もし、カジカ科のバトラココッツス属の祖先種の雄が、アビッソコッツス科のいずれかの種の雌と交雑していたという場合でも、まったく別系統でありながら、バトラココッツス属がアビッソコッツス科と遺伝子を共有しているという現象が起こりうる。ミトコンドリアDNAの分析では、このような遺伝子浸透の錯誤を疑わなければならない。しかし、核DNAを使ったHunt et al. (1997) の研究結果も、バトラココッツス属はカジカ科ではなく、アビッソコッツス科に包含されることを示した。分子系統の結果を受け入れると、カジカ科は中深水域へ進出せずに、アビッソコッツス科への分化が起こったことになる。

さらに形態形質との不一致では、もっと大きな問題がある。それは、分子

系統では単系統であったバイカルカジカが，形態形質では，コメフォルス科だけは，その他のバイカルカジカとは別系統でバイカルに侵入した魚類から進化したと推定されている点である (Sideleva, 1982)。つまり形態形質からは，バイカルカジカの多系統性が支持されるのである。この不一致は，ミトコンドリアDNAを遺伝形質として使ったGrachev et al. (1992) の予察的な論文以来，バイカルカジカの系統問題で話題の中心だった。しかし，これ以後に出された別の遺伝子領域を調べたいずれの結果も，バイカルカジカの単系統性を支持した。単系統説の信憑性は高いと言わざるをえない。

　しかし，この系統関係は，底生性で卵生のカジカから，遊泳性で卵胎生のカジカへの進化が短時間に起こったことを意味する。分子系統の結果は，進化の道筋を指し示すだけで，種分化の際に起きた出来事については何も語ってはくれない。こんな大きな変化がどのように起きたというのか。このことについて納得のいく説明がつけられなければ，おいそれと信じられるものではない。謎である。やはり，分子系統だけでは，バイカルカジカの進化を完全に解決することは困難なのだ。この点については，生態学，生理学などその他の面から，後ほどもう一度検討してみたい。

6-5　バイカルカジカの卵

　調査初年のある日，カジカを採集するため，次々と石をひっくり返していたときのことだ。クネリイの卵塊とそれを保護している雄を偶然見つけた。海のカジカを調査していると，親はよく見ても，卵がなかなか見つからない。産卵場所探しは結構難しい，という苦い経験を度々味わってきた。だから，バイカルカジカの卵を初めて見つけたときは，とてもうれしくなり興奮したことを今でもよく覚えている。淡水カジカの多くは，石が積み重なり石の下に水底から離れた空間をもつ場所，いわゆる浮き石を産卵基質として利用することが知られている。ふと，バイカルカジカはたくさんいるが，巣石は十分あるのだろうか，こんな疑問がわいてきた。繁殖資源として利用する浮き石が足りないのなら競争になるはずだ。この競争は，バイカルカジカの社会行動に，何か重要な影響を与えているのではないだろうか。徐々に，この疑問が私の頭から離れなくなってきた。よし，バイカルカジカの卵を調べよう。この年発見した卵塊は，すでに孵化が始まっていた。そこで，1998年以降は，

調査の開始をもっと早めてもらうことにした。1998年は前年より3週間早く，1999年はさらに2週間早い6月20日に日本を発った。

6-5-1 巣石探し

初夏の心地よいダイビングを期待していたのだが，初日の水温はなんと3℃。聞けば，1ヵ月前まで，バイカル湖は結氷していたという。長い日照時間のため，日中の気温は20℃を越えるというのに，真冬の海を潜る覚悟が必要になった。ふふふ…，こんなこともあろうかと，はり付け懐炉を日本から持参していた。潜水中に体が震え始めると，エアの消費が一気に早まり，作業ができなくなるからだ。しかし，万全な備えのはずだったが，湖水の冷たさよりも，気温と水温との大きな温度差が体力の消耗を予想以上に早めた。流氷の下を潜るときでも，1日にタンク3本くらいは平気なのだが，バイカル湖では，胸と背中から，腹，つま先，股間，懐炉のはる箇所を次々に増やしていっても，1日2本のペースは3日と続けられなかった。

肝心の巣石と卵塊の調査は，1mの塩ビパイプを水平にもち，湖底に敷いたメジャーに沿って移動し，パイプに触れる範囲の石をすべてひっくり返すという方法で行った。移動の途中で巣が見つかれば，その場所

図6-10 バイカル湖底の環境区分。上からタイプ1, 2, 3および4。タイプ3の写真の石の下にクネリイの吻端が見える。タイプ4の写真は，巣石調査の様子

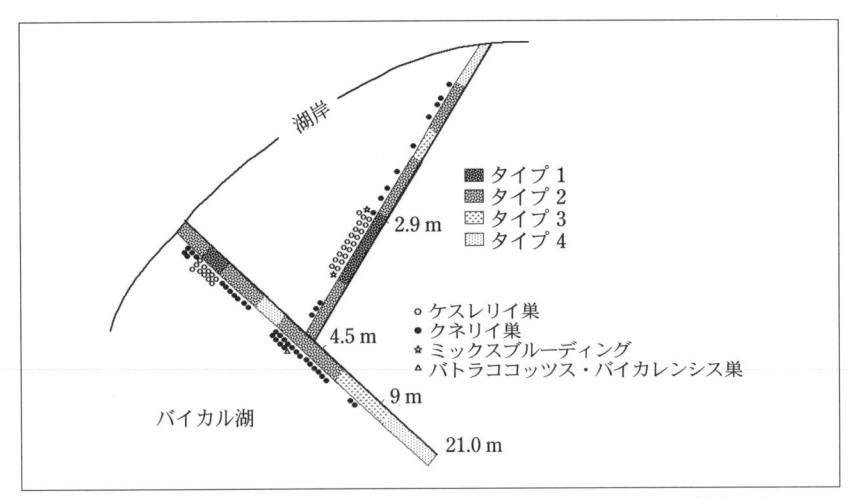

図6-11 1998年ボリショイコティーで調査したトランセクトラインの底質環境と深度およびカジカ3種の巣の分布．ラインはいずれも200m，数字は水深を示す

を記録し親魚と卵塊すべてを採集するのだ．また，底質と石の重なり具合などから，産卵場の環境をタイプ1からタイプ4までの4つに区分し（図6-10），湖底環境の分布地図を作成した．それに，カジカの巣の発見場所をプロットしていった．

1998年の調査域の水深および湖底環境は，図6-11に示すように，水深に無関係に，タイプ1から4まで数mから数10mずつ混じり合って存在している．ここでいう湖底環境区分であるタイプ1というのは，たくさんの石が積み重なり浮き石が多く見られる場所で，隣り合う浮き石との間隔が2m以内のゾーンと定めた．タイプ2は，石が砂の中に埋まっている，いわゆるはまり石が多く，浮き石間隔は2～7m．タイプ3は，礫底の上にまばらに石が分布し，浮き石間隔は5～10m．タイプ4は，砂泥底または礫底で，浮き石間隔が10m以上の場所として分類した．

クネリイの巣は，タイプ1, 2, 3のゾーンで，それぞれ1, 39, 3個が見つかった．バトラココッツス・バイカレンシスの巣も1つだけであるが，タイプ2で見つかった．浮き石のないタイプ4には，当然のことながら，どのカジカの巣も見つからなかった．ランダムな場所選択を仮定したχ^2検定（d.f. = 3, $p < 0.001$）でも，クネリイの巣はタイプ2に多く見られたことが示された．

クネリイの巣が1つしかなかった，浮き石密度が最も高いタイプ1では，ケスレリイの巣が32ヵ所で見つかった。しかも，湖岸から沖合に向けて敷いたメジャーの湖岸近くのタイプ1ゾーンでは，ケスレリイの巣は1m^{2}に1個の密度で互いに隣接していた。繁殖コロニーとよぶのがふさわしいくらいの密度であった。この2種の巣の分布の違いは，何を意味するのだろうか。巣石の密度から見れば，タイプ1, 2, 3の順番で産卵に適した場所と見なせるかもしれない。もしそうであれば，クネリイとケスレリイ2種間の巣の分布の違いは，種間競争があって勝者のケスレリイがよい場所を占めている結果ということになる（競争仮説）。しかし，この2種間で巣石の大きさや形状に対して好みが違う（選択仮説），という可能性も否定できない。競争と選択，どちらの仮説が本当なのか？　もちろん，両者ともに効いていることもありうる。これを明らかにするには，片方の種類の個体を排除する野外操作実験が最善策だが，限られた期間しか滞在できない海外調査では，この実験を実施することは難しい。しかし，幸いなことに，操作実験をしなくとも，2つの証拠から，競争仮説が当てはまりそうなことがわかった。証拠の1つは，翌年にリストビヤンカで行った同様の巣石調査から得られた。

リストビヤンカは，ボリショイ・コティよりも湖岸のタイプ1が大きく広がり，さらに遠浅域の礫底も多く，湖岸から沖合に向かう調査域にもタイプ1が散在していた。しかしその一方で，砂底域は少なかった。これは，非繁殖期のケスレリイのすみ場が少ないことを意味し，実際に，リストビヤンカで採集したバイカルカジカの中でケスレリイが占める割合はボリショイ・コティよりも小さかった［ボリショイ・コティ：34％（$n=81$），リストビヤンカ：24％（$n=154$）］。

巣の探索調査の結果，クネリイ63巣，ケスレリイ5巣のほか，グレウィングキ40巣，バトラココッツス・バイカレンシス2巣が見つかった（図6-12）。この年，グレウィングキの巣が40も見つかったのは，いずれの巣もふ化中あるいはふ化直前の卵塊であったことから，わずか2週間であるが，前年より調査を早めたためであろう。

ここではクネリイとケスレリイに注目してほしい。リストビヤンカでもケスレリイの巣は，ボリショイ・コティと同様にタイプ1でしか見られなかった。一方，クネリイの巣は，タイプ1, 2, 3それぞれから15個，28個，20個

6-5 バイカルカジカの卵

凡例:
- ○ ケスレリイ巣
- ● クネリイ巣
- □ グレウィングキ巣
- △ バトラココッツス・バイカレンシス巣

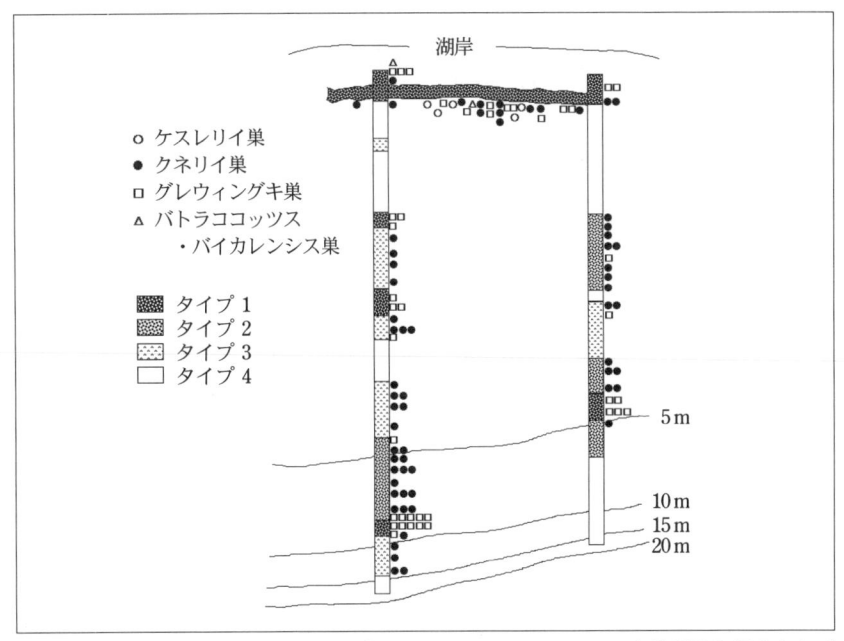

- タイプ1
- タイプ2
- タイプ3
- タイプ4

図6-12 1999年リストビヤンカで調査したトランセクトラインの底質環境と深度およびカジカ4種の巣の分布。湖岸に垂直ラインは各200m，平行ラインは100m

見つかった。面積の割合から計算すると，クネリイはタイプ2と3を選択的に利用していることが示された（χ^2検定；d.f.＝3，$p<0.001$）。しかし，ボリショイ・コティではクネリイの巣が見つからなかったタイプ1でも，リストビヤンカではクネリイの巣全体の24％がこのゾーンで見つかったのだ。この結果は，リストビヤンカではケスレリイの個体数が少ないうえに，ケスレリイが占有し切れないほどタイプ1が広いため，クネリイも利用できたことを示しているのではないか。なわばり雄の体サイズは，ケスレリイのほうがクネリイよりもかなり大きい（表6-4）。実際にケスレリイとクネリイ両種の成熟雄を水槽に同居させると，クネリイは必ず殺される。それほど，この2種間においてケスレリイの社会的優位性ははっきりしている。リストビヤンカでは社会的に優位なケスレリイが少ない。このことが，劣位のクネリイに幸いしていたのではないかと思われる。

競争説を支持するもう1つの証拠は，ボリショイ・コティで見つかったケス

表6-4 卵保護中のクネリイとケスレリイの体長。ケスレリイはクネリイより大きい（t-test, $P<0.01$）。ケスレリイのデータは，ミックスブルーディングの2個体を除いている

魚種	体長 (mm) 平均±標準偏差（個体数）	範囲
クネリイ	81.4 ± 7.5 (37)	66～95
ケスレリイ	106.0 ± 6.1 (30)	94～118

レリイの32巣のうち，2つの巣の中にあったクネリイの卵である（Munehara et al., 2002）。

6-5-2 ミックスブルーディング

　ケスレリイとクネリイは，ともに粘着卵を浮き石の下面に産み付ける。どの石がカジカの巣であるかは，石をひっくり返してみて卵塊があって，初めてわかる（図6-13, 6-14）。たいていの巣では卵塊のそばに雄親がいるが，まれに親魚がいないことがある。しかし，このような巣でも，卵塊の持ち主がどちらのカジカであるのかは，簡単に判定できる。実は，卵の大きさがまったく違うのだ。ケスレリイの卵が卵膜径1.2～1.5mmであるのに対し，クネリイは2.7～3.1mmもある。これは，一見しただけで区別がつけられる差である。

　1998年，巣石調査を開始して5日目，1つの巣石にケスレリイの卵塊3個とクネリイの卵塊1個が産み付けられているのを発見した（図6-15）。それらの卵塊は互いに接し，全体で1つの大きな塊となっていた。そのそばに，ケスレリイの保護雄1個体がいたが，クネリイはいなかった。クネリイの卵塊は，クネリイの巣で見つかる通常の卵塊より少し小さめであったが，ほとんどの卵は生きていた。クネリイの胚が生きていることを確認したとき，ミックスブルーディングは，相手を間違えたために起きたのではないかと思い，シデレワさんに尋ねてみた。しかし，この2種間で交配させても卵は受精しないという回答で，交雑説はあっさりと否定された。生態が似ており，系統関係でも近縁な2種であるが，交配後隔離機構は確立しているようだ。この巣は，異種混合巣（mixed-species brooding，以下ミックスブルーディングと

6-5 バイカルカジカの卵　　　　　　　　　　　　　　　　　　　　　207

よぶ)であると判断された．こんなこともまれにあるのだなあ，としか思わなかったが，その1週間後，調査最終日に再びミックスブルーディングを見つけた．終わってみると，ケスレリイの32巣のうち，2巣がミックスブルーディングだったというわけだ．2巣のミックスブルーディングが見つかったといっても，その割合は，頻繁に起こっているとも言い切れない，微妙な数字である．めずらしいものを発見したと思ってはいたが，ミックスブルーデ

図6-13 クネリイの卵と保護雄．雄はプラスチックバッグの中に捕らえられ，石はひっくり返されている

図6-14 ケスレリイの産卵．浮き石の下面に反転し，雌の上に雄が乗り，互いに密着した体勢で産卵・放精する

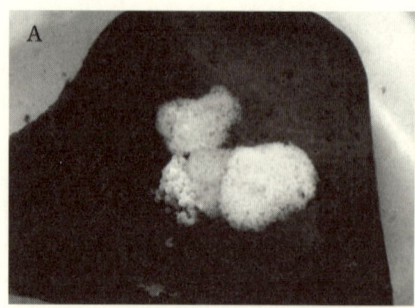

図6-15 ミックス・ブルーディング。卵塊中の大粒の卵がクネリイ卵、それを取り囲むように（Aでは3個の、Bでは5個の）ケスレリイの卵塊が産み付けられている

ィングの意味するものは何なのか、このときはまだ見当がつかなかった。

　調査を終え帰国して間もなく、シデレワさんからの一通のメールが、私の頭上に1000Wの電灯をともらせた。以前に別な場所で同じ組み合わせのケースと、ケスレリイが同種とグレウィングキの卵を保護するミックスブルーディングの発見例があったことを知らせてくれたのだ。ミックスブルーディングのもつ意味を深く考えれば、バイカルカジカの歴史を繙く鍵が見つかる、そんな予感で私の小さな胸が大きく高鳴り始めた。

　直ちに、日本に持ち帰っていたホルマリン漬けの卵塊を標本瓶から取り出し、卵の発生段階と受精率を調べた。一口にミックスブルーディングといっても、托卵や卵の産み捨てあるいは共同保育など、原因はいくつか考えられる現象で、適応的意義もそれぞれ異なる（佐藤、1992；馬場、1997）。バイカル湖で見つけたミックスブルーディングがどんな要因で生じたのか、それを一刻も早く解き明かしたかったのだ。

　観察の結果、2つの巣ともクネリイの卵塊のほうが発生が進んでいた。また両種の胚発生過程が記載されている文献からミックスブルーディングの各卵塊の受精日を逆算しても、先に産み付けられたのは、クネリイの卵であることがわかった（表6-5）。このことから、クネリイによる托卵や卵の産み捨てではないことが判明したと同時に、私が発見したとき、ケスレリイが陣取っていた2つの巣石は、それぞれ6日前および13日前までは、クネリイの巣石であったことが想像できた。このミックスブルーディングは、ケスレリイがクネリイから奪ったものだ！　ケスレリイが空いた巣に入ったという可能

表6-5 2つのミックス・ブルーディングの各卵塊の性状胚の割合と推定産卵経過日数（Munehara et al., 2002より改変）

卵の母種	胚発生段階	正常胚発生率（%）	推定産卵経過日数
継父：ケスレリイA（体長91mm）			
ケスレリイ	腸胚期	96	2
ケスレリイ	眼胞形成	87	3〜4
ケスレリイ	レンズと筋節形成	91	4〜5
クネリイ	眼部黒色素出現	88	10日以上
継父：ケスレリイB（体長93mm）			
ケスレリイ	眼部黒色素出現	88	8〜9
ケスレリイ	眼部黒色素出現	89	8〜9
ケスレリイ	眼部黒色素沈着進む	84	9〜11
ケスレリイ	眼部黒色素沈着進む	95	9〜11
ケスレリイ	眼部黒色素沈着進み胚は卵内一巡する	90	11〜12
クネリイ	眼部黒色素沈着進み胚は卵内1周と1/3	83	13日以上

性もあるが，先に述べたケスレリイとクネリイの社会的な優劣関係から，ケスレリイはその巣がほしければ，たとえクネリイがいても巣を奪うことができるはずだ．だから，この組み合わせのミックスブルーディングは，ケスレリイとクネリイの力関係の違いが原因で，ケスレリイがクネリイの巣を乗っ取った後，同種の雌に卵を産ませて起きたこととみなしてよいだろう．ミックスブルーディングがバイカルカジカの歴史の謎を解いてくれるかもしれないという予感は，確信に変わりつつあった．先を急ごう．

6-5-3 競　争

　リストビヤンカでの調査結果は，ケスレリイだけがタイプ1を好むのではなく，空きがあればクネリイもタイプ1を利用することを示唆している．ボリショイ・コティでは，クネリイはタイプ2に巣を構えることが多かったのだが，できることなら巣石密度の高いタイプ1に巣をもちたいに違いない．それで，つい，タイプ1に近い所で巣を構え，繁殖を始めてしまう．しかし，タイプ1とタイプ2の境界域，そこは体力に劣るクネリイにとって，ケスレリイとの種間関係が顕在化しやすい，最も危険な場所なのだ．2つのミックスブルーディングは，ともにこうした場所で見つかっている．

このようにミックスブルーディングは，繁殖場所をめぐる種間競争が両種の巣の分布に強く影響していることを示す証拠となった。しかし，体格や普段のすみ場がまったく違う2種間の好みが完全に一致していると考えるには無理がある。それに自然に分布する浮き石はすべて一様ではない。これらのことを考えると，実際の巣の分布は，ケスレリイとクネリイで巣の好みの範囲に重なりがあり，そこでは種間競争が起こるという解釈が真実に近いように思う。

　さて，こうした巣石をめぐる競争は，異なる種間でのみ起きるものだろうか。否である。それは，ミックスブルーディングしていたケスレリイの巣と同種の卵だけが保護されていた巣を比べると，巣石をめぐる競争は同種内でも激しいことが読みとれるからだ。

　ボリショイ・コティでケスレリイが高密度で繁殖していたタイプ1のゾーンは，1m幅の調査域内で隣り合う浮き石の間隔が2m以下の場所であった。すなわち，浮き石密度が$2m^2$に1個以上ある区域である。この場所でのケスレリイの巣の密度は，平均で$1m^2$に約1個だった。特に，ゾーンの中心付近では，隣り合う浮き石すべてが利用されているという状態で，タイプ1のゾーンはケスレリイの巣でほぼ満席なのだ。なわばりが多く分布する場所には，ケスレリイの雌もたくさん訪れてくるのだろう。

　対照的にミックスブルーディングは，タイプ1ゾーンの端で見つかっている（図6-11）。さらに表6-4と表6-5のケスレリイの体長を見比べてほしい。ミックスブルーディングしていたケスレリイの雄2個体は，卵保護していたケスレリイ雄32個体中，最小の2個体だったことがわかる。この結果は，タイプ1ゾーンの中心部では巣石をめぐるケスレリイ種内の競争が，いかに激しいものであるかを物語っているように思う。

　長い期間氷に閉ざされるバイカル湖にあっては，カジカが繁殖に適した期間はそう長くはない。氷が融け始めると，成熟したカジカたちは，いっせいに湖底の浮き石を探し始めるだろう。繁殖期は種間で多少ずれているかもしれない。しかし，カジカの卵は孵化までに1ヵ月近くかかる。繁殖期は重複することになる。必然的に，繁殖に適した巣石をめぐる競争は激しいものとなる。燦々とした輝きを取り戻し始めたシベリアの春，緑の藻を背に湖底で静かにたたずむ石の下は，生殖本能に目覚めたバイカルカジカたちの戦場と

なるのだ。ミックスブルーディングの正体は，巣石をめぐるケスレリイの種内競争と，ケスレリイとクネリイの種間競争の結果生じた現象だ。

6-5-4 ミックスブルーディング，その後

ミックスブルーディングの正体を見破ったところで，クネリイの卵の顛末についても触れておこう。この卵は無事に孵化するのだろうか。もし孵化するなら，クネリイは喜んで自分の巣をケスレリイに譲るはずだ。しかし，ミックスブルーディングしていたケスレリイ2個体のうち1個体の胃内容物からクネリイの卵が出てきた。クネリイの卵は最終的には，孵化する前に，異種の継父にすべて食べられてしまう可能性が高い。摂餌活動に専念できない卵保護中のケスレリイにとって，生きているクネリイの卵は恰好の保存食になる。気の毒だが，巣石をめぐる競争に敗北してしまうことは，その年，父親になる資格を失うということである。

クネリイの卵が継父に食べられるということは，私が調査したケスレリイの巣の中には，発見前にクネリイの卵は食べ尽くされたという巣があるかもしれないことを暗示している。ミックスブルーディングは調査結果の2/32よりも，もっと高い頻度で起きているはずだ。

また，巣の好みは，種間の重なりより種内のほうがずっと大きいはずだ。だから，巣の奪い合いはケスレリイ種内でも起きているだろう。しかし，種内の巣の乗っ取りは，ミックスブルーディングのように卵の大きさで識別することはできない。DNA多型を利用した遺伝学的手法に頼らざるをえない(Munehara & Takenaka, 2000など)。実は，巣石をめぐる種間競争のみならず種内競争の実態を解明することが，3回目の調査に向かう私の最大の目的だった。ミックスブルーディングも含めて，ケスレリイの繁殖コロニーすべての巣の父子判定をするつもりであった。残念ながら，リストビヤンカの調査地は，前述したようにケスレリイの個体数そのものが少なく，ミックスブルーディングは見つけられず，ケスレリイの巣数も少なかった。そのため，ケスレリイの種内競争を暴くという目的は，リストビヤンカでは果たせなかった。しかし，社会的優位種のケスレリイの少ない場所では，巣石密度の高いゾーンにクネリイが置き換わるという，競争仮説を支持する間接的な証拠を得ることができた。このこと自体，クネリイにとっても私にとっても僥倖で

あった。しかし，種間競争についてもっと深く考える機会になったことが，私にとって最も幸運な出来事だったといえる。

6-6 繁殖資源をめぐる競争はバイカルカジカの種分化要因！？

　ミックスブルーディングの発見から，バイカル湖の湖底では，ケスレリイとクネリイが繁殖資源である巣石をめぐる種内・種間競争を繰り広げていることを突きとめた。こうした競争は，バイカルカジカ全体のなかでは，この2種のカジカだけの些細なもめごとなのだろうか。私は決してそうではないと考えている。それどころか，巣石をめぐる競争こそ，DNA分析でも解くことができなかったバイカルカジカの進化史の謎に迫るマイルストーンになっているのではないかと考えている。舞台となったバイカル湖底を現場検証をしながら，核心に近づいていこう。

6-6-1 バイカルの湖底環境

　バイカル湖の水深20m以浅の沿岸域にあたる湖底は，波打ち際にはゴロタ石が重なり，そこをすぎても礫や岩盤で覆われている。そのため，沿岸の湖底には浮き石が多く分布する。しかし，水深20～300mの湖底は岩盤であるが急傾斜で，石が積み重なってできる浮き石の密度は，沿岸域と比べるとかなり低いものとなる。それより深い湖底は，岩盤が所々にあっても，泥質の堆積も多く，浮き石はほとんどない (Kozhov, 1963)。バイカル湖の深水域はすでに2000万年前に出来ており，湖底環境もバイカルカジカの種分化が始まったと推定される300万年前では，上記のような現在のバイカル湖に近い姿になっていたと考えられる。バイカル湖の湖岸はほとんどが断崖となっており，沿岸域は少ない。そのため，湖全体の湖底面積からすれば，浮き石の存在する区域は限られていることがわかる。つまり，バイカル湖はバイカルカジカが侵入した大昔から浮き石不足の環境だったのだ。

　前述したように現存するバイカルカジカは，現在ユーラシア大陸から北アメリカ大陸の河川や湖沼に広く分布するコッツス・コグナツスに近縁な淡水カジカ種を祖先として種分化したと考えられている。コグナツスは川や湖の浅水域の石の下に巣を雄が構え，雌が産んだ卵を保護する (Breder & Rosen, 1966)。このような繁殖様式は淡水カジカの典型で，かつまたケスレリイや

クネリイをはじめとする浅水域のバイカルカジカと共有する性質である。バイカルカジカの種分化初期の時代から，バイカル湖の浅水域の至る所では，繁殖資源としての巣石をめぐる種内・種間競争が，これまで幾たびか勃発していたのである。そうした巣石不足を克服しなければ，バイカルカジカたちは生息範囲をバイカル湖全域に広げることはできない。彼らはそれをどう乗り越えてきたか．

6-6-2 中深水域への進出：産卵基質の変更

　ケスレリイがたくさんいるボリショイ・コティとそうでないリストビヤンカで，クネリイが繁殖する環境は異なっていた。このことは，浮き石をめぐる競争が，浮き石を必要とする魚たちの生態を変える1つの証拠でもある。浮き石不足が魚たちにとってもっと深刻な状況になったなら，魚の生態はもっと大きく変わる。私は自信をもって，そう断言することができる。なぜなら，そうした実例がたくさんあるからだ。

　北海道を除く日本の清流にすむカジカ大卵型 *Cottus pollux* では，巣石を確保できなかった雄は，その年の繁殖活動をやめ成長に投資する。大きな体を作ることに専念し，翌年の繁殖期に優位に立とうという戦術に切り替えるのだ (Natsumeda, 1998; 2001)。また，バイカル湖ほどではないが，湖としては長い地史を誇る琵琶湖では，ハゼの仲間であるイサザとヨシノボリの間でも浮き石の種間競争があるという (高橋, 1987)。イサザは生殖生理的な能力としては，4月下旬から6月までの期間の水温条件で繁殖可能であるが，ヨシノボリが繁殖を開始する前の5月初めまでに繁殖活動を終える。その理由は，イサザがヨシノボリよりも社会的に劣位であるため，繁殖を始めたヨシノボリに攻撃されて繁殖できなくなるからである。浮き石不足は，石を産卵基質とする魚たちの生活史や繁殖戦略さえ変える力があるのだ。

　実は，バイカルカジカでも，ミックスブルーディングのほかに，浮き石不足が原因で生じたと考えられる現象がある。バイカル湖の沖合に生活領域を広げたコットコメフォルス・グレウィングキは，繁殖期の異なる3つの個体群に分かれている (Zubin et al., 1994)。つまり，1つの湖で生活する同一種内でありながら，時間差で巣石を利用しているのだ。もし，浮き石が十分であったなら，このユニークな現象も起こることはなかったのではないか。

また，グレウィングキの雄が捕食されるリスクがありながら，餌の消化を早め吸収できるエネルギー量を増加させるため，夜間に水温の高い浅水域に移動することを先に紹介した。資源が限られていれば，競争が起こる。雌とつがうためには，巣石をめぐる同種だけでなく異種の雄との競争にも勝たなければならない。そのためには，それ相応の体力をもつことが求められるはずだ。グレウィングキの雄に見られる水平かつ鉛直的な日周移動も，繁殖に適した巣石をめぐる種内・種間競争が浅水域で厳しいからこそ進化した習性に違いない。

では，浮き石が少なくなる中深水域ではどうか。アビッソコッツス科のカジカは，枝状カイメンの基部や石の上，または岩盤の割れ目に産卵する。これは，まさに浮き石不足による競争がもたらした進化の例であろう。新たな繁殖資源を開拓することで，彼らは中深水域への進出に成功したのだ。このように，繁殖資源としての浮き石不足はバイカルカジカの生活史変異を促し，さらに種分化に導く大きな進化の原動力になり得た，と私は考えている。

次に述べるバイカルカジカの進化史上最大の謎であるコメフォルス科の進化も，この競争が促したことまでは想像がつく。しかし，卵胎生という特異な繁殖様式の進化はどう説明づけられるのか。これこそが謎の本質なのだ。

6-6-3 巣石競争からの解放：卵胎生の出現

私はバイカル湖にくるまでは海産カジカを研究してきた。その成果の1つとして，カジカ上科の魚類は，このグループの中だけで何回もさまざまな科，属で独立して交尾を進化させてきた可能性が高いことを報告した（宗原，1999）。その根拠としたのは，交尾種がカジカ上科内での系統とは無関係に出現していること，および交尾型カジカ類の交尾行動や生殖器官の構造に科・属間で著しい多様性が見られることの2点である。また，多くの非交尾型カジカが密着してペアで産卵，放精する繁殖行動パターンをとり（図6-13），雌の分泌する卵巣液中での精子の運動活性が高いという形質をもつことが，カジカ類において，非交尾種から交尾型カジカへの進化を容易にした生態的素質であり生殖生理的基盤になっていることも指摘した。胎生魚など交尾種は，カジカ上科を除くと，硬骨魚類では13科500種あまりしか知られていない。また，これらはそれぞれの科で独立に進化したと考えられている

(Wourms, 1981)。400科20,000種を越える硬骨魚類の科・種数を考えると，交尾種は圧倒的なマイノリティーである。水中生活に適応し交尾に頼らなくとも繁殖可能な魚類が交尾を進化させるということは，容易でないことがわかる。そのような硬骨魚類の中にあって，カジカ上科の魚類は，例外的に交尾を進化させやすい魚類なのだ。

バイカルカジカはカジカ科から単系統的に種分化した可能性が高い。とすれば，初期のバイカルカジカも交尾を進化させやすい特性を保有していたと考えてよいであろう。このように繁殖行動，生殖生理的な分析を加えると，バイカルカジカの交尾種の出現は，それほど奇異なことではないことがわかるだろう。しかし，それでもなお，海産の交尾型カジカとコメフォルス科には大きな相違点がある。それはコメフォルス科が体内受精し，体内で胚発生するのに対し，交尾をすることが知られている海産カジカ3科23属すべてが体内配偶子会合と名づけられた，体内で受精することのない生殖様式をもつことである。確かに，大きなギャップにみえる。しかし，コメフォルス科が胚を体内で保持できるようになった理由についても，これまでの知見から推測可能である。

海産カジカで卵胎生が進化しない理由として，はっきりといえることは，体内受精した後，雌親が卵巣腔内で胚が必要とする酸素を供給する生殖生理上のシステムをもたないと，正常に胚発生ができないということである(Hayakawa & Munehara, 2001, 2003)。このことについては，バイカルカジカの酸素消費量を測定したRoer et at. (1984)の研究が，興味深い結果を示している。彼らはケスレリイと水深600〜1100mの深水域から採集したアビッソコッツス科の3種について，水圧をコントロールできるチャンバーの中で，平常代謝時の酸素消費量を測定し比較した。その結果，アビッソコッツス科の値はケスレリイの値より約50％低いことがわかった。深水域は結氷期などに湖水の循環が弱まり，溶存酸素濃度は季節的に低下する。アビッソコッツス科は低酸素環境に対して耐性をもつ必要があったのだろう。さらに深い水域に極度に適応したコメフォルス科を生かして採集することは，極めて困難である。そのため，水槽内で実験しなければ測定できない酸素消費量のデータは，コメフォルス科では得られていない。しかし，Roer et at. (1984)の実験結果から類推すれば，コメフォルス科のカジカも，アビッソコッツス科と

同様にあるいはそれ以上に低い酸素消費量を示すと思われる。

　深水域に生息するカジカたちは，卵胎生となる前から，低い酸素濃度のもとでも生存し正常に発生できる能力を備えていた。母体が胚への酸素供給システムをもつことではなく，胚自身が酸素濃度の低い環境で生存できる能力をもつという，いわば裏技を会得していたことで，バイカルカジカは卵胎生への壁を突き破ることができたのではないだろうか。

　バイカル湖で交尾種が現れたとき，海産の交尾型カジカと同じように胚が卵巣内で正常発生できなかったなら，バイカルの交尾型カジカも体内配偶子会合の卵生種にとどまっていただろう。そして，今も，バイカルカジカたちはバイカル湖底における産卵基質をめぐる競争から逃れられぬままでいたに違いない。

6-6-4　競争の敗者が祖先

　数百万年前，バイカルカジカの祖先種がバイカル湖に着いたとき，すでに深水域にも沖合にも多くのヨコエビは生息していた（森野，2000）。これらを餌とするカジカたちにとって，バイカル湖の深水域の湖底も沖合もライバルとなる生きものはいなかったはずだ。そして，ヨコエビは今もバイカル湖全域の湖底で最も繁栄している生きものである。バイカル湖の厳しい自然は，限られた魚類しか，そこにすむことを許さなかった。タンガニイカ湖のように多種共存が著しく進んでいる環境では，餌種に対するスペシャリスト化や襲い方を変えて資源分割することで，新たな生態的地位が創出された。それに対して，食べ物がたくさんあるバイカルカジカの社会に，餌不足が大きな淘汰圧となって迫ってきた様子を想像することは難しい。広大な湖でありながら基質が少ないというバイカル湖の物理的環境，繁殖資源の不足こそが，カジカがバイカル湖で直面した難問だったに違いない。

　初期に種分化したバイカルカジカたちが，もし，石の下面に産卵する繁殖習性に固執していたら，アビッソコッツス科やコメフォルス科を今日私たちは見ることはできなかっただろう。これらの科の直接的な祖先となったバイカルカジカは，巣石をめぐる種内・種間競争に負けた個体だったのかもしれない。しかし，彼らの祖先がバイカル湖の深水域，沖合という巨大な生息域への進出をリードし，初めて成功を収めた今日のバイカルカジカのパイオニ

アである。

6-7　おわりに

　人は，生きものの何に引き付けられるのだろうか。私は生きものがもつ多様性ではないかと思う。姿，形，色あるいは動きが多様であるから，人は生きものに飽きないのだと思う。生物学においても，姿や形から生きものの違いを研究する分類学がある。姿や形が変わる過程を調べる研究は，一生の間の変化に着目すれば発生学になり，種間で比較する研究なら系統学になる。ある1種の実験生物を使って組織や器官の働きを調べる生理学や遺伝子を調べる分子生物学でさえ，生物が多様であるからこそ成り立っているのである。多種共存の仕組みを調べる生態学だけで，生物の多様性を扱いきれるものではない。生物の多様性は，進化によって生じたすべての生物の歴史なのだ。

　本稿では，バイカルカジカの多岐にわたる過去の知見と，わずかなオリジナルデータをもとにして，バイカルカジカの進化史をたどった。これは，バイカルカジカの系統・進化研究の4番目の焦点，「バイカルカジカがこれほど多様に進化しえた要因は何か」についての答えを探す旅でもあった。大胆な推測が続き，最後にたどり着いた先は，「産卵基質をめぐる競争の敗者が新しい種になった」というシナリオである。適者生存 (struggle for existence) という用語がある。これは，環境に適した個体が生き残り子孫を残す一方で，環境に適さない個体は自然淘汰される（消滅する）という個体群の中での形質や行動の変動原理を表現した進化学の用語である。作者は，もちろん，種の起源を著したDarwinである [Darwin, 1979 (初版は1859)]。自然淘汰によって生物が進化したことは，もはや疑う余地はない。しかし，個体群の中から新しい種が分化するプロセスについては，本のタイトルほど十分な言及がなく，むしろDarwin以後の進化学の争点の1つである[Mayr(八杉・松田訳), 1999]。競争の強者だけで，種分化が起こるだろうか。バイカルカジカの進化史は，姿や習性が大きく変わる種分化のプロセスには，競争に負ける弱い個体も重要であることを教えている。進化によってもたらされるのが種の多様性であるが，それをもたらす力もまた種が内在する多様性にあるのだ。

　私が創造したバイカルカジカの進化史は，単なるラフスケッチにすぎず，虫眼鏡で象を見た程度のものと酷評されるかもしれない。それは覚悟しよう。

そもそも旅で出会ったバイカルカジカは2割の種にすぎないし，コメフォルス・バイカレンシスも，在りし日のJacques-Yves Cousteauらが撮影したビデオテープの中でしか私は見ていないのだから。

　8月中旬，帰国の途にあるイルクーツクでしばし休憩した。すでに季節が移ろい始め，ナナカマドの実は真っ赤に熟していた。わずか300万年足らずで，湖岸の浅瀬から深い湖底へと進出し，さらに繁殖様式を激変させて，中深水域へも泳ぎ出て，バイカル湖全域を制覇したバイカルカジカ。彼らはこの先どんな進化史を刻むのだろうか。そんな想像に耽りながら，ぼんやりと空を見上げた。アキアカネがバイカル湖にも続くイルクーツクの青い空を自在に往来していた。羽を左右いっぱいに広げて飛翔する姿が，大きな胸鰭を波打たせ優雅に舞うコメフォルス・バイカレンシスと私の脳裏で一瞬重なった。ま，まさか，カジカが…。空想は果てしないが，バイカルカジカの夏を紹介する旅はひとまず終えることにする。

引用文献

1 カザリキュウセンの性淘汰と性転換

Andersson M, 1994. Sexual Selection, Princeton University Press
Bradbury JW, Andersson MB, 1987. Sexual Selection: Testing The Alternatives, John Wiley & Sons
Colin PL, Bell LJ, 1991. Aspects of the spawning of labrid and scarid fishes (Pisces: Labroidei) at Enewetak Atoll, Marshall Islands with notes on other families. *Env Biol Fish* 31: 229-260
Darwin C, 1871. The Descent of Man, and Selection in Relation to Sex, Murray
Endler JA, 1980. Natural selection on color patterns in *Poecilia reticulata*. *Evolution* 34: 76-91
Evans MR, Norris K, 1996. The importance of carotenoids in signaling during aggressive interactions between male firemouth cichlids (*Cichlasoma meeki*). *Behav Ecol* 7: 1-6
Godwin J, Crews D, Warner RR, 1996. Behavioral sex change in the absence of gonads in a coral reef fish. *Proc R Soc Lond B* 263: 1682-1688
Greenwood PJ, Adams J, 1987. The Ecology of Sex, Edward Arnold Ltd. (巖佐庸監訳, 佐々木顕・田町信雄訳, 1991.『「性」の不思議がわかる本』, HBJ出版局)
Houde AE, 1997. Sex, Color, and Mate Choice in Guppies, Princeton University Press
Houde AE, Endler JA, 1990. Correlated evolution of female mating preferences and male color patterns in the guppy *Poecilia reticulata*. *Science* 248: 1405-1408
狩野賢司, 1996. 魚類における性淘汰. In: 桑村哲生・中嶋康裕編『魚類の繁殖戦略1』, 海游舎, pp 78-133
Karino K, Kuwamura T, Nakashima Y, Sakai Y, 2000. Predation risk and the opportunity for female mate choice in a coral reef fish. *J Ethol* 18: 109-114
小林牧人, 2002. 魚類の性行動の内分泌調節機構と性的可逆性―魚類の脳は両性か？ In: 植松一眞・岡良隆・伊藤博信編『魚類のニューロサイエンス』, 恒星社厚生閣, pp 245-262
桑村哲生, 1996. 魚類の繁殖戦略入門. In: 桑村哲生・中嶋康裕編『魚類の繁殖戦略1』, 海游舎, pp 1-41
Kuwamura T, Karino K, Nakashima Y, 2000. Male morphological characteristics and mating success in a protogynous coral reef fish, *Halichoeres melanurus*. *J Ethol* 18: 17-23
中嶋康裕, 1997. 雌雄同体の進化. In: 桑村哲生・中嶋康裕編『魚類の繁殖戦略2』, 海游舎, pp 1-36
中園明信・桑村哲生 (編), 1987.『魚類の性転換』, 東海大学出版会

奥野忠一・久米均・芳賀敏郎・吉澤正, 1981.『多変量解析法（改訂版)』,日科技連出版社
Reist JD, 1985. An empirical evaluation of several univariate methods that adjust for size variation in morphometric data. *Can J Zool* 63: 1429-1439
Robertson DR, 1974. A study of the ethology and reproductive biology of the labrid fish, *Labroides dimidiatus*, at Heron Island, Great Barrier Reef. PhD Thesis, Univ Queensland
Robertson DR, 1991. The role of adult biology in the timing of spawning of tropical reef fishes. In: Sale PF, ed. The Ecology of Fishes on Coral Reefs, Academic Press, pp 356-386
坂井陽一, 1997. ハレム魚類の性転換戦術. In: 桑村哲生・中嶋康裕編『魚類の繁殖戦略2』, 海游舎, pp 37-64
坂井陽一, 2003. ホンソメワケベラの雌がハレムを離れるとき. In: 中嶋康裕・狩野賢司編『魚類の社会行動2』, 海游舎, pp 112-150
Sakai Y, Karino K, Nakashima Y, Kuwamura T, 2002. Status-dependent behavioural sex change in a polygynous coral-reef fish, *Halichoeres melanurus*. *J Ethol* 20: 101-105
Smith RJF, 1997. Avoiding and deterring predators. In: Godin J-GJ, ed. Behavioural Ecology of Teleost Fishes, Oxford University Press, pp 163-190
Stacey NE, 1987. Roles of hormones and pheromones in fish reproductive behavior. In: Crews D, ed. Psychobiology of Reproducitve Behavior: An Evolutionary Perspective, Prentice-Hall, pp 28-60
田辺ひさ代, 2000. ベラ科魚類カザリキュウセンの雌雄性と性転換. 琉球大学大学院理工学研究科修士論文
Warner RR, Schultz ET, 1992. Sexual selection and male characteristics in the bluehead wrasse, *Thalassoma bifasciatum*: mating site acquisition, mating site defense, and female choice. *Evolution* 46: 1421-1442
吉川朋子, 2001. サンゴ礁魚類における精子の節約. In: 桑村哲生・狩野賢司編『魚類の社会行動1』, 海游舎, pp 1-40
Zahavi A, Zahavi A, 1997. The Handicap Principle, Oxford University Press

2 なぜシワイカナゴ雄はなわばりを放棄するのか？

Akagawa I, Okiyama M, 1993. Alternative male mating tactics in *Hypoptychus dybowskii* (Gasterosteiformes): Territoriality, body size and nuptial colouration. *Japan J Ichtyol*, 40: 343-350
Bisazza A, Marconato A, 1988. Female mate choice, male-male competition and parental care in the river bullhead, *Cottus gobio* L. (Pisces, Cottidae). *Anim Behav* 36: 1352-1360
Candolin U, 1999. Male-male competition facilitates female choice in sticklebacks. *Proc R Soc Lond B*, 266: 785-789
Côté IM, Hunte W, 1989. Self-monitoring of reproductive success: nest switching in

the redlip blenny (Pisces: Blenniidae). *Behav Ecol Sociobiol* 24: 403-408
DeMartini EE, 1987. Parental defense, cannibalism and polygamy: factors influencing the reproductive success of painted greenling (Pisces, Hexagrammidae). *Anim Behav* 35: 1145-1158
Dugatkin LA, FitzGerald GJ, 1997. Sexual selection. In: Godin JG, ed. Behavioural Ecology of Teleost Fishes, Oxford University Press, Oxford, pp 266-291
Elgar MA, Crespi BJ, 1992. Ecology and evolution of cannibalism. In: Elgar MA, Crespi BJ, eds. Cannibalism: Ecology and evolution among diverse taxa. Oxford Science Publications, Oxford, pp 1-12
Forsgren E, 1997. Female sand gobies prefer good fathers over dominant males. *Proc R Soc Lond B* 264: 1283-1286
Ida S, 1976. Removal of the family Hypotychidae from the suborder Ammodytoidei, order Perciformes, to the suborder Gasterosteoidei, order Syngnathiformes. *Japan J Ichthyol*, 23: 33-42
石垣富夫・加賀吉栄・小野寺哲男, 1957. 北海道近海におけるシワイカナゴ(*Hypoptychus dybowskii* Staindachner) の一, 二の知見. 北水試月報 14: 324-334
Karino K, 1995. Male-male competition and female mate choice through courtship display in the territorial damselfish *Stegastes nigricans*. *Ethology* 100: 126-138
狩野賢司, 1996. 魚類における性淘汰. In: 桑村哲生・中嶋康裕編『魚類の繁殖戦略 1』, 海游舎, pp 78-129
Knapp RA, 1993. The influence of egg survivorship on the subsequent nest fidelity of female bicolour damselfish, *Stegastes partitus*. *Anim Behav* 46: 111-121
Knapp RA, Kovach JT, 1991. Courtship as an honest indicator of male parental quality in the bicolor damselfish, *Stegastes partitus*. *Behav Ecol* 2: 295-300
Knapp RA, Sikkel PC, Vredenburg VT, 1995. Age of clutches in nests and the within-nest spawning-site preferences of three damselfish species (Pomacentridae). *Copeia* 1995: 78-88
Knapp RA, Warner RR, 1991. Male parental care and female choice in the bicolor damselfish, *Stegastes partitus*: bigger is not always better. *Anim Behav* 41: 747-756
Krebs JR, Davies NB, eds. 1987. An Introduction to Behavioural Ecology. 2nd ed, Blackwell Scientific Publications. Oxford. (山岸哲・巌佐庸訳, 1991.『行動生態学 (原書第2版)』, 蒼樹書房)
黒倉寿, 1989. 人工授精と配偶子保存. In: 隆島史夫・羽生功編『水族繁殖学 I 魚類の成熟, 発生, 成長とその制御』, 緑書房, pp 166-194
桑村哲生, 1996. 魚類の繁殖戦略入門. In: 桑村哲生・中嶋康裕編『魚類の繁殖戦略 1』, 海游舎, pp 1-41
Lack DL, 1954. The natural regulation of animal numbers. Clarendon Oxford
Narimatsu Y, Munehara H, 1997. Age determination and growth from otolith daily growth increments of *Hypoptychus dybowskii* (Gasterosteiformes). *Fish Sci* 63: 503-508
Narimatsu Y, Munehara H, 1999. Spawn date dependent survival and growth in the

early life stages of *Hypoptychus dybowskii* (Gasterosteiformes). *Can J Fish Aquat Sci* 56: 1849-1855

Narimatsu Y, Munehara H, 2001. Territoriality, egg desertion and mating success of a paternal care fish, *Hypoptychus dybowskii* (Gasterosteiformes). *Behaviour* 138: 85-96

Ochi H, 1985. Termination of parental care due to small clutch size in the temperate damselfish, *Chromis notata*. *Env Biol Fish* 12: 155-160

Okuda N, Yanagisawa Y, 1996. Filial cannibalism in a paternal mouthbrooding fish in relation to mate availability. *Anim Behav* 52: 307-314

Radtke RL, 1984. Formation and structural composition of larval striped mullet otoliths. *Trans Amer Fish Soc* 113: 186-191

Reynolds JD, Gross MR, 1992. Female mate preference enhances offspring growth and reproduction in a fish, *Poecilia reticulata*. *Proc R Soc Lond B* 250: 57-62

Rohwer S, 1978. Parent cannibalism of offspring and egg raiding as a courtship strategy. *Am Nat* 112: 429-440

Sargent RC, 1992. Ecology of filial cannibalism in fish: theoretical perspectives. In: Elgar MA, Crespi BJ, eds. Cannibalism: Ecology and evolution among diverse taxa. Oxford Science Publications, Oxford, pp 38-62

Tsukamoto K, Kajihara T, 1987. Age determination of ayu with otolith. *Nippon Suisan Gakkaishi* 53: 1985-1997

Tsuji S, Aoyama T, 1982. Daily growth increments observed in otoliths of the larvae of Japanese sea bream *Pagrus major*. *Bull J Soc Sci Fish* 48: 1559-1562

van den Assem J, 1967. Territory in the three-spined stickleback, *Gasterosteus aculeatus* L. An experimental study in intra-specific competition. *Behaviour Suppl* 16: 1-164

Warner RR, 1987. Female choice of mating-site preferences in a coral reef fish, *Thalassoma bifasciatum*. *Anim Behav* 35: 1470-1478

Warner RR, 1990. Male versus female influences on mating-site determination in a coral reef fish. *Anim Behav* 39: 540-548

Wootton RJ, 1976. The biology of the sticklebacks. Academic Press, London

3 クロヨシノボリの配偶者選択

Andersson M, 1994. Sexual selection, Princeton University Press

Basolo AL, 1990. Female preference for male sword length in the green swordtail, *Xiphophorus helleri* (Pisces: Poeciliidae). *Anim Behav* 40: 332-338

Bisazza A, Marconato A, Marin G, 1989. Male competition and female choice in *Padogobius martensi*. *Anim Behav* 38: 406-413

Clutton-Brock TH, Vincent ACJ, 1991. Sexual selection and the potential reproductive rates of males and females. *Nature* 351: 58-60

Coleman RM, Gross MR, Sargent RC, 1985. Parental investment decision rules: a test in the bluegill sunfish. *Behav Ecol Sociobiol* 18: 59-66

Gibson RM, Langen TA, 1996. How do animals choose their mates? *Trends Ecol Evol* 11: 468-470

Grafen A, 1990. Biological signals as handicaps. *J Theor Biol* 144: 517-546

長谷川眞理子, 1992.『クジャクの雄はなぜ美しい?』, 紀伊國屋書店

Hastings PA, 1988. Correlates of male reproductive success in the browncheek blenny, *Acanthemblemaria crockeri* (Blennioidea: Chaenopsidae). *Behav Ecol Sociobiol* 22: 95-102

狩野賢司, 1996. 魚類における性淘汰. In: 桑村哲生・中嶋康裕編『魚類の繁殖戦略 1』, 海游舎, pp 78-133

片野修, 1999.『カワムツの夏―ある雑魚の生態』, 京都大学学術出版会

川那部浩哉・水野信彦編, 2001.『日本の淡水魚 (第3版)』, 山と溪谷社

Knapp RA, Kovach JT, 1991. Courtship as an honest indicator of male parental quality in the bicolor damselfish, *Stegastes partitus. Behav Ecol* 2: 295-300

Krebs JR, Davis NB, eds. 1981. An Introduction to Behavioural Ecology, 2nd ed, Blackwell. (城田安幸・上田恵介・山岸哲訳, 1984.『行動生態学を学ぶ人に』, 蒼樹書房)

Lindström K, 1988. Male-male competition for nest sites in the sand goby, *Pomatoschistus minutus. Oikos* 53: 67-73

Masuda Y, Ozawa T, Enami S, 1989. Genetic differentiation among eight color types of the freshwater goby, *Rhinogobius brunneus*, from western Japan. *Jap J Ichthyol* 36: 30-41.

水野信彦, 上原伸一, 牧倫郎, 1979. ヨシノボリの研究IV. 4型共存河川でのすみわけ. 日本生態学会誌 29: 137-147

Møller AP, Pomiankowski A, 1993. Why have birds got multiple sexual ornaments? *Behav Ecol Sociobiol* 32: 167-176.

Nakano S, 1995. Individual differences in resource use, growth and emigration under the influence of a dominance hierarchy in fluvial red-spotted masu salmon in a natural habitat. *J Anim Ecol* 64: 75-84

Osugi T, Yanagisawa Y, Mizuno N, 1998. Feeding of a benthic goby in a river where nektonic fishes are absent. *Env Biol Fish* 52: 331-343

Rohwer S, 1978. Parent cannibalism of offspring and egg raiding as a courtship strategy. Am Nat 112: 429-440

Rosenqvist G. 1990. Male mate choice and female-female competition for mates in the pipefish *Nerophis ophidion. Anim Behav* 39: 1110-1115

Sætre GP, Moum T, Bures S, Král M, Adamjan M, Moreno J, 1997. A sexually selected character displacement in flycatchers reinforces premating isolation. *Nature* 387: 589-592

Sone S, Inoue M, Yanagisawa Y, 2001. Habitat use and diet of two stream gobies of the genus *Rhinogobius* in south-western Shikoku, Japan. *Ecol Res* 16: 205-219

Stahlberg S, Peckmann P, 1978. The critical swimming speed of small Teleost fish species in a flume. *Archs Hydrobiol* 110: 179-193

Takahashi D, 2000. Conventional sex roles in an amphidromous *Rhinogobius* goby in

which females exhibit nuptial coloration. *Ichthyol Res* 47: 303-306
高橋大輔, 2000. 両側回遊性ハゼ科魚類クロヨシノボリの繁殖生態. 関西自然保護機構会誌 22: 23-27
Takahashi D, Kohda M, 2001. Females of a stream goby choose mates that court in fast water currents. *Behaviour* 138: 937-946
Takahashi D, Kohda M, 2002. Female preference for nest size in the stream goby *Rhinogobius* sp. DA. *Zool Sci* 19: 1241-1244
Takahashi D, Kohda M, 2004. Courtship in fast water currents by a male stream goby (*Rhinogobius brunneus*) communicates the paternal quality honestly. *Behav Ecol Sociobiol* 55: 431-438
Takahashi D, Kohda M, Yanagisawa Y, 2001. Male-male competition for large nests as a determinant of male mating success in a Japanese stream goby, *Rhinogobius* sp. DA. *Ichthyol Res* 48: 91-95
Takahashi D, Yanagisawa Y, 1999. Breeding ecology of an amphidromous goby of the genus *Rhinogobius*. *Ichthyol Res* 46: 185-191
Trivers RL, 1972. Parental investment and sexual selection. In: Campbell B, ed. Sexual Selection and the Descent of Man, Aldine, pp 136-179
Unger LM, 1983. Nest defense by deceit in the fathead minnow, *Pimephales promelas*. *Behav Ecol Sociobiol* 13: 125-130
Wagner WE, 1998. Measuring female mating preferences. *Anim Behav* 55: 1029-1042
Widemo F, Sæther SA, 1999. Beauty is in the eye of the beholder: causes and consequences of variation in mating preferences. *Trends Ecol Evol* 14: 26-31
Wootton RJ, 1990. Ecology of teleost fishes, Chapman & Hall
Zahavi A, 1975. Mate selection-a selection for a handicap. *J Theor Biol* 53: 205-214

4 なわばり型ハレムをもつコウライトラギスの性転換

Aldenhoven JM, 1986. Different reproductive strategies in a sex-changing coral reef fish *Centropyge bicolor* (Pomacanthidae). *Aust J Mar Freshw Res* 37: 353-360
Baird TA, 1988. Female and male territoriality and mating system of the sand tilefish, *Malacanthus plumieri*. *Env Biol Fish* 22: 101-116
Clark E, Pohle M, Rabin J, 1991. Stability and flexibility through community dynamics of the spotted sandperch. *Nat Geogr Res Expl* 7: 138-155.
Gladstone W, 1987. The courtship and spawning behaviors of *Canthigaster valentini* (Tetraodontidae). *Env Biol Fish* 20: 255-261
Ishihara M, Kuwamura T, 1996. Bigamy or monogamy with maternal egg care in triggerfish, *Sufflamen chrysopterus*. *Ichthyol Res* 43: 307-313
小北智之, 2001. テングカワハギの配偶システムをめぐる雌雄の駆け引き. In: 桑村哲生・狩野賢司編『魚類の社会行動1』, 海游舎, pp 41-81
小林弘治・鈴木克美・塩原美敏, 1993a. 駿河湾におけるコウライトラギス *Parapercis snyderi* の繁殖と雌雄同体現象. 東海大学紀要海洋学部 35: 149-168
小林弘治・鈴木克美・塩原美敏, 1993b. 水槽飼育によるコウライトラギス *Paraper-*

cys snyderi の生殖腺における性変化の検討. 東海大学海洋研究所研究報告 14: 83-91

Kuwamura T, 1984. Social structure of the protogynous fish *Labroides dimidiatus*. *Publ Seto Mar Biol Lab* 29: 117-177

桑村哲生, 1987. ハレムにおける性転換の社会的調節—ホンソメワケベラ. In: 中園明信・桑村哲生編『魚類の性転換』, 東海大学出版会, pp 100-119

桑村哲生, 1988. 『魚の子育てと社会』, 海鳴社

桑村哲生, 1996. 魚類の繁殖戦略入門. In: 桑村哲生・中嶋康裕編『魚類の繁殖戦略1』, 海游舎, pp 1-41

Matsumoto K, Kohda M, 1998. Inter-population variations in mating system of a substrate breeding cichlid in Lake Tanganyika. *J Ethology* 16: 11-16

中嶋康裕, 1997. 雌雄同体の進化. In: 桑村哲生・中嶋康裕編『魚類の繁殖戦略2』, 海游舎, pp 1-36

Nakazono A, Nakatani H, Tsukahara H, 1985. Reproductive ecology of the Japanese reef fish, *Parapercis snyderi*. *Proc Fifth Int Coral Reef Congress* 5: 355-360

Nemtzov SC, 1985. Social control of sex change in the Red Sea razorfish *Xyrichthys pentadactylus* (Teleostei, Labridae). *Env Biol Fish* 14: 199-211

Ohnishi N, 1998. Studies on the Life History and the Reproductive Ecology of the Polygynous Sandperch *Parapercis snyderi*. PhD dissertation, Osaka City University

Ohnishi N, Yanagisawa Y, Kohda M, 1997. Sneaking by harem masters of the sandperch, *Parapercis snyderi*. *Env Biol Fish* 50: 217-223

大田孝伸, 1987. ハレムを形成する雌性先熟魚コウライトラギスにおける生活史と性転換に関する研究. 広島大学生物学会誌 53: 11-19

Robertson DR, 1972. Social control of sex reversal in coral reef fish. *Science* 177: 1007-1009

Sakai Y, 1997. Alternative spawning tactics of females angelfish according to two different contexts of sex change. *Behav Ecol* 8: 372-377

坂井陽一, 1997. ハレム魚類の性転換戦術. アカハラヤッコを中心に. In: 桑村哲生・中嶋康裕編『魚類の繁殖戦略2』, 海游舎, pp 37-64

Sakai Y, Kohda M, 1997. Harem structure of the protogynous angelfish, *Centropyge ferrugatus* (Pomacanthidae). *Env Biol Fish* 49: 333-339

Sikkel PC, 1990. Social ornganization and spawning in the Atlantic sharpnose puffer, *Canthigaster rostrata* (Tetraodontidae). *Env Biol Fish* 27: 243-254

Stroud GJ, 1982. The taxonomy and biology of fishes of the genus *Parapercis* (Teleostei: Mugilididae) in Great Barrier Reef waters. PhD dissertation, James Cook University

Taborsky M, 1994. Sneakers, satellites, and helpers: parasitic and cooperative behavior in fish reproduction. In: Slater JB, Rosenblatt JS, Snowdon CT, Milinski M, eds. Advances in the Study of Behavior, Academic Press, pp 1-100

Takamoto G, Seki S, Nakashima Y, Karino K, Kuwamura T, 2003. Protogynous sex change in the haremic triggerfish *Sufflamen chrysopterus* (Tetraodontiformes).

Ichthyol Res 50: 281-283
Victor BC, 1987. The mating system of the Caribbean rosy razorfish, *Xyrichtys martinicensis*. *Bull Mar Sci* 40: 152-160
Warner RR, 1984. Mating behavior and hermaphroditism in coral reef fishes. *Amer. Scientist* 72: 128-136
Yanagisawa Y, 1987. Social organization of polygynous cichlid *Lamprologus furcifer* in Lake Tanganyika. *Japan J Ichthyol* 33: 249-261
柳沢康信, 1987. 性転換の理論. In: 中園明信・桑村哲生編『魚類の性転換』, 東海大学出版会, pp 77-99
余吾豊, 1987. 魚類に見られる雌雄同体現象とその進化. In: 中園明信・桑村哲生編『魚類の性転換』, 東海大学出版会, pp 1-47

5 サケ科魚類における河川残留型雄の繁殖行動と繁殖形質

Andersson M, 1994. Sexual Selection, Princeton University Press
Danforth BN, 1991. The morphology and behavior of dimorphic males in *Perdita portalis* (Hymenoptera: Andrenidae). *Behav Ecol Sociobiol* 29: 235-247
Darwin C, 1871. The Descent of Man, and Selection in relation to Sex, John Murray
Emlen DJ, 1997. Alternative reproductive tactics and male-dimorphism in the horned beetle *Onthophagus acuminatus* (Coleoptera: Scarabaeidae). *Behav Ecol Sociobiol* 41: 335-341
Endler JA, 1986. Natural Selection in the Wild, Princeton University Press
Fleming IA, Gross MR, 1994. Breeding competition in a Pacific salmon (coho: *Oncorhynchus kisutch*): measures of natural and sexual selection. *Evolution* 48: 637-657
Foote CJ, Brown GS, Wood CC, 1997. Spawning success of males using alternative mating tactics in sockeye salmon, *Oncorhynchus nerka*. *Can J Fish Aquat Sci* 54: 1785-1795
Gage MJG, Stockley P, Parker GA, 1995. Effects of alternative male mating strategies on characteristics of sperm production in the Atlantic salmon (*Salmo salar*): theoretical and empirical investigations. *Phil Trans R Soc Lond B* 350: 391-399
Gross MR, 1985. Disruptive selection for alternative life histories in salmon. *Nature* 313: 47-48
Gross MR, 1991. Salmon breeding behavior and life history evolution in changing environments. *Ecology* 72: 1180-1186
Gross MR, 1996. Alternative reproductive strategies and tactics: diversity within sexes. *Trends Ecol Evol* 11: 92-98
Harvey PH, Bradbury JW, 1991. Sexual selection. In: Krebs JR, Davies NB, eds. Behavioural Ecology: An Evolutionary Approach, 3rd ed, Blackwell Scientific Publications, pp 203-233 (山岸哲・巌佐庸監訳, 1994.『進化からみた行動生態学』, 蒼樹書房)

Hino T, Maekawa K, Reynolds JB, 1990. Alternative male mating behaviors in landlocked Dolly Varden (*Salvelinus malma*) in south-central Alaska. *J Ethol* 8: 13-20

Hunt J, Simmons LW, 1997. Patterns of fluctuating asymmetry in beetle horns: an experimental examination of the honest signalling hypothesis. *Behav Ecol Sociobiol* 41: 109-114

Hutchings JA, Myers RA, 1988. Mating success of alternative maturation phenotypes in male Atlantic salmon, *Salmo salar*. *Oecologia* 75: 169-174

Jonsson N, Jonsson B, 1997. Energy allocation in polymorphic brown trout. *Funct Ecol* 11: 310-317

狩野賢司, 1996. 魚類における性淘汰. In: 桑村哲生・中嶋康裕編『魚類の繁殖戦略1』, 海游舎, pp 78-133

粕谷英一, 1990. 『行動生態学入門』, 東海大学出版会

Koseki Y, Maekawa K, 2000. Sexual selection on mature male parr of masu salmon (*Oncorhynchus masou*): does sneaking behavior favor small body size and less-developed sexual characters? *Behav Ecol Sociobiol* 48: 211-217

Koseki Y, Maekawa K, 2002. Differential energy allocation of alternative male tactics in masu salmon *Oncorhynchus masou*. *Can J Fish Aquat Sci* 59: 1717-1723

Krebs JR, Davies NB, 1987. An Introduction to Behavioural Ecology, 2nd ed, Blackwell Scientific Publications (山岸哲・厳佐庸訳, 1991.『行動生態学(原書第2版)』, 蒼樹書房)

Maekawa K, 1983. Streaking behaviour of mature male parrs of the Miyabe charr, *Salvelinus malma miyabei*, during spawning. *Jpn J Ichthyol* 30: 227-234

前川光司, 1989. サケ科魚類雄の代替戦略. In: 後藤晃・前川光司編『魚類の繁殖行動—その様式と戦略をめぐって』, 東海大学出版会, pp 50-60

Maekawa K, Nakano S, Yamamoto S, 1994. Spawning behaviour and size-assortative mating of Japanese charr in an artificial lake-inlet stream system. *Environ Biol Fishes* 39: 109-117

Maekawa K, Koseki Y, Iguchi K, Kitano S, 2001. Skewed reproductive success among male white-spotted charr land-locked by an erosion control dam: implications for effective population size. *Ecol Res* 16: 727-736.

Manly BFJ, 1997. Randomization, Bootstrap and Monte Carlo Methods in Biology, 2nd ed, Chapman & Hall

Moczek AP, Emlen DJ, 2000. Male horn dimorphism in the scarab beetle, *Onthophagus taurus*: do alternative reproductive tactics favour alternative phenotypes? *Anim Behav* 59: 459-466

Mjølnerød IB, Fleming IA, Refseth UH, Hindar K, 1998. Mate and sperm competition during multiple-male spawnings of Atlantic salmon. *Can J Zool* 76: 70-75

Myers RA, Hutchings JA, 1987. Mating of anadromous Atlantic salmon, *Salmo salar* L., with mature male parr. *J Fish Biol* 31: 143-146

Parker GA, 1990. Sperm competition games: raffles and roles. *Proc R Soc Lond B* 242: 120-126

Parker GA, Ball MA, Stockley P, Gage MJG, 1997. Sperm competition games: a

prospective analysis of risk assessment. *Proc R Soc Lond B* 264: 1793-1802
Quinn TP, Foote CJ, 1994. The effects of body size and sexual dimorphism on the reproductive behaviour of sockeye salmon, *Oncorhynchus nerka*. *Anim Behav* 48: 751-761
Schluter D, 1988. Estimating the form of natural selection on a quantitative trait. *Evolution* 42: 849-861
Shuster SM, Wade MJ, 1991. Equal mating success among male reproductive strategies in a marine isopod. *Nature* 350: 608-610
Stearns SC, 1992. The Evolution of Life Histories, Oxford University Press
Thomaz D, Beall E, Burke T, 1997. Alternative reproductive tactics in Atlantic salmon: factors affecting mature parr success. *Proc R Soc Lond B* 264: 219-226
塚本勝巳, 1994. 通し回遊魚の生活史と分布. In: 後藤晃・塚本勝巳・前川光司編『川と海を回遊する淡水魚—生活史と進化』, 東海大学出版会, pp 2-17
West-Eberhard MJ, 1989. Phenotypic plasticity and the origins of diversity. *Annu Rev Ecol Syst* 20: 249-278
Yamamoto T, Edo K, 2002. Reproductive behaviors related to life history forms in male masu salmon, *Oncorhynchus masou* Brevoort, in Lake Toya, Japan. *J Freshw Ecol* 17: 275-281

6 シベリアの古代湖で見たカジカの卵

馬場玲子, 1997. ムギツクの托卵戦略. In: 桑村哲生・中嶋康裕編『魚類の繁殖戦略2』, 海游舎, pp 157-182
Berg LS, (露英訳者不明) 1965 (ロシア語初版は1945). Freshwater Fishes of the U.S.S.R. and Adjacent Countries. Israel Program for Scientific Translation
Breder CM, Rosen DE, 1966. Modes of Reproduction in Fishes, Natural History Press
Chernyayev ZA, 1971. Some data on the reproduction and development of the cottoid fish [*Comephorus dybowskii* Korotneff]. *J Ichthyol* 11: 706-716
Chernyayev ZA, 1974. Morphological and ecological features of the reproduction and development of the "big golomyanka" or Baikal oil-fish (*Comephorus baicalensis*). *J Ichthyol* 14: 856-868
後藤晃, 2000. バイカルカジカ類の多様性—その系統進化と適応放散—. 遺伝 54: 17-24
Grachev MA, Slobodyanyuk SJ, Kholodilov NG, Fyodorov SP, Belikov SI, Sherbakov DY, Sideleva VG, Zubin AA, Kharchenko VV, 1992. Comparative study of two protein-coding regions of mitochondrial DNA from three endemic sculpins (Cottoidei) of Lake Baikal. *J Mol Evol* 34: 85-90
Hayakawa Y, Munehara H, 2001. Facultatively internal fertilization and anomalous embryonic development of a non-copulatory sculpin *Hemilepidotus gelberti* Jordana and Starks (Scorpaeniformes: Cottidae). *J Exp Mar Biol Ecol* 256: 51-58
Hayakawa Y, Munehara H, 2003. Comparison of ovarian functions for keeping embryos by measurement of dissolved oxygen concentrations in ovaries of copu-

latory and non-copulatory oviparous fishes and viviparous fishes. *J Exp Mar Biol Ecol* 295: 245-255

Hunt DM, Fitzgibbon J, Slobodyanyuk SJ, Bowmaker JK, Dulai KS, 1997. Molecular evolution of the cottoid fish endemic to Lake Baikal deduced from nuclear DNA evidence. *Mol Phylogenet Evol* 8: 415-422

伊藤嘉昭・山村則男・嶋田正和, 1992.『動物生態学』, 蒼樹書房

川那部浩哉・堀道雄, 1993.『タンガニイカ湖の魚たち』, 平凡社

Kontula T, Kirichik SV, Väinölä R, 2003. Endemic diversification of the monophyletic cottid fish species flock in Lake Baikal explored with mtDNA sequencing. *Mol phylogenet Evol* 27: 143-155

Kozhov M, 1963. Lake Baikal and its life, Dr W Junk

Mayr E, This is Biology: The Science of the Living World. (八杉貞雄・松田学訳, 1999.『これが生物学だ』, シュプリンガー・フェアラーク東京)

Morino H, 1998. Maintenance of biodiversity in littoral communities of Lake Baikal. In: Kawanabe H, ed. Annual report 1997 under creative basic research program, Center for Ecological Research Kyoto University, pp 86-95

森野浩, 2000. バイカルヨコエビ類の系統と進化. 遺伝 54: 25-30.

森野浩・宮崎信之編, 1994.『バイカル湖―古代湖のフィールドサイエンス』, 東京大学出版会

宗原弘幸, 1999. カジカ類における交尾行動の進化. In: 松浦啓一・宮正樹編『魚の自然史』, 北海道大学出版会, pp 163-180

Munehara H, Takenaka O, 2000. Microsatellite markers and multiple paternity in a paternal care fish, *Hexagrammos otakii*. *J Ethol* 18: 101-104

Munehara H, Sideleva VG, Goto A, 2002. Mixed-species brooding between two Baikal sculpins: Field Evidence for Intra- and Interspecific Competition for Reproductive Resources. *J Fish Biol* 60: 981-988

Natsumeda T, 1998. Size-assortative nest choice by the Japanese fluvial sculpin in the presence of male-male competition. *J Fish Biol* 53: 33-38.

Natsumeda T. 2001. Space use by the Japanese fluvial sculpin, *Cottus pollux*, related to spatio-temporal limitations in nest resources. *Env Biol Fish* 62: 393-400

Roer RD, Sideleva VG, Brauer RW, Galazii GI, 1984. Effects of pressure on oxygen consumption in cottid fish from Lake Baikal. *Experientia* 40: 771-773

佐藤哲, 1992. 環境としての他者の行動. In: 柴谷篤弘・長野敬・養老孟司編『講座進化7 生態学から見た進化』, 東京大学出版会, pp 203-226

Sergeev, M (江川潮訳, 1989.『バイカル湖の不思議さと問題点』, APN出版局) [原著はロシア語]

Sideleva VG, 1982. The Seismosensory System and Ecology of Baikalian Sculpins (Cottoidei). Novosibirsk: Acad Nauka USSR.

Sideleva VG, 1994. Speciation of endemic Cottoidei in Lake Baikal. In: Martens K, Goddeeris B, Coulter G, eds. Speciation in Ancient Lakes, Arch Hydrobiol Beih Ergebn Limnol 44, pp 441-450

Sideleva VG, 2000. The ichtyofauna of Lake Baikal, with special reference to its zoogeographical relations. *Adv Ecol Res* 31: 81-96

Sideleva VG, 2001. List of fishes from Lake Baikal with descriptions of new taxa of cottoid fishes. In: Pugachev ON, Balushikin AV, eds. New contributions to freshwater fish research, Proceedings of the zoological institute 287, Zoological Institute RAS, pp 45-79

高橋さち子, 1987. イサザ. In: 水野信彦・後藤晃編『日本の淡水魚類』, 東海大学出版会, pp 102-109

Taliev DN, 1955. Baikalian Sculpins (Cottoidei), Acad Nauka USSR.

Wourms JP, 1981. Viviparity: the maternal-fetal relationship in fishes. *Amer Zool* 21: 473-515

Zubin AA, Zubina LV, Fedorov KE, 1994. Intraspecific differentiation of the yellowfin Baikal sculpin, *Cottocomephorus grewingki* (Scorpaeniformes, Cottidae). 1. Variability of biological indicators of spawners and of reproductive biology. *J Ichthyol* 34: 1-11

索 引

■ 学名 ■

Abyssocottus gibbosus 194
Abyssocottus elochini 194
Abyssocottus korotneffi 194
Asprocottus abyssalis 194
Asprocottus intermedius 194
Asprocottus korjakovi 194
Asprocottus parmiferus 194
Asprocottus platycephalus 194
Asprocottus pulcher 194
Asprocottus herzensteini 193, 194
Aulorhynchus flavidus 52
Batrachocottus nikolskii 194
Batrachocottus talievi 194
Batrachocottus baicalensis 189, 194
Batrachocottus multiradiatus 194
Comephoridae 195
Comephorus baicalensis 195, 196
Comephorus dybowskii 195
Cottidae 194
Cottinella boulengeri 194
Cottocomephorus alexandrae 194
Cottocomephorus grewingk 190, 194
Cottocomephorus inermis 194
Cottus bairdii 198
Cottus cognatus 198
Cottus gobio 198
Cottus poecilopus 198
Cottus pollux 198, 213
Cottus reinii 198
Cottus sibiricus 198
Cyphocottus eurystomus 194
Cyphocottus megalops 193, 194
Dascyllus aruanus 2
Halichoeres melanurus 2
Hypoptychus dybowskii 51
Labroides dimidiatus 3
Leocottus kesslerii 189, 194
Limnocottus bergianus 194
Limnocottus griseus 194
Limnocottus pallidus 194
Limnocottus godlewskii 193, 194
Malacanthus plumieri 131, 138
Malacocottus zonurus 198
Neocottus werestschagini 194

Oncorhynchus kisutch 158
Oncorhynchus masou 156
Oncorhynchus nerka 158
Onthophagus spp. 153
Onthophagus taurus 155
Ophioblennius atlanticus 81
Paracerceis sculpta 154
Paracottus knerii 189, 194
Peredita portalis 153
Poecilia reticulata 27
Procottus gotoi 193, 194
Procottus gurwici 194
Procottus jeittelesi 189, 194
Procottus major 194
Salmo salar 157
Salmo trutta 157
Salvelinus malma miyabei 157
Stegastes nigricans 1
Thalassoma bifasciatum 3, 78
Triglopsis quadricornis 198

■ あ行 ■

IP (initial phase) 雄 7, 29, 30, 33, 44
アオヤガラ 8
アカハラヤッコ 35, 149
アトランティックサーモン 157, 159, 161, 180
アビッソコッツス科 194-196, 198-200, 214-216
アユ 54, 84
アロメトリー (allometry) (相対成長) 15, 171
遺棄 71-73, 75, 80
胃充満度 99
異性間淘汰 59, 62
異種混合巣 184, 206
一次雄 29
一夫多妻 60, 124, 125
遺伝子浸透 200
イトヨ 69
胃内容物 99
浮き石 201, 203, 204, 206, 207, 210, 212-214
薄めの効果 (dilution effect) 114
ウナギ 88
ウラナイカジカ科 198
生存率 5, 82, 98, 114
エンクロージャー (enclosure) 163, 164, 166, 169, 170

鉛直混合　187
鉛直対流　199
雄間競争（闘争）　15, 16, 22, 63, 83, 89, 95, 104, 152
雄内多型　154
雄内二型　154

■ か 行 ■

回遊型雄（回遊型）　157-168, 170-179, 181, 182
回遊型個体群　157
核DNA　200
カザリキュウセン（カザリ）　1-3, 5-8, 14, 16-19, 22, 24-29, 33, 34, 37, 41, 42, 45, 47
カジカ　187
カジカ科　193-195, 198-200
カジカ上科　184, 197, 214, 215
カジカ大卵型　213
河川残留型雄（残留型）　157-162, 165-170, 172-177, 179-183
カブトムシ　117, 151
カワスズメ科　136, 192
肝量指数　99, 100, 110
キジ　4
キツネアマダイ科　128, 131, 138
求愛　63, 89, 96, 102
求愛行動　91, 92, 94, 96, 108, 133
求愛ダンス　102
求愛ディスプレイ　82
求愛頻度　63-65, 66, 68
共存型ハレム　146
共存機構　192
キンギョハナダイ　125
ギンザケ　158, 161
キンチャクダイ（類）　126, 135
キンチャクフグ　135
食い分け　192
クジャク　82, 151
クダヤガラ科　52
グッピー　27-29, 66, 69, 151, 163
グループ産卵　29
グレウィングキ　195, 196, 204, 214
クロサギ　120
クロソラズメダイ　1
クロヨシノボリ　82, 84, 88, 91, 92, 94-99, 101-103, 113, 114
クワガタムシ　4, 117
形態形質　160, 162, 170-172, 178, 182, 200, 201
系統関係　193, 197, 198, 200, 206
後継性転換　126, 127, 129, 130, 138, 139, 146, 148
攻撃頻度　63, 64, 65, 68, 81
行動圏　20-22, 24, 27, 89, 124, 126, 129, 130, 135, 137

行動圏重複型ハレム　117, 125-127, 129, 136-138, 146, 148-150
行動生態学　5, 37, 84, 86, 103, 152, 153
交配後隔離機構　206
コウライトラギス　117-124, 127, 128, 130, 132, 134, 137, 139, 142-144, 146-149
子殺し　71
誇示行動　168
コスト　4, 5, 24, 33, 34, 36, 37, 43, 61, 72, 74, 79, 81, 101, 173
コスト-ベネフィット（損失-利益）関係　168
子育て　5, 53, 97-99, 102, 103, 108, 153
古代湖　187
個体識別　7, 29, 38, 72, 90, 121-123, 127, 134, 166
コットコメフォルス・グレウィングキ　189, 198, 213
子の保護　52, 53
コメフォルス・バイカレンシス　196, 198, 218
コメフォルス科　195-201, 214-216
孤立ハレム　128
ゴロタ石　188, 189, 212
ゴロミャンカ　197
婚姻色　59, 62, 63, 65, 68, 84, 85, 96, 159, 160

■ さ 行 ■

サクラマス　156-159, 162-164, 166, 168, 179-182
サケ科　151, 156, 160, 162, 166, 168, 176, 182
Zahavi　101
subTP雄　32, 33
産卵周期　10
産卵場所　133
シカ（雄ジカ）　82, 151
雌性先熟魚　33
雌性ホルモン　45, 46
耳石　54-56
自然淘汰（自然選択）　4, 59, 82, 151-153, 156, 217
実効性比　83
死亡率　98, 156
シマキンチャクフグ　131
社会的地位　46, 47, 124
社会的優位種　211
社会的優位性　205
ジャック（jack）　158-162, 180-182
雌雄産卵　38
種間競争　192, 204, 210, 211, 213
種内競争　211
種内・種間競争　184, 212-214, 216
種分化　199, 201, 212, 214-217
種分化機構　185
順位関係　126, 129, 137
順位性　174
順位（制）　129, 137, 174
生涯繁殖成功　30, 33, 99

索 引

正直な信号　101
消失率　12, 13, 17, 24, 135
将来の配偶相手確保戦術　43, 44
除去実験　128
シワイカナゴ　49-63, 65-67, 69, 70, 72, 73, 76-80
シワイカナゴ科　52
スキューバ（潜水）　7, 53
スズメダイ　47, 66
ストリーキング　30
スニーカー　58, 71, 79, 80, 134
スニーキング（sneaking）　29, 134, 161, 166, 167, 169, 173-177, 180-182
スニーク戦術　73
生活史　49, 52-54, 155-157, 159, 197
生活史変異　156-159, 214
生残率　59, 66, 76, 77, 79, 109, 110
精子　5, 8, 32-35, 42, 60, 83, 152, 166, 176
精子競争　175-177, 180-182
生殖腺　33, 42, 44-46, 52, 123, 124, 133, 139
生殖腺指数　179, 180, 181
生殖腺重量　133, 179
生殖突起　7, 32, 38
性成熟　151
精巣　123
精巣投資量　177, 180-183
生態的地位　216
生態的ニッチ　192
成長履歴　53, 56
性的二形　52, 82, 84, 94, 95, 116, 151-153, 159, 160
性転換　1, 16, 32-35, 37, 42-45, 47, 119, 123-128, 134, 135, 139-150
性転換魚類　126
性転換時の同時的雌雄同体仮説　34, 36
性転換戦術　149
性転換の社会的調節　124
性淘汰（性選択）　2-5, 7, 15, 16, 43, 47, 49, 59, 69, 83, 101, 152-154, 156, 159
性内多型（intra-sexual polymorphism）　153-162, 175, 177, 182
性内二型（intra-sexual dimorphism）　153
性ホルモン　45, 46
生理的コンディション　99, 101-104, 108, 110, 111, 114
潜在的繁殖率　83
相対体長閾値　144-148
相対体長閾値仮説（relative size threshold hypothesis）　144, 146, 148, 149
総排泄腔　166, 169
双方向性転換　37
ソードテール　95
側面誇示　8, 31
遡河回遊魚　156

ソメワケヤッコ　149

■ た 行 ■

Darwin　4, 159, 217
体側誇示（lateral display）　130, 131
代替戦略　30
代替繁殖行動　154, 156, 159, 160, 169, 175
体長差の原理　126
体長有利性モデル　125, 147, 149
体内配偶子会合　215, 216
多種共存　192, 216, 217
ダテハゼ　120
単系統　199, 201, 215
ダンダラトラギス　128-130, 146-149
単独雄　126
稚仔魚　53
ツマジロモンガラ　131, 135
ディスプレイ　26, 31, 91, 131, 132
TP（terminal phase）雄　7, 29, 30, 36-38, 43-45
適応度　4, 52, 53
適応放散　199
テングカワハギ　137
テンス属　128, 129
同時的雌雄同体　33, 34
同所的種分化　116
投資量　83
同性内淘汰　59
闘争行動　89, 91, 92
淘汰勾配（selection gradient）　171
独身性転換　126, 127, 138, 148, 150
トゲウオ　163
トゲウオ科　52
トゲウオ目　51, 52
トラギス科　128, 131
トレード・オフ　183

■ な 行 ■

なわばり　4, 8, 11, 15, 17, 20-22, 29, 32, 33, 39, 43, 49, 57, 60-63, 69-73, 77-79, 96, 120, 127, 130, 131, 137, 142, 145, 210
なわばり争い　121
なわばり雄　12, 57-59, 62, 63, 69, 76, 196, 205
なわばり型ハレム　117, 125-130, 136-139, 146-149
なわばり行動　130
なわばり防衛　131
なわばり訪問型複婚　22
二次雄　29
二次性徴　151, 152, 154-156, 159, 160, 172, 173, 183
ニシン　56
日齢査定　55
年魚　56, 72, 74, 79

■ は行

バイカルカジカ　185-190, 193-195, 197-201, 204, 208-210, 212-218
バイカル湖　184-188, 191, 193, 195-197, 202, 208, 210, 212, 214, 216
配偶回数　77
配偶行動　8
配偶子　8, 32, 60, 83, 152
配偶システム　20-22, 60, 86, 124, 125, 130, 148, 176
配偶者ガード　176
配偶者選択　19, 22, 63, 65, 68, 81-84, 86, 87, 91, 95-97, 103-105, 107, 111, 115, 116, 152
配偶成功　4, 9-11, 13-15, 17-19, 43, 77
配偶成功率　65
配偶頻度　77
ハナジロガジ　69
パラコッツス・クネリイ（クネリイ）　189-193, 198, 201, 203-213
ハレム　20-22, 119, 123-128, 131-141, 146-149, 154
ハレム雄　124, 126, 128-132, 134-138, 140, 142-147, 149
ハレム型一夫多妻　124, 126, 135, 147
ハレム分割性転換　126, 127, 138, 146, 148
繁殖形質　151
繁殖成功　5, 15, 33, 42, 52, 53, 60, 61, 71-73, 80, 81, 83, 92, 99, 135, 142, 152, 154-156, 160, 161, 165, 168, 169, 170-172, 174
繁殖生態　89
繁殖戦略　47
ハンディキャップ（の）原理　16, 101
肥満度　101, 110
ヒメコダイ　34
ヒラベラ　129, 130
孵化率　75, 79
父子判定　211
ブチキ　197
負方向の淘汰　175
ブラウントラウト　157, 181
ブルーヘッドラス　3, 45, 76, 79
プロスタグランジン　46
分子系統　197-201
分断淘汰　154, 155, 160, 161, 173, 182
ペア雄　160, 167, 168, 175, 176
ペア産卵　44, 132, 134
ベニザケ　158, 160, 161, 180
ベラ科　47, 78, 128, 129
ボウズハゼ　88
放精　58, 67, 134, 176, 177
放卵放精　8, 133
保護　95, 111

保護雄　100
保護能力　98, 103, 104, 108, 111,
捕食魚　26
捕食者　15, 24, 25, 27, 28, 49, 66-69, 73, 75-77, 81, 89, 98, 151
ホンソメワケベラ　3, 35, 44, 126, 135

■ ま行

マダイ　54
マダラエソ　25
ミスジリュウキュウスズメダイ　2
ミックスブルーディング　203, 206-213
ミトコンドリアDNA　51, 198, 200, 201
ミナミアカエソ　25
ミヤベイワナ　157, 161
群れ型ハレム　125
ムロランギンポ　67, 69
雌雌産卵　40-45
モンガラカワハギ　47
モンガラカワハギ科　128

■ や行

ヤマメ　157
優位　213
優位個体　129, 167, 168
優位種　184
有性生殖　82
優良遺伝子モデル　15
優劣関係　129
ヨウジウオ　83
ヨコエビ（類）　185, 187, 188, 190-192, 216
ヨシノボリ（類）　84, 86, 88, 89, 94, 95, 97, 102, 104, 112

■ ら行

卵食　69, 72
卵巣　123
卵胎生　195, 197, 201, 215, 216
卵保護　69, 70, 99, 206, 210, 211
両側回遊魚　84
隣接ハレム　128, 129, 143
ルリヨシノボリ　88
レオコッツス・ケスレリイ（ケスレリイ）　189, 190-193, 198, 203-205, 207-213, 215
劣位　213
劣位個体　129, 167, 168
劣位種　184
レッドリップブレニー　81

■編者紹介

幸田　正典（こうだ　まさのり）理学博士
　　1957年　大阪府に生まれる
　　1985年　京都大学大学院理学研究科博士課程単位取得退学
　　現　在　大阪市立大学大学院理学研究科教授
　　著　書　『魚類の繁殖行動』東海大学出版会（共著，1989）
　　　　　　『タンガニイカの魚たち』平凡社（共著，1993）
　　　　　　『Fish Communities in Lake Tanganyika』Kyoto University Press（共著，1997）など

中嶋　康裕（なかしま　やすひろ）理学博士
　　1953年　大阪府に生まれる
　　1987年　京都大学大学院理学研究科博士課程修了
　　現　在　日本大学経済学部教授
　　著　書　『魚類の性転換』東海大学出版会（共著，1987）
　　　　　　『魚類の繁殖戦略2』海游舎（共編著，1997）
　　　　　　『虫たちがいて，ぼくがいた』海游舎（共編著，1997）など

■著者紹介（五十音順）

大西　信弘（おおにし　のぶひろ）理学博士
　　1966年　東京都に生まれる
　　1998年　大阪市立大学大学院理学研究科後期博士課程単位取得退学
　　現　在　京都大学大学院アジア・アフリカ地域研究研究科（COE研究員）

狩野　賢司（かりの　けんじ）農学博士
　　1963年　茨城県に生まれる
　　1994年　九州大学大学院農学研究科博士課程修了
　　現　在　東京学芸大学教育学部助教授

小関　右介（こせき　ゆうすけ）農学博士
　　1973年　北海道に生まれる
　　2001年　北海道大学大学院農学研究科博士課程修了
　　現　在　メモリアル大学ニューファンドランド（日本学術振興会海外特別研究員）

高橋　大輔（たかはし　だいすけ）理学博士
　　1971年　大阪府に生まれる
　　2000年　大阪市立大学大学院理学研究科後期博士課程修了
　　現　在　京都大学大学院理学研究科（日本学術振興会特別研究員）

成松　庸二（なりまつ　ようじ）博士（水産学）
　1970年　ニューヨーク市に生まれる
　1999年　北海道大学大学院水産学研究科博士課程修了
　現　在　東北区水産研究所研究員

宗原　弘幸（むねはら　ひろゆき）水産学博士
　1958年　北海道に生まれる
　1989年　北海道大学大学院水産学研究科博士課程修了
　現　在　北海道大学北方生物圏フィールド科学センター臼尻水産実験所所長

魚類の社会行動 3
Social Behavior of Fishes Vol.3

2004年10月5日　初　版　発　行

編　者　　幸田正典・中嶋康裕

発行者　　本間喜一郎

発行所　　株式会社 海游舎
　　　　　〒151-0061 東京都渋谷区初台1-23-6-110
　　　　　電話 03 (3375) 8567　FAX 03 (3375) 0922

港北出版印刷（株）・（株）石津製本所
© 幸田正典・中嶋康裕 2004

本書の内容の一部あるいは全部を無断で複写複製すること
は，著作権および出版権の侵害となることがありますので
ご注意ください。

ISBN4-905930-79-0　　PRINTED IN JAPAN